내 삶 속의
인간공학

황재진 · 이경선

Ergonomics

in

Everyday Life

박영사

우리의 삶 속에 스며들어 있는 인간공학

　많은 사람들이 '인간공학'이라는 학문은 다소 생소한 분야라고 생각합니다. 하지만 인간공학은 우리의 삶 속에 깊숙이 자리잡고 있습니다. 우리가 일하는 일터를 안전하고 편리하게 관리하는 것에서부터 우리가 앉아있는 의자의 인체공학적 디자인, 스마트폰, 자동차 등의 유저 인터페이스, 인간을 닮은 로봇개발까지 현대인들이 상호작용하는 대부분의 환경에 인간공학이 적용되어 있다고 말해도 과언이 아닙니다. 이 책은 인간공학의 전반적인 부분을 이해할 수 있도록 구성되었습니다. 우리가 일상생활에서 경험하는 다양한 사물 및 환경 속에서 인간공학이 어떻게 적용되어 있고 어떻게 발전해 왔는지 다양한 이론 및 구체적인 사례들을 통해 독자들이 쉽게 이해하고 실무에 적용할 수 있도록 구성하였습니다.

목차
CONTENTS

목차
CONTENTS

목차

CHAPTER

01

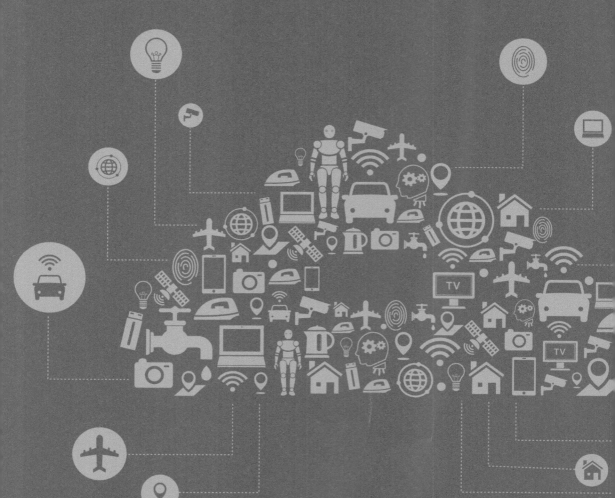

인간공학 개요:
인간공학과 우리의 삶

학·습·목·표

- 인간공학의 개념 및 정의에 대해 이해합니다.
- 인간공학이 생겨난 배경 및 역사에 대해 알아봅니다.
- 산업현장에서 작업시 발생하는 위험 요소들에 대해 알아봅니다.

인간공학 정의

인간공학이란 단어를 우리는 광고 등 다양한 매체를 통해 주변에서 들어본 적이 있을 것입니다. 인간공학이란 정확히 무엇일까요? 우선 인간공학은 다양한 학문들로 구성된 융합 학문이라고 말할 수 있습니다. 예를 들면, 생리학, 심리학, 생체역학 등 다양한 학문을 통해 인간의 한계와 능력에 대해서 이해하고자 하는 학문이라고 표현할 수 있습니다. 이러한 인간에 대한 통합적인 이해를 바탕으로 인간이 편하고 안전하게 생활할 수 있도록 작업 환경, 수공구, 장비, 제품 등을 설계하고 평가하는 일련의 작업들을 얘기합니다. 쉽게 말해 인간공학은 환경을 인간에게 맞추는 모든 노력(Fitting the job to the worker)을 포함할 수 있습니다.

안타깝게도 아직도 많은 산업현장에서는 인간이 작업 환경에 맞춰서 일하는 환경(Fitting the worker to the job)이 비일비재합니다. 예를 들어 다음 그림을 살펴봅시다. 세 명의 작업자가 높이가 일정한 선반 위에서 조립 작업을 하고 있습니다. 세 명의 작업자의 키는 저마다 다릅니다. 키가 작은 작업자는 선반의 높이에 맞추기 위해 양팔을 들어올린 채로 작업을 하고 있습니다. 키가 큰 작업자는 목과 허리를 구부려서 작업을 하고 있습니다. 오직 평균 키를 가진 작업자만이 비교적 편한 자세로 일을 하는 것을 볼 수 있습니다. 이러한 환경에서 키가 작거나 큰 작업자들이 주 40시간씩 꾸준히 일을 한다면 어떻게 될까요? 아마도 목, 어깨, 허리 등의 부위에서 통증을 호소하거나 심각한 질환으로도 이어질 수 있을 것입니다.

그림 1-1 높이가 고정인 선반에서 작업하는 작업자들의 예시

그렇다면 환경을 인간에 맞추기 위해서는 어떠한 개선방법들이 있을까요? 높이 조절이 가능한 선반을 개개인에게 배치하여 각 작업자가 편한 높이에서 작업을 하는 것이 가장 이상적일 것입니다. 여건상 이러한 방법이 쉽지 않은 상황이라면 키가 작은 작업자의 경우 다음 그림과 같이 추가 발판을 제공하여 높이를 조정해 주는 것도 하나의 방법이 될 수 있을 것입니다.

그림 1-2 키가 작은 작업자를 배려한 발판 제공 예시

이뿐만 아니라 자동차 제조 현장에서도 작업자가 환경에 힘들게 자신을 맞춰서 작업하는 상황을 쉽게 관찰할 수 있습니다. 작업자가 허리를 구부리고 비틀어서 차량 내부의 프레임을 조립작업 하는 것을 가정해 봅시다. 불편한 자세로 힘을 반복적으로 발휘하게 되면 작업자들에게 통증 및 질환을 유발할 수 있습니다.

이러한 경우에 어떠한 개선방법을 생각해 볼 수 있을까요? 앞서 언급했듯이 환경을 인간에 맞추기 위해 창의적인 개선안을 생각해 볼 수도 있습니다. 작업자가 몸을 회전하는 대신에 차량 전체를 회전하는 것은 어떨까요? 다음 그림에서 볼 수 있듯이 작업자가 스스로 자동차를 자신의 작업 위치에 맞게 회전 시킬 수 있는 컨베이어를 사용하는 것입니다. 이런 회전식 컨베이어를 사용할 경우, 작업자는 보다 편하고 중립적인 자세로 조립 작업을 수행할 수 있게 되는 것입니다.

그림 1-3 자동차를 회전 시키는 제조 공장의 예

이렇게 인간공학은 작업자와 작업 환경 사이에서 최적의 관계를 찾기 위해 항상 노력합니다. 산업현장에서는 인간공학을 통해 작업장에서 발생하는 사고 및 질병들에 대하여 작업자들을 보호하는 것에 더욱 초점을 맞추고 있습니다.

인간공학은 세부분야에 따라 크게 물리적 인간공학(Physical Ergonomics), 인지적 인간공학(Cognitive Ergonomics), 조직적 인간공학(Organizational Ergonomics) 세 분야로 나눌 수 있습니다. 각각의 분야에 대해 조금 더 알아봅시다.

물리적 인간공학

물리적 인간공학은 인간의 해부학적 특성, 신체 치수, 생리적 특성, 그리고 생체역학적 특성에 대해 주로 연구하는 학문입니다. 즉 인간의 신체활동에 초점을 더욱 맞춘 분야라고 할 수 있습니다. 예를 들면 다음과 같은 세부 주제들이 고려될 수 있습니다.

- 작업자세
- 수동물자취급작업
- 반복적 동작 혹은 자세
- 작업관련 근골격계질환
- 작업장 레이아웃
- 생체역학
- 신체특성을 고려한 제품개발
- 안전보건

인지적 인간공학

인지적 인간공학은 인간의 정신적 활동에 주 초점을 맞춘 학문입니다. 지각, 기억, 추론, 동작 반응 등에 대해 연구하고 인간과 시스템 간의 상호작용에 대해 파악합니다. 아래와 같은 세부주제들이 고려될 수 있습니다.

- 정식적 부하
- 의사결정
- 인간 – 컴퓨터 상호작용(Human – Computer Interaction)

- 인간 신뢰성
- 직무 스트레스 및 훈련
- 휴먼에러
- 사용성 평가

조직적 인간공학

조직적 인간공학은 거시적 관점에서 사회기술적인 시스템(sociotechnical system)의 최적화와 효율화를 연구하는 학문입니다. 조직의 구조, 정책, 그리고 처리 과정 등에 대해서 이해합니다. 세부적인 주제들은 다음과 같습니다.

- 의사소통
- 팀워크
- 참여형 디자인
- 협업
- 품질 경영
- 교육·훈련

🎙 인간공학 이야기

혼다 자동차 회사의 혁신적인 조립라인

혼다 자동차 회사에서는 오하이오 주립대 인간공학 연구실과의 협업을 통해 작업 관련 질환의 수를 혁신적으로 감소시킨 사례가 있습니다.[1] 이들은 차체를 회전시키면서 작업자가 9가지 다른 조립 공정을 할 때 어떠한 효과가 있는지를 분석하였습니다(그림 1-3). 분석 결과 자동차가 45도 기울어져 있을 때 7가지 작업에서 신체부하가 감소하는 것을 발견했습니다. 자동차가 90도까지 회전하는 경우 나머지 2개의 공정에서도 신체 부하 감소 효과가 나타나는 것을 발견했습니다.

인간공학 역사

　그렇다면 인간공학의 역사는 어떻게 될까요? 많은 분들이 예상하셨을 것과 다르게 인간공학은 알고보면 오래된 학문이라고 할 수 있습니다. 무려 1700년경 직업의학의 아버지라 불리우는 그림 1-4 라마지니(Ramazzini)라는 학자에 의해 작업자들의 질병(Disease of Workers: 원제목은 De Morbis Artificum Diatriba)이라는 책이 발간되게 됩니다.[2] 이 책은 작업자들의 근로환경과 질병, 그에 따른 의학적 처방 등의 내용을 다루고 있습니다. 현대 사회에서는 산업재해 보상을 비롯해 이러한 관심이 당연한 얘기로 들리겠지만 300년 전인 그 시대에서 인간이 산업 현장에서 하는 작업이 그들의 건강에 영향을 미칠 수 있다는 철학은 실로 획기적인 것이었습니다.

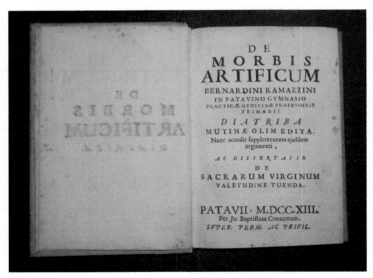

그림 1-4 라마지니(Ramazzini)의 '작업자들의 질병'

그렇다면 "인간공학"이라는 단어는 언제 처음 등장하게 되었을까요? 1857년 경 폴란드의 과학자(Wojciech Jastrzebowski)에 의해 인간공학(ergonomics)이라는 단어가 처음으로 알려지게 됩니다.[3] 영어로 ergonomics는 그리스에서 온 말로 직역하면 '작업의 법칙'이라고 말할 수 있습니다. 산업혁명을 통해 기존의 농부들이 공장으로 대거 유입되고 노동의 변화가 생기기 시작하면서 인간공학도 자연스럽게 같이 발전하게 된 것입니다.

1900년경 인간공학은 작업을 관리하고 생산성을 높이는 데 주로 적용되었습니다. 프레더릭 윈즐로 테일러(Frederick Winslow Taylor)를 통해 작업자들의 작업에 대해 과학적 관리법이 동원되기 시작합니다. 테일러는 광부들의 삽질 작업에 대해 측정을 하고 분석을 시행하여 한 삽에 몇 kg을 퍼서 나르는 것이 가장 효율적인지를 계산하였습니다. 이는 9.5kg인 것으로 나타났고, 이에 맞춰 한 삽을 뜰 수 있게 표준삽을 디자인합니다. 이외에도 작업자들의 삽을 꽂는 속도와 높이, 심지어 삽으로 뜬 물체를 던지는 속도까지 최적화시키려 했습니다. 이러한 과학적 정보를 바탕으로 하루 작업량에 따라 적절한 인원을 분배하기 시작했고 이는 작업 생산성의 놀라운 향상을 이끌어내게 됩니다.

1940년경으로 가면서 제2차 세계대전때 군수산업에서 인간공학의 중요성이 대두되기 시작합니다. 전쟁에 사용되는 비행기, 탱크, 수중탐지기 등은 복잡하고

그림 1-5 프레더릭 윈즐로 테일저

어려운 조종장치들이 많았습니다. 많은 수의 사람들이 급작스럽게 군인으로 차출되었기 때문에 이렇게 복잡한 장비들을 사용하면서 많은 실수를 범하게 됩니다. 예를 들면 미국 공군 B17 폭격기의 조종사들이 착륙 후에 바퀴를 집어넣는 실수를 자주 범하게 되어 지상 충돌 사고로 이어지는 경우가 많았습니다. 이에 대한 원인을 조사한 결과, 보조날개를 조종하는 레버와 바퀴를 조종하는 레버가 똑같이 생긴 데다가 바로 옆에 위치하고 있던 것을 발견합니다. 이러한 디자인이 조종사들에게 혼란을 주어서 심각한 사고 발생을 초래한 것입니다. 심리학자 채파니스(Alphonse Chapanis)는 보조날개 조종레버는 삼각형을, 바퀴 조종레버에는 동그라미 모양을 부착하여, 조종사의 혼란을 방지하도록 인간공학적 설계를 적용하였습니다.

1990년경에는 개인용 컴퓨터가 널리 보급되기 시작합니다. 이로 인해 컴퓨터 하드웨어, 소프트웨어 등의 디자인에 인간공학이 적용되기 시작합니다. 사용자가 편하게 사용할 수 있는 컴퓨터 마우스나 키보드의 디자인이 고려되기 시작하고, 인터넷이라는 새로운 환경이 도입되면서 사용성을 높이기 위한 인터페이스 연구들이 활발히 진행되기 시작합니다.

그렇다면 인간공학은 국내에서 언제부터 소개되기 시작했을까요? 1931년에 동아일보에 '산업발달과 인간공학'이라는 칼럼이 게재된 사례가 있습니다.[4] 산업공학의 많은 분야들이 제2차 세계대전 중에 큰 발전을 이룬 것처럼 인간공학도 군수 계통에서 먼저 행보를 보이기 시작했습니다[5]. Logistics Quarterly(LQ) 잡지(Magazine)에서 1967년에 인간-기계 계통이라는 글이 게재된 적이 있으며 인체측정 등 인간공학의 개념에 대해 다룬 바 있습니다.[6] 1970년 대에 들어서면서 산업공학과가 설립된 대학교에서 인간공학을 가르치기 시작합니다. 이후 현재에 이르기까지 인간공학은 지속적으로 확장되고 다변화되고 있습니다.

현대 사회에서 인간공학은 "작업의 법칙"이라는 본 개념을 넘어서 "환경을 인간에 맞추는 모든 노력"을 뜻하는 개념으로 확장되어 사용되고 있습니다. 한국을 포함한 전세계의 나라들에 인간공학 협회가 있으며 인간에 대한 신체적, 정신적, 감성적 이해를 바탕으로 인간의 보다 나은 삶을 추구하는 노력들이 꾸준히 진행되어 오고 있습니다.

작업 위험 요소

인간공학 중 물리적 인간공학(Physical Ergonomics)은 인간의 신체적, 생리적 반응에 대하여 더욱 심도있게 다루는 분야입니다.[7] 그렇기 때문에 작업에서 발생하는 신체적 질환을 예방할 수 있도록 많은 노력을 기울여 왔습니다. 작업에서 발생하는 대표적인 질환 중 하나는 **근골격계질환(Musculoskeletal Disorder)**이라고 할 수 있습니다.

근골격계질환은 무엇일까요? 이는 쉽게 말하면 인간의 근육, 힘줄, 인대, 신경, 관절, 연골, 뼈와 같은 부위에 질환이 생긴 것을 말합니다. 이러한 질환들이 작업에 의해 악화된 경우, 작업 관련 근골격계질환이라고 지칭할 수 있습니다. 이러한 질환은 단발성인 사고로 인해 생긴다기보다는 오랜 시간 동안 반복적인 작업으로 인한 누적 스트레스로 인해 발생하는 경우가 많습니다. 따라서 누적성 외상질환이라고도 불리웁니다. 예를 들어 대형 마트에서 일하는 계산직 작업자들의 경우 반복적인 손과 팔의 움직임으로 인해 팔, 손, 어깨 등의 부위에서 근골격계 증상을 호소하는 경우가 많습니다.

그렇다면 어떠한 원인들이 이러한 작업 위험을 초래하게 되는 걸까요? 이러한 작업 관련 질환의 위험 요소는 아래 그림과 같이 크게 세 가지로 분류될 수 있습니다. 신체적 위험 요소는 말 그대로 작업장에서 인간에게 전해지는 모든 형태의 신체적 부담을 말합니다. 예를 들면, 안 좋은 자세, 과도한 힘 사용, 압박, 반복, 진동 등이 해당될 수 있습니다. 이러한 신체적 위험 요소들은 개별적으로도 작업자에게 위험을 미칠 수 있지만 이들이 동시에 작용(예 안 좋은 자세와 과도한 힘의 사용)하면 신체적 위험은 훨씬 증가하게 됩니다.

개인적 위험 요소 역시 직업 관련 질환에 영향을 미칠 수 있습니다. 예를 들면 작업자의 나이, 성별, 취미, 흡연, 비만, 질환 경험, 라이프 스타일 등의 요소를 들 수 있습니다. 즉, 산업현장의 같은 위험에 노출되어 있다고 해도 개개인의 특성에 따라 작업의 위험도는 다르게 나타날 수 있는 것입니다. 예를 들면 흡연자의 경우 혈관의 산소공급이 늦어져서 부상에 대한 회복이 더디고, 비흡연자에 비해 허리통증 발생률이 더욱 높은 것으로 나타난 바 있습니다. 이렇듯 똑같이 주어진 작업 환경 노출에도 개개인의 질환 위험은 다르게 작용할 수 있습니다.

마지막으로 사회심리적 위험 요소도 작업의 질환과 관련이 있습니다. 예를 들면 조직적 요소, 사회적 지원, 직무 스트레스, 촉박한 업무시간, 업무의 자율성, 상사나 동료와의 관계 등을 들 수 있습니다. 이러한 작업자의 정신적 스트레스는 작업 질환의 위험도를 가속화시킬 수 있습니다. 예를 들면 스트레스를 받는 작업자는 일을 하면서 근육이 더욱 경직되게 되고, 주의가 결핍되면서 부상의 위험이 증가할 수 있습니다. 촉박한 데드라인을 맞추느라 충분한 휴식 시간을 보장 받지 못하여 피로가 증가하게 되고 더욱 부상에 노출될 가능성이 있습니다. 지금부터는 최근 주목을 받는 택배기사의 과로사 문제에 대해 살펴보면서 어떠한 작업 위험 요소들에 대해 노출되어 있는 것인지 알아보도록 하겠습니다.

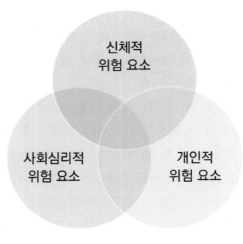

그림 1-6 작업의 위험 요소들

내 삶 속의 인간공학 **택배기사 과로사**

택배노동자들의 과도한 업무 부하로 인해 택배기사들의 과로사 문제가 큰 이슈가 되고
있습니다. 택배산업은 그동안 지속적으로 성장해 왔습니다.[8] 특히 코로나19(COVID-19)
로 인한 온라인 쇼핑이 늘어나면서 택배의 물류량은 더욱더 증가하고 있습니다. 이러한
상황에서 앞서 언급한 작업의 위험 요소들을 통해 어떠한 위험들이 존재하고 있는지 파
악해 보도록 하겠습니다.

신체적 위험요소

• 부적절한 작업자세

택배기사들은 협소하고 제한적인 공간에서 택배의 분류 작업을 수행하는 경
우가 많습니다. 예를 들면 저상 탑차의 경우 높이가 1.27m 정도로, 탑차 내의
상자들을 싣거나 내리기 위해선 작업자들은 허리를 매우 굽혀야만 합니다. 좁은
공간에서 바닥에 있는 상자들을 옮기기 위해선 무릎을 꿇고 일하는 경우도 허다
합니다. 이러한 불편한 자세들은 택배기사들의 신체적 부담을 크게 증가시킬 수
있습니다.

• 장시간 노동

택배노동자들은 주 평균 70시간이 넘는 과도한 시간을 업무에 할애하고 있습
니다. 이는 주 40시간인 일반 작업자와 비교하였을 때 무려 1.75배 많은 수치입
니다. 그렇다면 택배기사들은 왜 이렇게 많은 시간을 일하는 것일까요? 우선은
택배 물량의 증가에 있습니다. 앞서 언급하였듯이 온라인 소비의 급격한 증가로
인해 처리해야 하는 하루 택배량이 더욱 늘어난 것입니다. 두 번째 이유로는 택
배기사가 받는 수수료의 하락에 있습니다. 1997년 이후 택배기사의 수수료는 지
속적으로 하락해 왔습니다. 이는 택배기사들을 자연스럽게 더욱 오래 일할 수밖
에 없게 끌어들이는 것입니다. 또한 택배기사는 배송을 많이 할수록 배송물량 당
인센티브를 제공하는데, 이는 장시간 노동을 부추기는 제도라고 할 수 있습니다.

• 과도한 힘

택배기사가 운반하는 무거운 물품들은 신체적 부담을 증가시킵니다. 예를 들면 생수의 경우 무게와 부피가 많이 나가고 고객들이 여러 개를 대량으로 주문하는 경우가 많습니다. 이외에도 쌀 포대는 한 가마에 평균 20kg가 넘습니다. 생수와 마찬가지로 최소 2포대 이상을 한번에 주문하는 경우가 많아 엘리베이터가 없는 빌라의 경우 택배기사는 매우 고통스러운 운반을 경험하게 되는 것입니다.

개인적 위험요소

• 성별과 연령

여성과 고령 택배기사들의 비율이 점점 증가하고 있는 추세입니다. 여성과 고령인은 평균적으로 남성에 비해 신체적이나 체력적인 요건이 부족한 경우가 많습니다. 무거운 물품을 운반하고 장시간 근무에 노출되다 보면 일반 남성 작업자들에 비해 더 높은 신체적 위험이 발생할 가능성이 있습니다.

사회심리적 위험요소

• 직무 스트레스

택배기사는 고객을 직접 대면하는 경우가 많기 때문에 감정노동으로 분류될 수 있습니다. 절반 이상의 택배기사들이 자신의 잘못과 무관하게 고객에게 갑질을 당하거나 욕설을 들은 경험이 있다고 합니다.

• 촉박한 시간

택배기사들은 고객들의 독촉 전화에 시달리고 자주 실랑이를 벌이게 됩니다. 밀려드는 물량과 늘 부족한 시간 때문에 택배기사들은 정신적인 부담에 시달리게 됩니다. 또한 정해진 시간에 정해진 물량을 배송하지 못하는 경우, 회사에서 패널티를 받기도 합니다.

이렇게 신체적 위험요소, 개인적 위험요소, 사회심리적 위험요소 모두가 택배업무에 존재하고 있다는 것을 볼 수 있습니다. 택배기사들에게 충분한 휴식시간을 보장하고, 무거운 물품들을 다룰 수 있는 기기를 제공하는 등 적극적인 근로환경 및 제도 개선 방안이 시급한 상황입니다.

▌요약

- 인간공학의 가장 큰 목표는 환경을 인간에게 맞추는 노력을 하는 것입니다.
- 인간공학의 역사를 살펴보면 1700년경에도 작업자의 질병에 대한 관심이 존재하였다는 것을 알 수 있습니다.
- 작업의 위험 요소를 신체적 위험 요소, 사회심리적 위험 요소, 개인적 위험 요소로 구분해 볼 수 있습니다.

▌연습문제

1) 인간공학 역사에서 1900년대 초반에는 어떠한 분야의 연구가 주로 이루어졌는지 조사해 보도록 합니다.
2) 인지적 인간공학(cognitive ergonomics)에서는 어떠한 분야들을 연구하는지 알아보도록 합니다.
3) 마트 노동자 계산원의 경우 어떠한 작업 위험 요소에 노출되어 있는지 정리해 보도록 합니다.

▎참고문헌

Ramazzini, B. (1743). De morbis artificum diatriba... apud J. Corona.

Lee, B. K. (1931), Industrial Development and Ergonomics, The Donga−A Ilbo August 13th.

정민근, 윤명환, 박재희, 이인석, & 임지현. (2014). 한국인간공학 40년 성과와 과제 그리고 미래 40년의 전망. 대한산업공학회 추계학술대회 논문집, 1986−2043.

Lee, W. S. (1967), Human Machine Systems, Korea Military Logistics Report, 18.

▎관련링크

1. https://en.wikipedia.org/wiki/Wojciech_Jastrz%C4%99bowski
2. https://iea.cc/what−is−ergonomics/
3. https://imnews.imbc.com/replay/2021/nwdesk/article/6129349_34936.html
4. https://www.wardsauto.com/industry/honda−continues−quest−drive−down−assembly−line−injuries

1 https://www.wardsauto.com/industry/honda−continues−quest−drive−down−assembly−line−injuries

2 Ramazzini, B. (1743), *De morbis artificum diatriba…* apud J. Corona.

3 https://en.wikipedia.org/wiki/Wojciech_Jastrz%C4%99bowski

4 Lee, B. K. (1931), *Industrial Development and Ergonomics*, The Donga−A Ilbo August 13th.

5 정민근, 윤명환, 박재희, 이인석, & 임지현. (2014). 한국인간공학 40년 성과와 과제 그리고 미래 40 년의 전망. 대한산업공학회 추계학술대회 논문집, 1986−2043.

6 Lee, W. S. (1967), *Human Machine Systems*, Korea Military Logistics Report, 18.

7 https://iea.cc/what−is−ergonomics/

8 https://imnews.imbc.com/replay/2021/nwdesk/article/6129349_34936.html

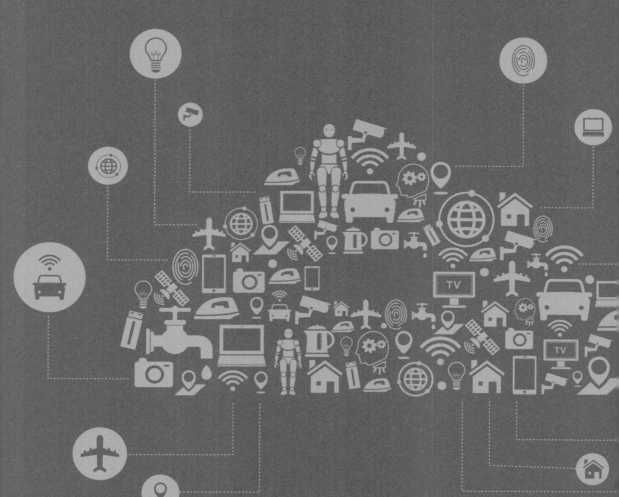

인체측정학:
우리의 몸에 대해 이해하다

인체측정학 정의

우리는 살면서 우리의 몸을 측정하는 것에 익숙하고 관심을 가지며 살고 있습니다. 예를 들면 키, 몸무게, 허리 둘레, 신발 사이즈 등 자신의 몸을 설명하는 인체 치수들을 통해 몸에 맞는 의류 및 신발을 구입하거나, 비만도를 검사하는 등의 다양한 경험을 하고 있습니다. 이러한 인체측정학은 인간공학 분야에서 없어서는 안될 매우 중요한 요소 중 하나입니다. 바로 우리의 산업현장 및 일상생활 환경을 설계하거나 작업 도구를 디자인할 때 중요한 요인이 되기 때문입니다. 우리가 현재 앉아 있는 의자부터 책상, 키보드, 마우스에 이르기까지 인체측정 자료는 우리의 생활 속에 매우 깊숙하게 자리잡아 있습니다. 지금부터 인체측정학분야를 조금 더 자세히 알아보도록 하겠습니다.

먼저 인체측정학(Anthropometry)이란 무엇일까요? 그리스의 어원을 직역하면 "인간의 몸을 측정하는 것"이라고 할 수 있습니다. 앞서 언급한 키, 몸무게 외에도 신체 부위의 크기, 모양, 무게, 자세 등 다양한 조합을 고려한다면 수천 개 혹은 수만 개의 신체 부위 치수를 측정할 수 있습니다.[1] 이러한 측정 자료를 바탕으로 인간의 신체 특성 차이(변동)를 이해할 수 있게 되고 이는 제품 설계의 중요한 자료로 활용될 수 있습니다.

인체측정학과 관련해 다음과 같은 질문들을 떠올려 볼 수 있을 것입니다.

- 작업환경 및 제품이 작업자들과 사용자들의 신체 사이즈에 맞게 잘 설계되어 있습니까?
- 작업환경 및 제품이 특정 작업자 및 사용자의 신체에만 적합하게 제공되고 있습니까?
- 모든 작업자들 및 사용자들의 신체사이즈를 반영해서 작업환경 및 제품이

설계되어 있습니까?

* 작업자 및 사업자의 신체 사이즈가 작업 환경 및 제품과 맞지 않는다면, 작업자 및 사용자에게 어떠한 악영향을 미치게 됩니까?

예를 들어 성인 장갑의 치수를 디자인한다고 가정해 봅시다. 다음 그림과 같은 다양한 손의 치수 자료가 필요할 것입니다. 손가락들의 길이, 너비, 손바닥 길이 등 수십 가지의 치수가 고려되어질 수 있습니다. 이때 사람마다 다른 손 크기를 고려하기 위해서는 여러 사이즈의 장갑을 제작해야 할 것입니다. 이를 합리적으로 결정하기 위해서는 수천 명 혹은 수만 명의 손 치수 데이터를 바탕으로 어느 정도의 치수가 작은(Small), 보통(Mediam), 큰(Large) 사이즈에 걸맞는지 분석할 수 있을 것입니다. 이렇듯 인체측정학은 제품 디자인에 있어서 빠질 수 없는 중요한 요소입니다.

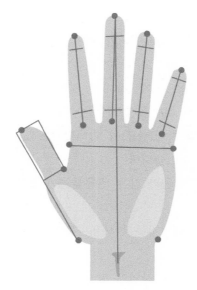

그림 2-1 장갑 디자인 시 손 치수 고려 요소 예

이러한 우리 몸에 대한 관심은 오래전부터 학자들에 의해 진행되어 왔습니다.

대표적인 예로 레오나르도 다빈치의 비트루비안 맨(Vitruvian Man)을 들 수 있습니다.[2] 레오나르도 다빈치는 인간의 키를 기준으로 신체의 부위들을 상대적 비율로 표현했습니다. 예를 들면 양팔을 벌린 너비는 키와 동일하다고 정의하였고 머리의 길이는 전체 키의 1/8(8등신)을 차지한다고 정리하였습니다. 레오나르도 다빈치는 실제로 사람을 측정하여 아래 그림과 같은 인체 비례도를 그리게 되었습니다. 이러한 방법론은 현재 인체측정학에서도 여전히 중요한 모티브가 되고 있습니다.

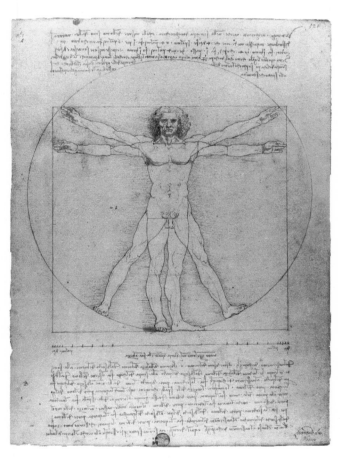

그림 2-2 레오나르도 다빈치의 비트루비안 맨(Vitruvian man)

인간공학 이야기

모태범 선수의 남다른 발 사이즈

단거리 스피드 스케이팅 500m 금메달리스트인 모태범 선수에게는 남다른 신체적 장점이 있습니다. 바로 큰 발목과 발등을 소유하고 있는 것입니다.[3] 장거리 스피드 스케이트 이승훈 선수의 발과 비교했을 때 확연한 차이를 보이는 것을 알 수 있습니다. 이렇게 두꺼운 발목과 넓은 발폭은 단거리 스케이트에 어떠한 장점이 있을까요? 두꺼운 발목 둘레는 힘을 싣는 데 유리하고 넓은 발등 둘레는 체중 이동을 안정적으로 해 줘서 속도를 높여주는 것입니다. 이렇게 남다른 인체 치수는 운동선수에게 큰 장점으로 작용하는 경우가 많습니다.

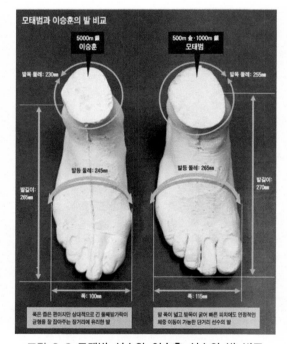

그림 2-3 모태범 선수와 이승훈 선수의 발 비교

2.2 인체측정학 종류

인체측정학은 크게 정적 측정과 동적 측정 두 가지로 나뉠 수 있습니다. 즉, 측정하는 대상의 정적인 자세 혹은 활동적인 움직임 및 반경을 고려하는지에 따라 구분되는 것입니다. 지금부터 각각의 경우에 대해 더욱 자세히 살펴보도록 하겠습니다.

정적 측정

정적 측정은 형태학적 측정이라고도 하며, 측정 대상의 신체 부위가 고정된 상태에서 치수를 측정하는 것을 말합니다. 병원에 가거나 학교에서 신체 검사를 받을 때 우리가 똑바로 서서 키를 재는 경우가 대표적인 예라고 할 수 있습니다. 이외에도 인간의 앉아 있는 자세에서 매우 다양한 정적 치수를 측정할 수 있습니다. 다음 그림에서 보는 것과 같이 앉은 키, 눈높이, 무릎 높이, 팔꿈치 높이, 어깨 너비 등 여러 종류의 치수를 앉은 자세에서 측정할 수 있습니다. 그렇다면 이러한 앉은 자세의 치수들은 어떻게 사용되는 것일까요? 우리가 늘 사용하는 책상, 의자, 혹은 자동차 시트를 설계 하는 데 중요한 데이터로 활용될 수 있습니다.

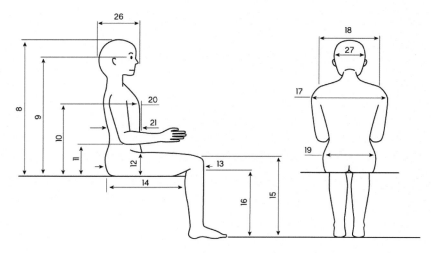

그림 2-4 앉은 자세에서의 인체 측정

　예를 들어 자동차 시트를 디자인 한다고 가정해 봅시다. 인간의 앉은 오금
높이(popliteal height)는 직접적으로 시트의 높이를 설계하는 데 도움이 될 수 있
습니다. 시트의 깊이를 설계하는 경우에는 인간의 앉은 엉덩이 오금 수평 길이
(buttock-popliteal length)가 활용될 수 있습니다. 이외에도 등받이의 길이, 너비,
기울기 등 인간이 편하게 앉을 수 있는 시트를 만들기 위해서 고려할 수 있는
인체측정학 자료는 매우 방대하다고 볼 수 있습니다.

동적 측정

　동적 측정은 인간의 동작이나 작업시 사용되는 반경 등을 고려하여 측정한
수치들을 의미합니다. 일상생활 및 산업현장에서 인간이 정적인 자세로만 작업
을 하는 일은 드물 것입니다. 예를 들면 우리는 신체 검사 시 취하는 경직된 서
있는 자세를 산업현장에서 취하지는 않을 것입니다. 즉, 작업과 관련된 인간의
자연스러운 움직임은 새로운 신체의 범위 및 영역을 만들어 내게 되고 이러한
측정법을 동적 측정이라고 합니다.
　예를 들면 포크레인 트럭 운전자의 동적 측정을 실시한다고 가정해봅시다.

포크레인 트럭 운전자는 후진을 하면서 후방을 살피는 일이 빈번합니다. 이러한 경우 상체와 목을 뒤로 젖힐 시 충분한 운전석 여유 공간이 있는지를 살펴보고 설계하는 것이 중요합니다. 만약 운전석이 이러한 것을 고려하지 않고 비좁게 설계되어 있다면 운전자는 더욱 쉽게 피로를 느낄 수 있고, 충분한 시야가 확보되지 못한다면 이는 불가피한 사고로 연결될 수도 있습니다. 이러한 실제 작업 환경의 기능성이 고려된 측정은 동적 측정의 장점이라고 할 수 있습니다.

이외에도 건설노동자들이 무릎을 꿇고 작업을 해야만 하는 환경인 경우 작업 영역의 적정 높이와 너비 등을 측정할 수도 있습니다. 이렇듯 동적 측정은 작업의 특수한 상황과 디자인 목적에 따라 측정 항목들이 유연하게 변할 수 있습니다.

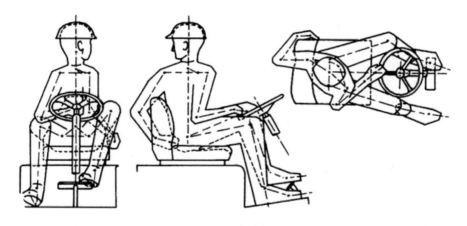

그림 2-5 포크레인 트럭 운전자의 삼면도

　　그렇다면 지금부터는 국내를 중심으로 어떠한 인체측정 자료들이 존재하는지 알아보도록 하겠습니다. 국내에는 사이즈 코리아⁴라는 한국인 인체 치수조사 사업을 통하여 꾸준히 한국인의 인체 치수를 측정해 오고 있습니다. 1979년 1차 측정을 시작하였으며 5~7년 주기로 꾸준히 한국인의 인체 치수 측정을 하고 있습니다. 현재는 2015년에 실시한 제7차 측정 결과까지 공공 데이터로 공유가 되어있는 실정입니다.

　　이렇게 30년이 넘는 세월동안 한국인의 인체를 측정하면서 측정기술 또한 발전해 왔습니다. 1979년에는 마틴식 측정기(스위스의 Rudolf Martin 학자에 의해 고안된 인체측정기기)를 이용하여 인체의 117개 항목에 대해 측정을 실시하였습니다. 마틴식 측정기에는 인체 각 부위의 사이즈와 모양을 잴 수 있도록 다양한 측정기가 조합되어 있습니다. 다음 그림은 마틴식 인체측정기를 이용하여 어깨너비를 재는 모습을 보여주고 있습니다.

그림 2-6 마틴식 인체측정기 사용 예시

이러한 마틴식 측정기는 지금도 꾸준히 사용되어지고 있지만, 100가지가 넘는 항목을 직접 측정하기 위해서는 시간이 많이 소요된다는 단점이 있습니다. 또한 숙련된 측정자와 미숙한 측정자 간의 측정 오차가 발생할 우려가 있습니다.

최근에는 이러한 직접 측정기법에서 더 나아가 3차원 형상 측정이 도입되었습니다. 예를 들어 사이즈코리아의 6차 인체 치수조사의 경우 기존의 직접 측정 139개 항목에 3차원 형상 측정 177개 항목이 더해져 매우 다양한 인체 치수 항목을 조사할 수 있게 되었습니다. 이러한 3차원 인체 측정은 단시간에 전신의 스캔이 가능하고, 특정 부위의 모양이나 부피, 혹은 전체적인 체형의 시각화와 같은 기존 마틴식 직접측정의 한계점들을 보완할 수 있는 장점이 있습니다.

인간의 몸은 지금도 변화중

앞서 사이즈 코리아의 인체측정 조사 사업이 왜 5~7년 주기로 꾸준히 시행되어 오는지에 대한 의문이 생기신 분들도 계실 것입니다. 이는 인류의 신체 치수는 시간이 흐르면서 우리가 놀랄 만큼 변하고 있기 때문입니다. 현재 우리나라의 비만율은 젊은 사람을 중심으로 빠르게 증가하고 있고, 서울지역보다는 강원도와 섬 지역에서 더욱 늘어나고 있는 것으로 나타났습니다. 이러한 원인은 변화하는 라이프 스타일, 식습관 패턴 등과 깊게 연관되어 있다고 볼 수 있습니다. 이외에도 한국인의 평균 키, 몸무게 등은 남여 모두 1965년 이래 꾸준히 상승하고 있습니다. 이러한 인체의 변화를 알아가고 환경에 알맞게 적응하기 위해 주기적인 인체측정 조사 사업은 가히 필수적이라 할 수 있습니다.

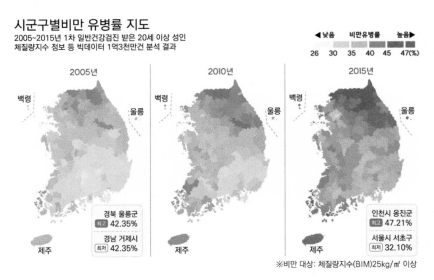

그림 2-7 비만 유병률 지도

2.5 인체 치수의 다양성

이러한 인체 치수 자료는 앞서 언급한 시간의 흐름 외에도 성별, 연령, 인종, 국적 등에 따라서 다양한 차이를 보이게 됩니다. 예를 들면 성별과 연령에 따라 한국인의 인체 치수는 어떠한 차이가 있을까요? 예상하셨듯이 남성은 여성보다 전반적으로 키와 몸무게를 포함해 대부분의 항목에서 높은 치수를 보여줍니다. 그리고 연령이 증가할수록 키는 감소하는 것에 반해 허리 둘레는 증가하는 경향을 보입니다. 변화하는 라이프 스타일과 노화로 인한 결과임을 짐작해 볼 수 있습니다. 즉 우리는 작업환경이나 일생생활 환경을 설계할 때 여러 가지 변수들을 고려해야 하는 것입니다.

예를 들면, 미국의 경우 1980년 대 초반에 중장비산업에 여성 노동자가 처음으로 유입되기 시작했습니다.[5] 이 당시에는 여성의 작은 체구를 고려한 안전 장비가 제대로 구비되어 있지 않은 상황이었습니다. 즉, 시간이 흐르며 그 직업을 구성하는 작업자들의 성별, 연령, 인종도 다양하게 변화하고 이에 따른 인체 치수적인 관심도 커져야 할 것입니다. 국내 건설산업에 종사 중인 여성 노동자의 비율은 2016년 기준으로 대략 10% 정도입니다.[6] 하지만 아직도 여성을 배려한 편의시설조차도 갖추어지지 못한 곳이 많은 실정입니다. 모든 작업자들이 동등하게 편의와 안전을 보장 받을 수 있도록 꾸준한 노력이 필요합니다.

인체 치수의 통계적 접근

앞선 언급한 방법들을 통해 방대한 양의 인체 치수 데이터를 얻게 되면 어떠한 방법으로 데이터를 이해하고 요약할 수 있을까요? 이때 통계의 기본원리가 적용될 수 있습니다. 흥미로운 사실은 인체 치수 데이터는 특정한 통계 분포를 따르는 경향이 있다는 것입니다. 예를 들면 인간의 키 데이터는 종 모양의 정규분포를 따르는 경향이 있습니다. 다음 그림에서 보는 바와 같이 평균키 주변에 가장 많은 사람들이 속해 있고, 매우 작은 키와 매우 큰 키 근처에는 점점 작은 사람들이 속해 있는 것을 볼 수 있습니다. 많은 사람의 키 데이터를 수집할수록 이러한 분포는 더욱 뚜렷하게 종 모양을 띠게 되는 것입니다.

그림 2-8 키의 정규분포 예시

그렇다면 이렇게 인체 치수가 특정한 통계적인 분포를 따르게 될 때 우리는 이를 어떻게 활용할 수 있을까요? 인체측정 데이터를 요약해서 나타낼 시 백분위수(Percentile) 정보가 주로 활용됩니다. 우리는 병원이나 헬스장에 가서 몸을 측정하였을 때 자기 키나 몸무게가 몇 분위수란 말을 들어본 적이 있을 것입니다. 예를 들어 홍길동의 키가 5분위수라고 하면, 전체 모집단 중 5%의 사람이 홍길동과 키가 같거나 혹은 홍길동보다 키가 작다는 뜻으로 해석할 수 있습니다. 보통 각 인체측정 항목에 대하여 여러개의 분위수 값(예 5분위수, 50분위수, 95분위수)으로 데이터를 정리하는 경우가 많습니다. 이러한 데이터를 통해 우리는 효과적으로 각 인체 치수 항목이 어느만큼의 범위를 보이는지 이해할 수 있게 되는 것입니다.

다음 그림은 사이즈 코리아를 통해 20~24세 사람들의 키 분포 정보를 나타낸 것입니다. 표의 내용을 살펴보면 845명의 키 정보를 바탕으로 여러개의 분위수를 요약해 놓은 것을 알 수 있습니다. 예를 들면 95분위수는 182.6cm로 95%의 대한민국 사람 키는 182.6cm 이하라는 것을 알 수 있습니다. 다시 말해 182.6cm보다 큰 키를 가진 사람은 상위 5%라고 볼 수 있습니다. 이외에도 키 데이터가 종 모양의 정규 분포를 매우 유사하게 따른다면, 통계적 수식에 의해 특정 분위수 값을 계산하여 예측하는 것 또한 가능합니다. 예를 들면 전체 키 데이터의 평균과 표준편차 정보를 알고 있으면, 90 분위수의 키 데이터 등 특정 분위수의 값을 예측해낼 수 있는 것입니다. 이렇게 인체 치수를 이해하고 활용하는 데 통계는 매우 중요하게 활용되고 있습니다.

• 년도: 7차(2015)
• 성별: 전체
• 나이: 20~24세
• 키(mm)

측정수	평균	표준편차	최소값	1분위	5분위	25분위	50분위	75분위	95분위	99분위	최대값
845	1685.2	86.5	1455.0	1503.0	1543.0	1617.5	1689.5	1750.0	1826.0	1863.5	1915.0

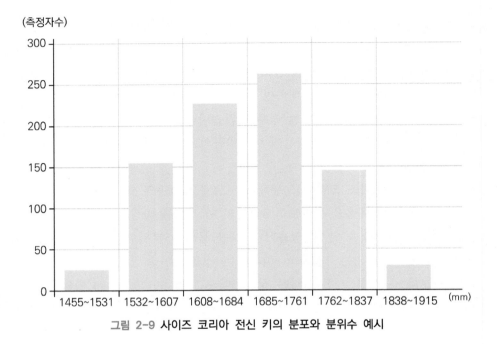

그림 2-9 사이즈 코리아 전신 키의 분포와 분위수 예시

예/제/

예를 들어 사이즈 코리아 전신 키 데이터를 바탕으로 85분위수의 값을 예측해보고 싶다고 가정해봅시다.
다음과 같은 수식을 활용하여 산출해 낼 수 있습니다.

85 분위수 전신 키
=평균치+($Z_{0.85}$×표준편차)=1685.15+(1.04×86.46)=1775.07㎜

2.7 인체 측정 기준 설계 가이드라인

지금까지 인체 측정 데이터를 수집하는 방법과 그것을 통계적으로 분석하는 법에 대하여 다루어 보았습니다. 그렇다면 다음 질문은 이러한 측정 데이터를 우리의 삶에 어떻게 활용하느냐가 될 것입니다. 인간공학에서는 인체 치수를 기반으로 작업환경을 설계시 크게 세 가지의 법칙이 적용됩니다. 지금부터 각각의 법칙에 대하여 살펴보도록 하겠습니다.

극단치를 고려한 설계

극단치를 고려한 설계는 우리의 인체 치수 데이터 중 최대값 혹은 최소값을 고려하는 경우를 말합니다. 어떠한 경우에 이러한 극단치 값들이 필요할까요?

• 최대값을 고려한 설계

우리가 현관문의 높이를 결정한다고 하였을 때 어떠한 인체 치수를 고려해야 할까요? 가장 쉽게 떠올릴 수 있는 것은 서 있는 자세의 키 정보일 것입니다. 인간의 키 자료를 활용한다면 자연스럽게 다음 질문은 '키 자료 중 어떠한 값을 사용해야 할까?'일 것입니다. 인간의 평균 키를 활용할 수도 있고 최소값, 최대값, 혹은 구체적인 분위수 등 다양한 옵션들이 존재할 것입니다.

이때 현관문의 높이를 결정하는 주된 목적에 대해 먼저 생각해 볼 수 있습니다. 일반적으로 사람들은 몸을 숙이지 않고 쉽게 통과하는 현관문을 설계하고 싶을 것입니다. 즉, 키의 최대값을 고려하여 문을 설계하는 것이 바람직할 것입니다. 이렇게 최대치를 고려하는 경우에도 여러 가지 옵션이 있습니다. 설계자에 따라 최대값을 고려하는 경우도 있고, 95분위수나 99분위수를 사용하는 경우도 있습니다. 이러한 의사 결정은 설계의 프로젝트가 처한 상황 및 목적에 따라 가변적으로 결정될 수 있습니다. 예를 들면 키가 큰 사람들이 밀집되어 있는 농구선수들의 체육관의 문은 키의 최대값 및 여유공간을 고려하여 하승진 선수처럼 매우 큰 키(221cm)를 가진 사람도 편하게 통과할 수 있는 문을 설계해야 할 것입니다.

• 최소값을 고려한 설계

그렇다면 반대로 인체 치수의 최소값을 활용하는 경우는 어떠한 것이 있을까요? 예를 들어 음료수 캔을 따는 것을 생각해봅시다. 음료수 캔을 따기 위해서는 어느 정도 손가락의 당기는 힘이 필요할 것입니다. 설계 시 음료수 캔 따기의 주된 목적은 제품의 품질을 손상하지 않는 선에서 소비자들이 어려움 없이 캔을 딸 수 있도록 하는 거라 할 수 있습니다. 이때 당기는 힘의 적정 최소값을 정할 때 역시 최소값, 1분위수, 5분위수 등 프로젝트의 상황에 따라 여러 가지 선택사항이 존재하게 됩니다.

이렇게 최소값을 고려한 캔 따기 강도가 설계되어 있다고 해도, 현실적인 한계점은 아직도 존재합니다. 대부분의 사람들에게는 음료수 캔을 따는 것이 어려운 일이 아니겠지만, 어린 아이들, 노약자 혹은 심신 쇠약자들에게는 어려운 일이 될 수도 있습니다. 우리도 감기몸살을 겪은 후에 캔을 딸 힘이 없어서 누군가에게 부탁을 해본 경험이 있을 것입니다. 만약 캔 따개의 강도를 너무 낮게 디자인하면 그로 인한 파손 우려나, 탄산 음료의 김이 새는 등 품질적인 문제가 발생할 수도 있을 것입니다. 이렇게 현실적인 제약, 비용 등의 여러 측면을 고려했을 때 모든 인간의 편의를 위한 디자인을 설계한다는 것은 어려운 일인 것을 알 수 있습니다.

조절성을 고려한 설계

　조절성을 고려한 설계는 적정한 범위 내에서 제품 및 환경의 치수를 조절이 가능하게 설계하는 것을 말합니다. 조절이 가능하도록 설계하는 것은 인간공학 관점에서 매우 이상적인 설계라고 할 수 있습니다. 그 이유는 치수 조절이 가능하기 때문에 몸에 맞는 맞춤형 설계가 가능하고, 조정 범위에 따라 다양한 인체 치수를 가진 사람들을 고려할 수 있기 때문입니다. 그렇다면 조절성을 설계에 포함시킬 때 얼마만큼의 범위를 제공하는 것이 좋을까요?

　일반적으로 5분위수의 여성 치수값에서 95 분위수의 남성 치수값으로 범위를 정하는 경우가 많습니다. 다음 그림은 남자와 여자의 키의 분포를 보여주고 있다. 남자와 여자의 키 분포는 앞서 언급했듯이 종 모양의 정규분포를 각각 보이는 것을 알 수 있습니다. 두 분포를 통합적으로 바라보았을 때 전체적인 최소값은 여성 키의 최소값이 표현할 수 있고, 전체적인 최대값은 남성 키의 최대값으로 나타낼 수 있습니다. 이러한 특성에 기인하여 조절성의 범위를 고려할때 양 극단치인 여성의 5분위수와 남성의 95분위수를 설정하게 되는 것입니다. 경우에 따라서는 이러한 조정 범위가 여성의 1분위수에서 남성의 99분위수로 더욱 확장되는 사례도 있습니다.

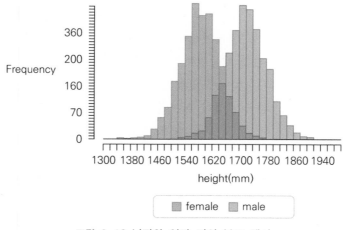

그림 2-10 남자와 여자 키의 분포 예시

우리 주변에 이러한 조절성 설계를 고려한 제품들은 무엇이 있을까요? 자동차 시트를 생각해 볼 수 있을 것입니다. 요새 출시되는 거의 모든 자동차들은 시트 조절이 가능하다고 볼 수 있습니다. 예를 들면 시트 앞뒤거리, 등받이 각도, 시트 높이 등 조정할 수 있는 항목이 다양하고 고급차의 경우 개개인에 맞춘 시트를 기억해 주는 시스템들도 있습니다. 이렇게 자동차 운전석의 거의 모든 시트들이 조절식인 이유는 무엇일까요?

크게 안전성과 편의성에 연관지어 생각해 볼 수 있습니다. 먼저 안전성을 고려했을 때, 키가 매우 작은 운전자가 운전석에 앉았다고 생각해 봅시다. 짧은 다리로 브레이크 페달이 닿지 않는다면 이는 교통사고와 직결되는 큰 문제가 될 수 있을 것입니다. 이러한 안전상의 이유로 다양한 인체 치수를 고려한 조절식 설계는 자동차를 제어하는 데 있어서 필수적인 것입니다.

다음으로 편의성 혹은 안락감에 대해 고려해볼 수 있습니다. 운전자가 장시간 도로에서 주행할 때 시트가 얼마나 운전자의 체형에 맞게 맞추어져 있느냐에 따라 운전의 장시간 피로도, 고급감, 안락감 등에 영향을 미칠 수 있습니다. 이는 곧 고객의 만족감과 자동차의 판매량과도 직결될 수 있으므로 고급 자동차의 경우 더욱 구체적이고 개인 맞춤형인 시트 조절 설계가 들어가 있는 경우가 많습니다.

그렇다면 이러한 조절식 설계가 대부분의 제품 및 환경에 적용되면 될 것 같은데 그렇지 않은 이유는 무엇일까요? 바로 비용적인 측면과 설계의 복잡성에 있습니다. 조절식 설계가 많이 들어갈수록 그렇지 않은 제품보다 자연스럽게 비용 및 단가가 올라가게 되기 때문입니다. 우리가 사용하는 컴퓨터 모니터의 경우에도 사람의 앉은 키의 눈높이에 맞춰 높이 조절을 가능하게 만든다면 단가가 더욱 올라가게 될 것입니다. 기업의 측면에서는 인간공학적 편의성을 더욱 강조할 것인지 비용을 더욱 절감할 것인지에 대한 결정의 기로에 서게 되는 것입니다. 이러한 비용과 편의성에 대한 트레이드 오프(trade-off)는 제품의 우선 순위(안전성, 편의성, 비용)에 따라 달라지게 됩니다.

평균값을 고려한 설계

　평균값을 고려한 설계는 인체 치수의 평균 수치를 기반으로 제품 및 환경을 설계하는 것입니다. 어떻게 보면 합리적인 설계인 것 같지만 몇 가지 염두해야 할 사실이 있습니다. 인간 중 모든 신체 부위가 평균에 속하는 사람을 찾는 것은 거의 불가능에 가깝다는 사실입니다. 1952년에 미 공군을 대상으로 군복 디자인에 필요한 인체 치수를 측정한 연구에 의하면 키, 가슴 둘레, 소매길이, 샅 높이(Crotch height)가 모두 평균치수에 속하는 사람은 전체의 2%도 되지 않았습니다.[7] 더 나아가 10개의 모든 부위가 평균치에 해당하는 군인은 존재하지 않는 것으로 나타났습니다. 즉, 나무 의자의 높이, 시트 너비, 시트 깊이 등이 모두 평균치를 바탕으로 설계된다고 한다면 이에 대한 최적의 혜택을 받을 수 있는 사람은 극히 드물다는 것입니다.

　이러한 한계점에도 불구하고 일상 생활에서 평균치를 고려한 설계는 쉽게 찾아볼 수 있습니다. 대학이나 학원에서 조절이 가능하지 않은 일체형 책상을 경험해본 적이 있을 것입니다. 이러한 일체형 책상은 연령 그룹에 따른 학생들의 평균 앉은키, 앉은 무릎 높이, 앉은 팔꿈치 높이, 엉덩이 너비 등을 고려하여 설계하는 경우가 많습니다. 이렇게 설계된 평균치 책상과 의자는 체구가 큰 학생들에겐 허리를 구부리고 무릎을 들어올려야 하는 등 안 좋은 자세를 유발할 것입니다. 이러한 단점들이 있음에도 불구하고 학교나 학원에서는 비용적인 문제로 인해 일체형 책상들을 도입하는 경우가 다반사입니다.

인체측정을 고려한 제품 설계 절차

앞서 언급한 내용을 바탕으로 인체측정학을 제품 설계에 어떻게 적용할 수 있는지 체계적인 절차에 대해 알아보도록 하겠습니다. 학습 시 필요한 어린이용 의자를 설계하는 것이 주목표라고 가정해 봅시다.

설계에 고려될 주요 신체 치수 정하기

먼저 어린이용 의자를 만들기 위해서 어떠한 신체 치수가 필요한지에 대한 고찰이 필요할 것입니다. 기본적으로 의자의 높이를 결정하기 위해 **앉은 오금높이**가 필요할 것이고, 의자 시트의 깊이를 정하기 위해 **엉덩이오금길이**가 고려될 수 있습니다. 그리고 시트의 너비를 설계하기 위해 **엉덩이너비**를 고려할 수 있습니다. 본 예시에서는 의자의 높이 설계에 대해서 집중해보도록 하겠습니다.

제품 주 사용자를 파악하기

해당 제품을 주로 사용할 사용자층을 명확히 파악하는 것이 중요합니다. 의자를 사용하는 대상이 성인인지 어린이인지에 따라 의자의 사이즈와 모양은 크게 달라지게 될 것입니다. 본 예제에서는 초등학생을 주 사용자로 적용해 보도록 하겠습니다.

설계 기준 정하기

앞서 언급했던 인체 측정의 설계 기준에 대해 고민해 볼 차례입니다. 초등학생의 경우 학년이 달라짐에 따라 발육의 정도와 신체 치수에 대한 큰 차이를 보이게 됩니다. 이러한 경우 학년별로 인체 치수를 고려한 의자를 설계하는 것이 바람직할 것입니다. 그렇다면 각 학년별로 의자를 설계할 때 어떠한 기준을 적용해야 할까요? 같은 학년의 어린이들 간에도 신체치수의 차이가 발생하기 때문에 의자 높이의 경우 조절이 가능하게 설계하는 것이 좋을 것입니다.

치수 범위 정하기

지금부터는 의자 높이에 조절식 설계를 적용할 때 최소값과 최대값을 정하기 위해서 전체 어린이 중 얼마만큼의 비율을 고려해야 하는지를 결정할 차례입니다. 의자 높이를 조절함에 있어서 각 학년 별로 대상 인구의 90%를 포함할 수 있도록 설계해 보도록 합니다.

구체적인 신체 치수 획득하기

지금부터는 90%의 대상 인구를 고려할 수 있도록 구체적인 신체 치수값을 획득할 차례입니다. 사이즈 코리아의 자료[8]를 활용하여 초등학생들의 학년별 앉은 오금높이 5분위수, 95분위수를 다음 표와 같이 도출해 낼 수 있습니다.

표 2-1 초등학생 학년별 앉은 오금높이 분위수 값(mm)

	5분위수	95분위수
1학년	266	325
2학년	282	342
3학년	300	356
4학년	312	374

	5분위수	95분위수
5학년	322	393
6학년	339	410

단위: mm

여유공간 추가하기

앞서 획득한 인체 치수를 의자 높이에 그대로 적용하기에는 아직 추가적으로 고려해야 할 점이 있습니다. 학생들이 밑창이 높은 운동화를 신는 경우가 생기면 어떠할까요? 인체 치수 데이터는 신발을 착용하지 않은 상태의 데이터이기 때문에 이러한 상황을 고려해서 여유공간을 설계에 반영하는 것이 좋습니다. 예를 들면 95분위수의 경우 10mm 정도의 높이 추가를 고려해 볼 수 있습니다.

검증하기

마지막으로 이렇게 설계한 의자의 높이가 실제로 초등학생들에게 편한지에 대한 검증이 필요합니다. 실제 학생들을 모집하여 의자에 앉게 하고 인터뷰를 해서 피드백을 받을 수 있습니다. 이를 통해 개선사항이 있으면 다시 설계 기준 정하기의 절차로 돌아가서 설계에 대한 수정을 진행해 볼 수 있습니다.

사이즈 코리아 데이터를 활용한 안경 디자인 사례

사이즈 코리아의 인체 치수 데이터를 활용해 우리들이 일상생활에서 착용하는 안경을 효과적으로 디자인할 수 있습니다. 이러한 사이즈 코리아 사업은 정부기술표준원에서 이루어졌습니다.[9] 먼저 본 사업에서는 안경 사용자를 대상으로한 요구사항 조사를 하여 사용자들의 경향에 대해 정확히 알아보려 했습니다. 특히 안경 구매 시 고려사항에 대한 조사결과 청소년은 편리함을 1순위로 성인은 피팅(어울림)을 1순위로 고려한 것을 알 수 있었습니다. 이러한 청소년과 성인의 요구사항을 만족시키기 위해서 인체 치수 정보는 필수적이라는 것을 짐작해 볼 수 있습니다.

그렇다면 어떠한 치수들을 고려해 볼 수 있을까요? 우선 안경의 사이즈 시스템에 대해 이해해 볼 필요가 있습니다. 세계적으로 가장 일반적으로 사용되는 것은 Boxing 시스템으로서 렌즈의 가로 길이, 브리지 길이, 템플(안경다리) 길이 3가지 설계 요소에 대해 표기하도록 되어 있습니다. 이러한 사실을 바탕으로 사이즈 코리아 사업에서는 렌즈 가로 길이를 설계시 다음 그림과 같이 눈구석사이너비, 눈초리사이너비, 눈동자사이너비, 머리너비를 고려하여 적정 범위를 도출하였습니다.

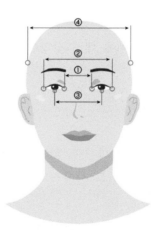

① 눈구석사이너비
② 눈초리사이너비
③ 눈동자사이너비
④ 머리너비

그림 2-11 렌즈 가로길이 설계 시 고려된 치수항목들

브릿지 길이의 경우 앞서 도출한 렌즈 가로 길이와 눈동자사이너비를 활용하여 산출해 냈습니다. 마지막으로 템플 길이의 경우 눈살귀구슬 수평길이를 고려하여 안경다리가 꺾이는 지점까지의 적정 거리를 설계할 수 있었습니다. 이러한 인체 치수 데이터를 바탕으로 한 과학적인 디자인 방법은 고객의 착용감 및 만족감을 더욱 높여줄 수 있는 새로운 비즈니스 전략이 될 수 있을 것입니다.

▎요약

- 인체측정학은 인간의 다양한 부위 및 자세에 대해 측정하는 것을 말합니다.
- 인체측정은 정적 측정과 동적 측정으로 구분할 수 있습니다.
- 인체 측정 시 마틴식 측정기를 이용한 직접 측정법이 있고, 최근에는 3차원 형상 측정이 도입되고 있습니다.
- 인체 치수는 정규 분포를 따르는 경우가 많고, 통계적 접근 방법을 통해 특정 분위수 값에 대해 예측할 수 있습니다.
- 인체 측정을 고려해 제품을 설계할 때, 극단치를 고려한 설계, 조절성을 고려한 설계, 평균값을 고려한 설계에 대해 상황에 맞게 선택할 수 있습니다.

▎연습문제

1) 인간공학적 의자를 설계하고자 합니다. 의자설계요소별로 어떤 인체측정자료를 사용하여야 하는지 고민해보고 사이즈코리아에서 그 정보를 활용하여 의자를 설계해 보도록 합니다.
2) 자신이 거주하는 집의 주방에 대해 인체측정학 관점에서 평가를 수행하기로 합니다. 예를 들면 다음과 같은 사항들에 대해서 평가해 보고 개선점을 찾도록 합니다.
   a. 싱크대를 포함한 주방 작업과 관련된 작업대의 높이
   b. 선반과 찬장들의 높이

c. 주방에서 작업 시 하지의 여유공간

3) 현재 비행기 좌석들의 수치에 대해 항공사별로 조사해 봅시다. 이를 사이즈 코리아의 인체 치수 정보를 바탕으로 비교해 보도록 합니다. 승객에게 보다 편한 시트를 제공하기 위해 어떠한 개선방안을 제시할 수 있는지 찾아봅 시다.

4) 우리가 일생생활에서 경험하고 느낀 인체측정학 관점에서 불편하게 설계된 디자인을 두 가지 찾아보도록 합니다. 이러한 디자인을 개선하고자 할 때 인 체측정을 고려한 제품 설계 절차에 의거하여 개선해 보도록 합니다.

5) 우리의 일상생활에서 극단치를 고려한 설계가 필요한 사례들에 대해 정리해 보도록 하겠습니다.

▌참고문헌

Da Vinci, L. (2015). Vitruvian man. *Galleria dell'Accademia, Venice, Italy. Retrieved January, 4*, 1508−1510.

Stack, T., Ostrom, L. T., & Wilhelmsen, C. A. (2016). *Occupational ergonomics: A practical approach*. John Wiley & Sons.

Daniels, G. S. (1952). *The "Average Man"?*. AIR FORCE AEROSPACE MEDICAL RESEARCH LAB WRIGHT−PATTERSON AFB OH.

▌관련링크

1. https://www.cdc.gov/niosh/topics/anthropometry/default.html
2. https://sizekorea.kr/
3. https://www.hani.co.kr/arti/society/women/1007855.html
4. 사이즈코리아를 활용한 학생용 책걸상 수, 발주 가이드라인(https://sizekorea.kr/page/dg/1_1)

5. 사이즈코리아를 활용한 안경 디자인 가이드라인(https://sizekorea.kr/dg/pdf/2.pdf)

6. https://www.chosun.com/site/data/html_dir/2010/02/19/2010021900088.html

인체 측정학: 우리의 몸에 대해 이해하다 //////////////////////////////

1 https://www.cdc.gov/niosh/topics/anthropometry/default.htm

2 Da Vinci, L. (2015). Vitruvian man. *Galleria dell'Accademia, Venice, Italy. Retrieved January, 4,* 1508 – 1510.

3 https://www.chosun.com/site/data/html_dir/2010/02/19/2010021900088.html

4 https://sizekorea.kr/

5 Stack, T., Ostrom, L. T., & Wilhelmsen, C. A. (2016). Occupational ergonomics: A practical approach. John Wiley & Sons.

6 https://www.hani.co.kr/arti/society/women/1007855.html

7 Daniels, G. S. (1952). The "Average Man?". AIR FORCE AEROSPACE MEDICAL RESEARCH LAB WRIGHT – PATTERSON AFB OH.

8 사이즈코리아를 활용한 학생용 책걸상 수, 발주 가이드라인(https://sizekorea.kr/page/dg/1_1)

9 사이즈코리아를 활용한 안경 디자인 가이드라인(https://sizekorea.kr/dg/pdf/2.pdf)

CHAPTER

03

근골격계질환: 우리는 왜 일하다 아플까?

근골격계질환 정의

인간공학이 중요한 이유 중 하나는 지금 이 순간에도 산업현장에서 많은 사람들이 아프고 다치고 있다는 점에 있습니다. 우리는 뉴스를 통해 작업자들이 산업현장에서 다치거나 심각한 경우에는 사망으로 이어지는 기사를 심심치 않게 접하게 됩니다. 이렇게 우리가 많은 시간을 보내는 산업현장에서 우리 몸에 안 좋은 영향을 주는 일들이 많이 일어나고 있습니다. 이 중에서 근골격계질환이라는 작업성 질환은 전체 직업 관련 질환의 약 1/3을 차지하고 있습니다. 근골격계질환은 무엇이며 무슨 이유로 산업현장에서 이렇게 높은 비중을 차지하는지에 대해서 조금 더 자세히 알아보도록 하겠습니다.

먼저 근골격계질환의 정의는 무엇일까요? 근골격계질환은 근육, 힘줄, 인대, 신경, 관절, 연골, 허리 디스크, 뼈 등의 손상으로 인해 부상을 입거나 통증을 느끼는 것을 말합니다.[1] 예를 들면 봉사활동을 가서 하루종일 연탄을 나르거나 친구의 이삿짐 나르는 것을 도와주다 말미에 허리가 뻐근한 통증을 느껴본 적이 있을 것입니다. 특히 산업현장에서의 작업으로 인해 이러한 손상이 발생하거나 증상이 더욱 악화되는 것을 직업성 근골격계질환이라고 말합니다. 이러한 근골격계질환은 단발적인 사고보다 오랜 시간 동안의 반복적인 손상에 의해 발병하는 누적성 질환인 경우가 대부분입니다.

예를 들면 치과위생사는 장시간 진료를 하는 동안 머리와 목을 구부리고 어깨와 손을 많이 비틀면서 진료를 보는 경우가 많습니다. 이러한 자세를 꾸준히 반복하다 보니 어깨, 목, 허리, 손목 부위 등에서 높은 근골격계 통증을 호소하는 편입니다. 이렇게 많은 산업현장에서 작업자들은 근골격계질환을 경험하고 있습니다. 인간공학의 중요한 미션 중 하나는 산업현장의 위험을 정확히 파악하고 이를 감소시킬 수 있는 대안을 제시하여 근골격계질환의 발생을 사전에 방지하는 것입니다.

그림 3-1 치과 위생사 작업 모습.

근골격계질환 내에서도 힘줄이나 인대의 손상이 있는 경우 근육의 손상보다 회복이 느린 특성이 있습니다. 즉, 작업자가 근육의 통증을 느끼는 경우 며칠 간의 충분한 휴식을 취하면 충분히 회복될 수 있지만, 힘줄이나 인대의 손상인 경우 더욱 많은 시간이 회복에 필요한 것입니다. 만약 산업현장에서 이렇게 오랜 시간 회복을 기다릴 수 없어서 작업자를 바로 산업현장에 복귀시키게 되면 어떻게 될까요? 힘줄과 인대가 완전히 회복되지 않은 상태에서 다시 위험에 노출되게 되면 더욱 큰 조직의 손상으로 이어질 수가 있는 것입니다.

'소 잃고 외양간 고친다'는 속담이 있습니다. 이러한 속담은 우리의 산업현장에도 적용될 수 있습니다. 근골격계질환이 이미 심각한 수준으로 발생한 작업자를 회복시켜 다시 산업현장로 보내기 위해서는 매우 많은 시간과 비용이 발생하게 됩니다. 이는 작업자들의 사기를 저하시키고 사내의 분위기에도 안 좋은 영향을 미칠 수 있습니다. 그렇기 때문에 인간공학의 중요한 역할은 이러한 질환이 발병하기 전에 문제 요소를 명확히 파악하여 위험의 발생을 사전에 방지하는 것에 있습니다. 지금부터는 산업현장에 어떠한 근골격계질환 위험 요소들이 내재하고 있는지에 대해 살펴보도록 하겠습니다.

🎙 인간공학 **이야기**

인공지능을 활용한 작업장 질환 분석

2018년 미국의 노동통계국(Bureau of Labor Statistics), 산업안전보건청(Occupational Safety and Health Administration), 미국의 국립산업안전보건연구원(NIOSH)에서는 국립 과학 아카데미(National Academies of Science)와 계약을 맺고 인공 지능과 머신 러닝의 기술을 적극 활용하여 안전보건의 데이터 처리를 자동화하는 방안을 권장하기로 했습니다.[2] 작업 관련 사고에 대한 정보는 보통 서술적인 보고 내용을 바탕으로 직업 상해 및 질병 분류 시스템을 활용하여 표준화된 코드를 할당하는 작업을 진행합니다. 예를 들면 "작업자가 사다리에서 낙상했다"는 부상 보고를 읽고 적합한 코드를 찾아 할당하는 것입니다. 이러한 작업 방법은 비용과 시간이 많이 들며 코딩 에러가 생기는 경우도 있습니다. 이러한 비효율적인 프로세스에 인공지능이 적극 활용될 수 있습니다. 이때 앞서 언급한 기관들은 작업자의 부상 서술 기록을 자동으로 이해할 수 있는 인공지능 알고리즘 개발 경연대회를 열었습니다. 이 대회에서 우승자의 모델은 정확도가 87%를 보이는 것으로 나타났습니다. 이러한 인공지능 자동화는 수작업으로 4년 반이 걸릴 작업을 3시간 내에 달성할 수 있는 가능성이 있는 것으로 나타났습니다. 이렇게 개발된 알고리즘은 추후에 대중이 쉽게 사용할 수 있는 웹 도구를 만드는 데 사용될 것으로 보입니다.

근골격계질환 위험요소

그렇다면 산업현장에서는 어떠한 위험요소들이 근골격계질환을 유발하는 것일까요? 이에 대해서는 크게 신체적 위험요소, 개인적 위험요소, 사회심리적 위험요소 세 가지의 항목으로 분류해 볼 수 있습니다.[3] 지금부터 각 항목에 대하여 좀 더 자세히 살펴봅시다.

신체적 위험요소

신체적 위험요소란 작업을 하면서 물리적 환경에 의해 작업자의 신체에 부하가 전해지는 것을 말합니다. 예를 들면 작업을 하면서 강한 힘을 필요로 한다던지, 매우 반복적인 작업을 요구하거나, 불편한 자세를 오랫동안 취하게 되면 근골격계질환에 걸릴 확률이 높아지는 것으로 알려져 있습니다. 건설작업자가 허리를 앞으로 깊게 숙인 채로 철근 조립 작업을 실시하고 있다고 가정해 봅시다. 이러한 철근 조립 작업은 허리를 깊게 구부리거나 손목을 비트는 자세들이 많이 발생하게 됩니다. 이러한 작업에 지속적으로 노출되면 작업자는 허리, 손목, 그 외 부위들에 대하여 심각한 통증을 느끼게 될 확률이 높아지는 것입니다. 지금부터는 신체적 위험 요소의 세부 항목에 대해서 살펴보기로 합니다.

그림 3-2 건설 노동자 작업 모습

• 안 좋은 자세

산업현장에서 작업자가 안 좋은 자세를 취한다는 것은 몸의 특정 근육이 지나치게 이완되거나 수축된다는 것을 의미합니다. 근육은 저마다의 적정 길이가 있습니다. 이러한 길이에서 근육은 최대의 힘을 발휘할 수 있고 가장 효율적인 기능을 수행합니다. 우주인이 무중력 상태에서 취하는 자세는 각 근육들이 발휘할 수 있는 최적의 자세라고 볼 수 있습니다. 만약 근육이 이러한 적정 길이를 벗어나게 되면 어떻게 될까요?

예를 들어 바닥에 있는 물건을 줍기 위해 허리를 깊게 구부리는 자세를 생각해 봅시다. 이러한 자세에서 우리의 척추 바로 뒤에 있는 허리근육은 평상시 편하게 서 있을 때보다 훨씬 늘어나게 됩니다. 근육이 이렇게 적정 길이를 벗어나 오랜 시간 동안 있게 되면 근육이 발휘할 수 있는 힘이 줄어들게 되고, 근피로를 유발하며, 심각한 경우는 통증까지 느끼게 되는 것입니다.

안 좋은 자세는 우리의 신경을 압박하기도 합니다. 예를 들어 우리 손목의 경우 손목 내에 좁은 터널이 있습니다. 그 터널 사이로 많은 힘줄과 신경들이 빽빽하게 밀집해 있습니다. 그렇다면 손목을 최대한 구부려보면 어떠한 현상이 일어날까요? 손목의 터널은 더욱 비좁아지게 되고 억센 힘줄들이 신경을 누르게 되는 것입니다. 산업현장에서 손목을 구부린 자세가 빈번히 발생하게 되면 잦은 압박으로 인해 신경이 손상되게 되고, 작업자는 손의 무감각, 저림, 통증 등을 느끼게 되는 것입니다.

안 좋은 자세는 우리의 힘줄에도 악영향을 줍니다. 앞서 언급한 손의 안 좋은 자세를 다시 예로 들어봅시다. 해부학적으로 손목 터널 내에는 여러 개의 힘줄들이 몰려 있습니다. 이러한 힘줄들은 손가락 뼈와 팔 근육들을 단단히 연결하는 역할을 합니다. 손목을 심하게 구부리는 자세를 취하게 될 경우 도르래의 원리처럼 힘줄이 이동을 하게 됩니다. 이때 잦은 이동과 주변 조직과의 마찰로 인해 힘줄이 손상을 입게 되는 것입니다.

결론적으로 안 좋은 자세는 근육, 신경, 힘줄에 모두 안 좋은 영향을 미치게 됩니다. 즉, 근골격계시스템에 직접적으로 연관이 있는 것이고 근골격계질환을 유발시키는 위험 요소에 빠질 수 없는 매우 중요한 요소가 되는 것입니다.

• 정적 자세

안 좋은 자세만이 근골격계질환에 영향을 주는 것은 아닙니다. 장시간 정적인 자세를 산업현장에서 유지하는 것도 근골격계질환의 위험 요소로 알려져 있습니다. 예를 들어 6시간 이상 수술대에서 쉬지 않고 수술에 집중하는 의사의 경우 어떠한 위험들이 존재하고 있을까요? 수술 내내 목을 구부리고 어깨를 움츠린 자세를 유지하는 경우가 많기 때문에 많은 수술 의사들이 목과 어깨의 통증에 시달리게 됩니다. 그렇다면 같은 자세를 지속적으로 유지하는 것은 생체역학적으로 어떠한 현상이 일어나는 걸까요?

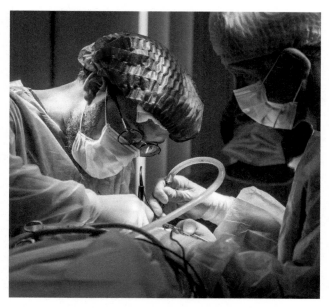

그림 3-3 수술 의사들의 자세

근육이 지속적인 이완 상태를 유지하고 있다는 것은 몸의 근육, 힘줄 혹은 인대에서 지속적으로 당기는 힘을 느끼고 있는 것과 같습니다. 우리가 고무줄을 지속적으로 당김 상태를 유지하면 어떻게 될까요? 고무줄에 점점 손상이 생기고 결국에는 끊어지게 될 것입니다. 이렇듯 근육이 지속적인 부하를 받게 되면 근육의 피로 및 손상으로 이어지게 됩니다.

수술 의사가 장시간 목을 구부리고 수술을 하는 상황을 가정해 봅시다. 목 뒤에 있는 근육들은 볼링공 무게와 다름없는 우리의 머리를 지탱하기 위하여 지속적으로 당기는 힘을 발휘하고 있을 겁니다. 이러한 자세가 지속되면 목 근육이 손상되고 근육과 뼈를 이어주는 부분에도 무리가 가기 시작합니다. 이는 곧 목과 어깨 윗부분의 심각한 통증과 질환으로 이어지게 되는 것입니다.

정적인 자세를 오래 지속하면 몸의 혈액 순환을 방해하고 이는 피로를 더욱 빨리 느끼게 합니다. 하루 종일 제자리에서 서서 일해야 하는 백화점 서비스직, 커피전문점의 바리스타 등의 직업군에서는 하지 부종과 통증이 흔하게 발생합니다. 이러한 이유는 정적인 하지 자세로 인해 하지로 내려간 혈액이 다시 상지로 올라가지 못해 혈액들이 하체 혈관에 머무르게 되기 때문입니다. 이러한 결과로 종아리 및 발목이 붓게 되고, 다리 근육이 뭉치거나, 저리고, 통증을 느끼게 되는 것입니다.

요약하자면 정적인 자세는 지속적인 근육에 긴장감을 주게 되고, 혈액 순환을 방해하고, 근피로도를 촉진시킨다고 할 수 있습니다. 작업자가 주기적으로 스트레칭을 할 수 있는 프로그램을 조직 단위에서 실시하거나, 주기적인 걷기를 도모하는 작업 순서를 설계하여 지나친 정적인 자세를 예방하는 것이 필요할 것입니다.

• 반복된 자세 혹은 동작

우리가 산업현장에서 비슷한 자세나 동작을 계속해서 사용하게 되면 몸에 어떠한 영향을 미치게 될까요? 인간의 자세와 동작은 근육과 밀접한 연관이 있습니다. 예를 들어 팔을 구부리는 동작을 취해보면 이두근이 불쑥 올라오는 것을 느낄 수 있을 겁니다. 이렇듯 특정한 자세나 동작을 반복한다는 것은 특정 근육을 집중적해서 사용함을 뜻합니다. 이렇게 특정한 근육을 계속 사용하게 되면 어떠한 일이 발생할까요? 근육이 휴식을 취하고 회복할 수 있는 시간이 줄게되어 근육의 피로가 증가하게 됩니다. 이렇게 피로가 쌓이게 된 근육은 발휘할 수 있는 근력도 줄어들게 되어 같은 작업을 반복할 때 더욱 높은 신체부담을 느끼게 되는 것입니다. 이외에도 반복된 자세 및 동작은 근골격계시스템에 누적 스트레스를 주게 됩니다. 우리의 근육, 힘줄, 인대 등의 부위에서 반복적인 미세 손상이 일어나게 되고 이들이 중첩되면서 더 큰 증상으로 이어지게 되는 것입니다.

• 과도한 힘

주어진 업무를 수행하기 위해서 작업자들에게 과도한 힘을 요구로 하는 경우가 있습니다. 건설현장 작업자가 중량물을 운반하거나, 구급대원이 환자를 이송하는 경우들을 예로 들 수 있습니다. 이렇게 과도한 힘을 필요로 하게 되면 이는 우리의 근육, 힘줄, 인대, 관절 등에 과한 부하를 전달하게 됩니다. 또한 높은 힘을 발휘하게 위해서 우리의 근육은 평소보다 더 많은 힘을 발휘하게 되고, 이는 더 빠른 피로로 이어집니다.

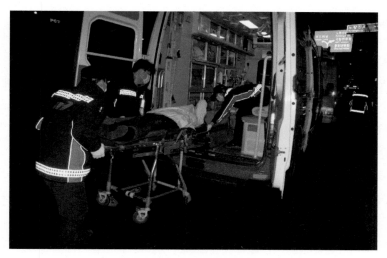

그림 3-4 **구급대원 환자 이송모습**

• 압박

물체에 우리의 몸이 강하게 눌리게 되면서 근골격계 시스템에 손상이 갈 수도 있습니다. 예를 들면 사무직 작업자들의 경우 책상 모서리에 지속적으로 팔을 압박하는 경우가 있습니다. 이렇게 단단한 표면이 팔을 누르게 되면 팔 안의 신경들을 압박하게 되고 혈액의 순환을 방해하게 됩니다. 이러한 현상이 지속되면 팔이 저리고, 무감각해지는 증상이 발생하게 됩니다.

• 진동

산업현장에서 발생하는 진동도 근골격계질환의 중요한 위험요소가 될 수 있습니다. 수공구를 사용하는 건설작업자들의 경우 공구의 진동이 손가락, 손바닥, 팔로 직접 전해질 수 있습니다. 이러한 진동은 혈액의 순환을 방해하게 되고 손의 무감각, 힘의 저하 등을 느끼게 됩니다. 이외에도 화물 트럭, 포크리프트 등을 매일 운전하는 작업자들의 경우 전신 진동의 위험에 노출될 수 있습니다. 울퉁불퉁한 표면에서 오는 차체의 진동은 운전자들에게 멀미를 일으키게 하고, 혈액 순환을 방해하며, 허리 통증을 유발합니다.

개인적 위험요소

개인의 다른 신체적 성향도 근골격계질환 발병에 영향을 줄 수 있습니다. 즉, 같은 직업환경에 노출되어 있다 할지라도 개인차에 의해 위험도는 다르게 나타날 수 있는 것입니다. 통계적 자료에 의하면 여성은 남성보다 근골격계질환에 더욱 취약한 것으로 알려져 있습니다. 이러한 원인으로는 여성의 상대적으로 부족한 근력, 임신과 출산을 통한 호르몬의 변화, 운동에 적게 노출된 환경적 요인 등 다양한 요소가 존재합니다. 아직도 건설현장에서는 여성작업자의 비율이 10%도 채 되지 않습니다. 이러한 환경에서 여성노동자에 대한 인간공학적 보호가 미약하면 남성 노동자보다 더 높은 근골격계질환 위험에 노출될 수 있는 것입니다.

이외에도 비만은 만병의 근원이라는 말이 있듯이 근골격계질환에도 더욱 취약한 것으로 알려져 있습니다. 예를 들면 복부비만으로 인해 허리를 숙이는 자세를 취했을 때도 허리에 가해지는 부하가 일반인보다 더욱 높게 나타날 수 있고, 통증 및 부상에 대한 회복력도 더디게 되는 것입니다. 흡연자의 경우도 비흡연자와 비교 시 혈류의 산소량이 적어서 같은 부상을 당해도 회복이 더욱 더딘 것으로 알려져 있습니다. 이뿐만 아니라 개인의 평소 운동여부, 취미, 병력, 임신, 연령 등도 신체 부담에 있어서 개인 차이를 만들어 내는 요인으로 알려져 있습니다.

사회심리학적 위험요소

마지막으로 사회심리학적인 요소도 근골격계질환의 위험요소가 될 수 있습니다. 예를 들면 직장에서 업무의 강도가 매우 높거나, 사회적인 지원이 낮고, 직업에 대한 불만족도가 높을 때 근골격계질환의 위험도가 더욱 높아지는 것으로 나타나는 것으로 알려져 있습니다. 즉 인간의 몸과 마음은 유기적으로 연결되어 있어서 질병의 발병에도 영향을 미치게 되는 것입니다.

간호사의 '태움' 문화에 대해서 기사로 접해보신 분들도 계실 것입니다. 신입 간호사를 대상으로 한 직장 내의 괴롭힘 문화를 '태움'이라고 일컫습니다. 이러한 '태움' 문화는 생각했던 것보다 심각한데, 정해진 근무 교대 시간보다 훨씬 많은 시간을 근무시키기도 하고 폭언과 가벼운 폭행 등을 가하는 것이 다반사인 것으로 나타났습니다. 2018년 간호사 인권침해 실태 조사 결과에 따르면 간호사의 무려 40% 이상이 '태움'을 경험해 본 것으로 나타났습니다. 이러한 간호사 내 괴롭힘에 의한 심리적 압박감, 스트레스, 초과 근무의 피로누적 상황은 간호사들의 근골격계질환에 악영향을 미치게 되는 것입니다.

앞서 언급한 근골격계질환의 세 가지 위험요소인 신체적 위험요소, 개인적 위험요소, 사회심리적 위험요소들은 직업의 특성에 따라 개별적으로 작용할 수도 있고 복합적으로 작용할 수도 있습니다. 이러한 위험요소들이 동시에 작용할수록 근골격계질환 위험 또한 더욱 크고 빠르게 진행한다고 할 수 있습니다. 예를 들면 고령인에 속하는 아파트의 경비노동자(개인적 요소)가 매우 적은 월급으로 3개월 계약 근무(사회심리학적 요소)로 일을 하고 있다고 가정해 봅시다. 이러한 상황에서 새벽 출근과 늦은 퇴근을 반복하면서 분리수거와 같은 고단한 업무(생체역학적 요소)를 수행하게 됩니다. 이는 근골격계질환의 세 가지 요소가 모두 함께 작용하는 것이며 근골격계질환의 위험이 높이 증가할 수가 있는 것입니다. 실제로 근로환경조사 결과 장시간 근무를 요하는 60세 이상 고령 경비원들에게서 근골격계질환의 위험이 높은 것으로 나타났습니다.

근골격계질환은 얼마나 흔한 질병일까?

그렇다면 근골격계질환은 우리의 업무상 질병 중 어느정도의 비율을 차지하고 있을까요? 다음 그림은 안전보건공단에서 공유한 지난 13년간의 업무상 질병자 및 근골격계질환자 발생 현황 그래프[4]입니다. 근골격계질환자수는 전체 업무상 질병자수 기준으로 57~71%를 차지하는 것을 확인할 수 있습니다. 즉, 근골격계질환은 업무상질병의 절반 이상을 차지하는 주된 질병 중 하나라는 것을 알 수 있습니다. 근골격계질환 내에서는 허리의 통증(요통)이 차지하는 비율은 45%~82% 수치를 보여주고 있습니다. 즉 많은 작업자들이 업무로 인한 근골격계질환을 겪고 있는 것입니다.

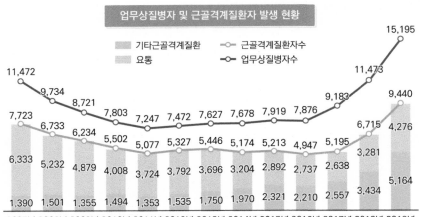

그림 3-5 산업재해통계(2007년~2019년), 안전보건공단 자료(2020년)

이외에도 전반적인 추세를 살펴보면 2007년 이후로 서서히 근골격계질환자 수가 감소하다가 2017년부터는 다시 급격하게 증가하는 경향을 보여주고 있습니다. 이렇게 최근에 수치가 다시 증가하는 것에는 여러 원인이 있을 수 있습니다. 우선 고령 작업자의 증가로 인해 근골격계질환을 호소하는 작업자의 수도 같이 증가한 것으로 볼 수 있습니다. 그리고 업무상 질병을 인정하는 범위가 2013년 이후로 크게 확대되고, 산업재해보상보험의 적용 범위도 점차적으로 확대된 것에 기인할 수 있습니다. 즉, 근골격계질환 보고에 포함할 수 있는 영역이 확장됨으로써 자연스럽게 수치도 올라간 것입니다.

산업현장에서 자주 발생하는 근골격계질환들

 지금부터는 좀 더 구체적으로 산업현장에서 자주 발생하게 되는 근골격계질환의 종류와 증상들에 대해서 알아보도록 하겠습니다.

수근관증후군(손목터널증후군)

 수근관증후군(손목터널증후군, Carpal Tunnel Syndrome)은 손목의 반복적이고 지속적인 굽힘 자세 혹은 물체와의 접촉으로 인한 압박에 의해서 자주 발생하는 질환입니다. 이러한 수근관 증후군은 1990년대 중반에 컴퓨터와 마우스의 조작장치가 대량으로 산업현장과 집에 보급되면서 대두되기 시작하였습니다.[5] 컴퓨터 마우스의 오랜 시간 사용은 손목의 굽힘을 유발하기 때문에 이러한 질병과 크게 연관될 수 있었습니다.

 이러한 수근관 증후군에 걸리는 이유는 우리 손목의 신체적 구조 특성과 연결되어 있습니다. 우리 손목 내에는 매우 좁은 통로가 있습니다. 더 나아가 이렇게 좁은 통로에 신경과 힘줄들이 빽빽하게 들어서 있습니다. 이러한 신체적 특성에 손목의 잦은 굽힘 자세나 물체와의 직접적인 압박에 노출되어 있다고 가정해 봅시다. 손목 내의 통로는 더욱 비좁아질 것이고 내부 신경에 마찰 혹은 압박을 줄 수 있을 것입니다. 이렇게 압박을 받은 정중신경(Median nerve)으로 인해 우리의 손가락은 저림을 느끼거나 감각이 저하되는 증상이 나타나게 되는 것입니다.

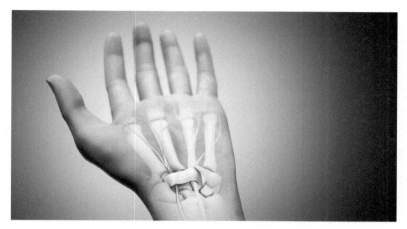

그림 3-6 수근관증후군

그렇다면 우리의 일상 혹은 산업현장에서 어떠한 수작업들이 수근관증후군의 위험을 초래하고 있을까요? 다음 목록은 수근관증후군이 발생 가능한 작업들을 예로 정리해 본 것입니다.

- 손가락을 주로 사용하여 핀치 그립(집게 그립)을 하는 경우
- 손가락, 손, 손목의 과도한 힘을 사용하는 경우
- 손바닥이나 손목에 장시간 압박을 주는 경우
- 손목의 반복되고 빠른 움직임에 노출된 경우
- 손목의 굽힘 자세나 다른 불편한 자세들에 노출된 경우
- 차가운 온도에 손이 장시간 노출된 경우

예를 들면 IT 종사자들의 경우 수근관증후군을 경험하는 사람들이 많은 것으로 알려져 있습니다. 개발자나 프로그래머들은 하루 종일 키보드와 마우스를 조작하게 되므로 이로 인해 손목의 저림, 통증, 무감각 등이 발생하게 되는 것입니다. 이외에도 닭 해체 작업과 같은 업무를 수행하는 육류가공업 작업자들도 손목의 과도한 힘과 비틀림을 동시에 유발하므로 수근관증후군에 취약한 직종으로 알려져 있습니다.

요통

　요통은 앞서 언급한 듯이 근골격계질환 내에서도 절반 이상을 차지하는 대표적인 업무상 근골격계질환입니다. 무거운 물체를 운반하기 위해 허리 근육을 과다하게 사용하거나 반복적으로 비틀거나 구부림 같은 안 좋은 자세들을 취할 때 발생하게 될 확률이 높습니다. 요통에는 여러 가지 원인이 있는데 근육의 직접적인 통증인 경우도 있고, 허리 디스크의 탈출로 인한 신경 압박이 원인인 사례도 있습니다.

　근골격계질환의 요통의 경우 누적성 손상이 주 원인인 경우가 많습니다. 주 요통의 주요위험 요소들을 다음과 같이 정리해 볼 수 있습니다.

- 수동 물자 작업 시 과한 힘의 사용
- 잘못된 자세로 인한 들기작업
- 불편한 허리 자세를 유발하는 작업대 디자인
- 앉기나 서서 작업 시 허리의 불편한 자세 유발
- 트럭이나 화물차 운전 시 전신진동 노출

　예를 들어 물류창고에서 일하는 작업자가 매일 몇천 개의 박스들을 운반하다 보면 허리에 지속적인 과부하가 걸리게 되고 이는 허리 근육과 디스크에 누적성 손상을 줄 수 있습니다. 들기 작업을 할 때 취하게 되는 안 좋은 자세도 요통에 영향을 줄 수 있습니다. 예를 들면 무거운 물체를 들 때 허리를 과도하게 숙여서 드는 것보다 하체를 활용해 쪼그린 자세로 물체를 드는 것이 허리에 부담이 덜 가는 것으로 알려져 있습니다. 그 외에도 지게차나 트럭을 비포장 도로에서 장시간 운전할 시 전신 진동이 허리로 전해져서 통증을 유발할 수 있습니다.

손목건초염(De Quervain's Syndrome)

손목건초염은 손목의 엄지손가락 쪽의 조직에서 염증이 생긴 질환을 말합니다. 이때 염증으로 인해 힘줄이 부어 오르게 되고 엄지손가락이나 손목을 움직일 때 통증을 유발하게 됩니다. 그렇다면 어떠한 작업이 이러한 손목건초염을 유발하게 될까요? 물건을 쥐거나 쥐어짜는 동작을 반복하게 되면 이러한 질환에 노출되기 쉽습니다. 예를 들면 빨래의 물을 짜내는 동작이나, 병 뚜껑을 계속해서 돌려 열거나, 아이를 들어올리는 동작 같은 경우 엄지손가락쪽 손목에 부담을 주게 되는 것입니다. 이외에도 핸드폰으로 문자를 보내거나, 게임을 반복해서 하면 엄지손가락과 손목에 부담을 줄 수 있습니다.

내 삶 속의 인간공학 **코로나19(COVID-19)로 인한 '투잡족'의 근골격계질환**

코로나19(COVID-19)는 우리에게 많은 것들을 변화시켰습니다. 이러한 변화 중에 우리의 직업과 건강도 빼놓을 수 없습니다. 코로나19(COVID-19)로 인한 경제난으로 많은 사람들이 본업만으로 생계를 유지하기가 어려운 상황에 놓였습니다. 이는 자연스럽게 투잡족의 증가를 부추기게 되었습니다. 통계청의 발표에 따르면 (2020년 기준) 투잡족은 40만명을 넘어섰다고 합니다[6].

이러한 부업은 대부분 택배 배달이나 대리운전인 경우가 많습니다. 그 이유는 진입장벽이 낮고 퇴근 후 시간에도 할 수 있기 때문입니다. 하지만 이러한 부업들은 육체노동의 비중이 크고 본업의 근무로 이미 피로한 몸 상태에서 작업을 하기 때문에 근골격계질환의 위험에 크게 노출되어 있다고 볼 수 있습니다.

예를 들면 매일 수 km를 걷는 도보 배달원은 장시간 보행에 의해 족저근막염을 경험하는 경우가 많습니다. 족저근막염이란 장시간 보행으로 인해 발바닥의 힘줄이 손상된 것으로 발바닥에 심한 통증을 유발하게 됩니다. 장시간 야간 운전을 하는 대리기사들의 경우 허리디스크 질환에 노출되어 있습니다. 앉아 있는 자세는 서 있는 자세보다 허리의 하중을 디스크에 더 많이 받는 것으로 알려져 있습니다. 본업에서도 하루 종일 앉아서 작업하는 사무직 작업자의 경우 이러한 허리디스크의 위험은 더욱 높아진다고 볼 수 있습니다. 차량을 이용해 배달을 하는 경우 물건을 자주 들고 옮기는 작업을 하면서 요통이나 어깨의 통증을 유발할 수 있습니다. 이미 본업으로 지친 몸 상태에서 정해진 시간까지 배송을 완료하기 위하여 서둘러서 물건을 옮기다 보면 더욱 높은 근골격계질환 위험에 노출될 수 있습니다. 이러한 부업들은 특수고용직 작업자로 분류되어 일을 하다 다치게 되어도 산재 처리를 받지 못하는 경우가 많은 사각지대라고 할 수 있습니다. 이러한 장시간 작업자들의 건강을 보호하기 위한 다양한 지원제도들이 고려되어야 할 것입니다.

▌요약

• 근골격계질환은 근육, 힘줄, 인대, 신경, 관절, 연골, 허리 디스크, 뼈 등의 손상으로 인해 부상을 입거나 통증을 느끼는 것을 말합니다.
• 근골격계질환 위험요소에 대해 신체적 위험요소, 개인적 위험요소, 사회심리적 위험요소 세 가지의 항목으로 분류해 볼 수 있습니다.
• 국내에서 근골격계질환은 업무상 질병의 절반 이상을 차지하는 주된 질병 중 하나입니다.

▌연습문제

1) 핸드폰으로 양쪽 엄지손가락을 사용해 잦은 텍스팅과 게임을 하게 되면 어떠한 근골격계질환 위험에 노출될 수 있는지 조사해 보도록 합니다.
2) 목수는 목공작업 시 잦은 톱질에 노출되게 됩니다. 이는 반복적인 움직임과 힘을 요하게 됩니다. 이러한 톱질을 오래하게 되면 어떠한 근골격계질환 위험에 노출될 수 있는지 알아보도록 합니다.
3) 육가공 공장에서 일하는 작업자는 매일 많은 육류를 직접 손질하고 다듬습니다. 이러한 작업에 꾸준히 노출될 때 어떠한 근골격계질환 위험이 있는지 조사해 보도록 합니다.

▌참고문헌

Marras, W. S. (2008). *The working back: A systems view*. John Wiley & Sons.

Keir, P. J., Bach, J. M., & Rempel, D. (1999). Effects of computer mouse design and task on carpal tunnel pressure. *Ergonomics, 42*(10), 1350－1360.

▌관련링크

1. https://www.kosha.or.kr/kosha/business/musculoskeletal_a_c.do
2. https://blogs.cdc.gov/niosh－science－blog/2020/02/26/ai－crowdsourcing/
3. https://www.safety1st.news/news/articleView.html?idxno＝272
4. https://newsis.com/view/?id＝NISX20210203_0001327901

근골격계질환: 우리는 왜 일하다 아플까? /////////////////////////////////

1   https://www.kosha.or.kr/kosha/business/musculoskeletal_a_c.do

2   https://blogs.cdc.gov/niosh－science－blog/2020/02/26/ai－crowdsourcing/

3   Marras, W. S. (2008). *The working back: A systems view*. John Wiley & Sons.

4   https://www.safety1st.news/news/articleView.html?idxno＝272

5   Keir, P. J., Bach, J. M., & Rempel, D. (1999). Effects of computer mouse design and task on carpal tunnel pressure. *Ergonomics, 42*(10), 1350－1360.

6   https://newsis.com/view/?id＝NISX20210203_0001327901

생체역학:
우리 몸에 가해지는 힘을 계산하다

학·습·목·표

- 생체역학의 개념 및 정의에 대해 이해합니다.
- 인체 관절이 수행할 수 있는 다양한 동작 유형들에 대해 알아봅니다.
- 인체에 작용하는 힘과 모멘트의 원리에 대해 이해합니다.
- 지렛대의 원리를 이해하고 인체에 적용해 봅니다.
- 작업의 신체부하를 생체역학적 분석을 통해 평가합니다.

생체역학 정의

생체역학은 물리적 인간공학을 이해함에 있어서 빼놓을 수 없는 중요한 분야라고 할 수 있습니다. 그렇다면 우선 생체역학이란 무엇일까요? 생체역학은 인간의 몸에서 발생하는 관절들의 동작을 이해하고 인체에 가해지는 힘 혹은 부하를 연구하는 학문이라고 말할 수 있습니다. 즉 사람의 움직임과 힘이 어떻게 신체부위 더 나아가 근골격계 시스템으로 전해지는지를 이해하는 것입니다.

예를 들어 작업자가 물건이 적재된 카트를 한 손으로 당기면서 이동시킨다고 가정해 봅시다. 이때 카트를 이동시키기 위해 요구되는 힘을 손잡이에 센서를 부착하여 측정할 수 있을 것입니다. 이때 작업자는 카트를 끌기 위해서 한쪽 팔을 올리고 허리를 앞으로 숙이는 등의 자세를 취하게 될 것입니다. 이러한 자세는 곧 다양한 신체 관절(어깨, 허리, 무릎 등)의 구부림과 젖힘을 의미합니다. 이를 바탕으로 카트를 움직이기 위해 요구되는 힘이 어깨 및 허리 등에 가해지는 부하를 계산하는 것입니다.

그렇다면 생체역학은 언제부터 대두되기 시작했을까요? 1680년에 Alfonso Borelli가 "동물의 동작에 관하여"(De motu animalium)라는 책을 출판한 사례가 있습니다. 이 연구에서는 동물의 신체 움직임에 대해 기계적 원리를 바탕으로 분석하였습니다.

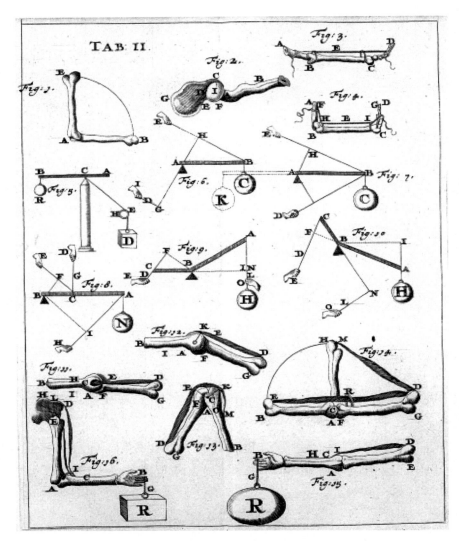

그림 4-1 동물의 동작에 관하여(De motu animalium)

이러한 생체역학적 분석 방법을 인간공학에 어떻게 활용할 수 있을까요? 생체역학을 통해 작업과 관련된 인체의 부담을 수치화시키고 정확하게 파악할 수 있습니다. 이러한 신체 부하에 대한 정보는 작업의 부상을 예방하는 데 직접적인 도움이 될 수 있습니다. 앞서 예로 든 물류 적재 카트를 이동 시 작업자의 어깨에 전달되는 물리적 부하를 분석할 수 있으며 이를 통해 부상의 위험도를 파악할 수 있습니다. 기존의 연구들을 통해 우리는 인간의 어깨가 손상없이 감당할 수 있는 부하의 범위를 알 수 있습니다. 현 작업에서 요구하는 어깨의 부하가 이러한 범위의 한계값을 넘어섰는지를 파악하여 위험도를 진단하게 되는 것입니다. 만약 현 작업상태가 어깨 부상의 위험을 내재하고 있다면 적재물의 양 혹은 무게를 감소시켜 어깨 부상의 위험을 감소시키도록 개선안을 내놓을 수 있습니다.

이외에도 작업의 효율을 향상시키는 데에도 생체역학 방법론을 사용할 수 있습니다. 물류 적재 카트 운반 시 한손으로 당기기 작업을 할 수도 있고 혹은 카트를 마주보고 뒤로 걸을 수도 있으며, 카트의 뒤에서 밀기 형태로 이동시키는 방법도 가능할 것입니다. 작업자의 선호도와 조직의 지침에 따라 다양한 카트 운반 노하우 및 자세들이 존재할 것입니다. 이때 생체역학적 비교 분석을 통해 어떠한 작업방법이 인체의 부담을 가장 덜 가게 하면서 효율적으로 카트를 운반할 수 있는지 평가가 가능해지는 것입니다. 이러한 이유로 생체역학은 작업 시 인체의 부담을 정량적으로 나타내는 방법론으로 널리 사용되고 있습니다.

이러한 생체역학을 수행할 시 운동역학의 기본 개념이 필요합니다. 운동역학은 우선 정역학과 동역학으로 구분할 수 있습니다. 각각의 특성에 대해서 살펴보도록 하겠습니다.

정역학(Statics)

정역학은 인체에 아무런 움직임이 없는 상태를 주요 분석 대상으로 합니다. 정역학의 기본원리는 작용하는 힘들 사이의 평형관계에 있습니다. 즉, 인체가 정지 또는 정적 평형(static equilibrium) 상태에 있을때 인체에 전해지는 모든 힘과 모멘트의 합은 0이 되게 되는 것입니다. 예를 들어 줄다리기를 할 때 양쪽에서 당기는 힘의 크기가 정확히 일치한다면 줄은 힘의 평형 상태를 이루어 정지해 있게 되는 것입니다.

동역학(Dynamics)

동역학의 경우 인체에 움직임이 있을 경우 일어나는 변화에 대해 분석합니다. 즉, 인체 내부에서 혹은 외부에서 힘이 가해질 때 인체가 어떻게 움직이는지에 대해 다루는 것입니다. 이때 동역학은 세부적으로 운동학(kinematics)과 운동역학(kinetics)으로 나누어지게 됩니다. 지금부터 각각의 항목에 대해서 알아봅시다.

운동학(kinematics)

운동학이란 인체가 어떠한 방식으로 운동을 하는가에 초점을 맞춘 학문이라고 할 수 있습니다. 즉, 운동을 발휘하게 된 힘에 대해서는 고려하지 않고 운동 자체의 현상만을 다루는 것입니다. 관련 변수들로는 물체의 이동, 궤적, 이동 속도, 가속도 등이 있습니다. 예를 들어 책상에서 데스크탑, 노트북, 태블릿, 스마트폰 등 다양한 기기를 사용할 때 사용자의 목과 허리 자세가 어떻게 변화하는지를 운동학 개념을 통해 분석할 수 있는 것입니다.

운동역학(kinetics)

운동역학은 인체에 작용되는 힘 혹은 토크(모멘트)에 대해서 연구하는 학문입니다. 즉, 움직임의 원인에 대해서 규명하고, 인체에 전이되는 힘에 대해서도 이해하는 것을 목적으로 합니다. 관련 변수로는 마찰력, 근력, 지면반력, 회전력 등이 있습니다. 예를 들어 조립 공정의 작업자가 어떠한 자세로 드릴을 사용할 때 가장 적은 힘이 드는지를 운동역학 개념을 통해 평가할 수 있습니다.

산업형 외골격계(Exoskeleton)의 사용 및 전망

최근에 작업자의 신체 부담을 감소시켜 주는 방안으로 착용형 외골격계 장비가 큰 관심을 받고 있습니다. 외골격계 장비는 전기 모터를 활용한 능동적 장비가 있고, 스프링 등 탄성을 활용한 수동적 장비가 있습니다.[1] 이러한 외골격계의 목적은 작업자의 신체 활동을 증강시키거나 보조해주고, 신체로 전해지는 부하를 감소시키는 것입니다. 현재 이러한 외골격계 장비는 건설업, 자동차 제조업, 농업, 광산업, 헬스케어 등 다양한 산업영역에 빠르게 확장되고 있습니다. 이러한 외골격계가 효과적으로 사용되기 위해서는 각 작업자의 신체 유형, 성별을 고려하여 착용 시 편안함을 느끼고 작업에 방해가 되지 않게 사용성을 보장하는 것이 필요합니다. 아직은 외골격계의 효용성에 대해 상반된 연구결과들이 나오고 있습니다. 외골격계 사용을 통해 상지나 허리의 근육 활동량이 감소했다는 연구[2]들이 있는 반면에, 외골격계 사용으로 인해 자세가 더욱 안 좋아지거나[3], 다른 신체 부위로 부하가 전해졌다[4]는 결과를 보고하는 연구들도 있습니다. 외골격계 연구가 아직 초기 단계인 점을 감안할 때 앞으로 지속적 개선과 성장이 있을 것으로 기대됩니다. 머지 않은 미래에 각 착용자의 활동 패턴을 읽고 상호 보완해주는 스마트 외골격계가 나올 가능성이 큽니다. 영화에서만 볼 수 있던 아이언맨이 현실로 나타나게 될 지도 모릅니다.

그림 4-2 산업용 외골격계의 사용 예시

4.2 인체동작 유형

우리의 인체는 다양한 동작을 구사할 수 있습니다. 관절별로 행할 수 있는 동작들을 정리해보면 다음 표와 같습니다.

표 4-1 인체 동작 유형

굴곡(flexion)	무릎을 굽히는 것처럼 관절의 각도가 감소하는 것을 의미합니다.
신전(extension)	무릎을 펴는 것과 같이 관절의 각도가 증가하는 동작을 의미합니다. 굴곡의 반대개념 동작입니다.
외전(abduction)	허벅다리를 옆으로 드는 것처럼 인체중심에서 멀어지는 방향의 측면 동작을 의미합니다.
내전(adduction)	허벅다리를 옆으로 든 상태에서 내릴 때처럼 인체중심을 향하는 측면 동작을 말합니다.
회전(rotation)	인체의 수직 방향축을 기점으로 회전하는 동작을 말합니다. 인체의 중심선 안쪽으로 회전하는 동작을 내선(medial rotation), 바깥쪽으로 회전하는 동작을 외선(lateral rotation)이라 합니다.
선회(circumduction)	엄지손가락을 원형으로 돌리는 것처럼 원형 또는 원추형 동작을 의미합니다.
회내(pronation)	손과 아래팔이 회전하여 손바닥이 아래로 향하도록 하는 동작을 말합니다.
회외(supination)	회내의 반대개념으로 손과 아래팔이 회전하여 손바닥이 위를 향하도록 하는 동작을 의미합니다.

힘과 모멘트

힘은 인간이 작업을 수행하면서 요구되는 필수적인 요소입니다. 우리 몸의 근육 활동으로 인해 힘을 발휘하게 되면, 이러한 힘을 통해 물체를 들거나 미는 등 운동상태를 변화시킬 수 있습니다. 이러한 힘은 크게 외적인 힘과 내적인 힘으로 분류할 수 있습니다. 외적인 힘(external force)은 인체의 외부적으로 발생하는 힘으로 수레를 끌거나, 박스들 들어올리기 등과 같은 작업들을 예로 들 수 있습니다. 내적인 힘(internal force)의 경우 외적인 힘에 반응하기 위하여 인체 내에서 자체적으로 발휘된 힘을 의미합니다. 무거운 물체를 가만히 들고 있기 위해서 허리와 팔의 근력이 발휘되는 것을 예로 들 수 있습니다.

이러한 힘은 크게 세 가지 요소로 나눌 수 있습니다. 바로 크기(magnitude), 방향(direction), 작용점(point of application)입니다. 예를 들어 작업자가 적재 팔레트를 앞으로 민다고 가정해 봅시다. 적재 팔레트를 움직이기 위해 동원되는 힘의 정도를 통해 크기를 알 수 있고, 팔레트가 움직이는 쪽이 힘의 방향이 될 것입니다. 작업자가 팔레트를 밀고 있는 손의 위치가 힘의 작용점이 될 수 있습니다.

모멘트(토크)는 회전력이라고도 하며 물체 혹은 관절에 가해진 힘을 통해 회전이 발생하게 되는 것을 의미합니다. 다음과 같은 수식을 통해 계산해 낼 수 있습니다.

$$모멘트(M) = F \times d$$

여기서 F는 힘을 의미하며, d는 모멘트암(moment arm)을 의미합니다. 모멘트 암은 레버암(lever arm)이라고도 불리는데, 회전이 발생하는 점과 힘의 작용선과의 수평거리를 의미합니다.

모멘트의 방향은 시계방향이나 반시계방향으로 발생할 수 있습니다. 만약 한 물체 혹은 관절에 여러 개의 힘이 발생한다면 어떻게 될까요? 회전점에도 여러 개의 모멘트가 발생하게 될 것입니다. 이때 한 점에 발생하는 모든 모멘트를 합산한 것을 알짜모멘트(net moment)라고 합니다. 이를 통해 종합적으로 회전점에 발생하는 모멘트의 특성을 이해할 수 있습니다.

이러한 힘과 모멘트의 원리는 자유물체도(Free Body Diagram)를 활용하여 도식화할 수 있습니다. 실제 산업현장에서 발생하는 복잡한 작업들도 자유물체도를 활용하여 단순화시키고 작업자의 관절 혹은 물체에 발생하는 힘과 모멘트에 대해 파악할 수 있는 것입니다.

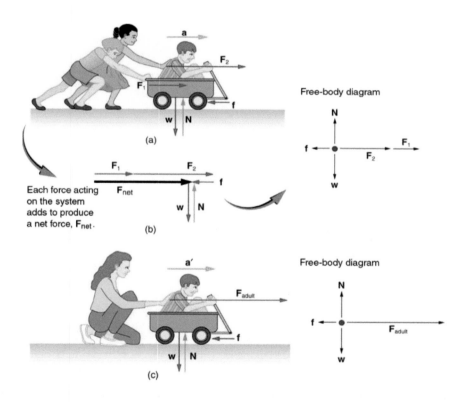

그림 4-3 자유물체도(Free Body Diagram) 예시

4.4 지렛대 원리

지금부터는 생체역학의 기본 기념에 대해서 좀 더 자세히 알아보겠습니다. 작업을 하면서 발생하는 인체의 부하를 우리는 지렛대의 원리를 적용하여 분석해 볼 수 있습니다. 이때 지렛대의 구성 요소에는 다음 그림과 같이 지레, 받침점, 작용점, 힘점 들이 고려될 수 있습니다.

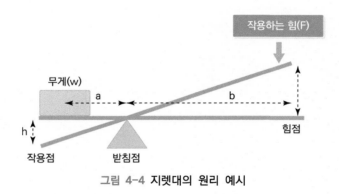

그림 4-4 지렛대의 원리 예시

지금부터는 지렛대의 각 구성요소에 대해서 알아보도록 하겠습니다.

받침점

받침점(Pivot)은 지레가 회전하는 지점이라고 할 수 있습니다. 받침점의 위치는 지레의 중간 혹은 지레의 양 끝 등 다양하게 변할 수 있습니다. 받침점의 위치에 따라 지렛대의 효과도 크게 영향을 받게 됩니다.

지레

지레는 받침점과 같은 회전 지점을 바탕으로 회전을 하게 되는 주 물체를 의미합니다. 지레의 종류에는 받침점, 작용점, 힘점의 위치에 따라 1종, 2종, 3종 지레로 구분합니다.

힘점

힘점은 힘이 작용하는 지점을 말합니다. 이러한 힘은 외부에서 작용하는 힘이 될 수도 있고 물체 자체의 무게가 될 수도 있습니다.

작용점

작용점은 지레가 힘을 받아 움직이면서 물체에 힘을 작용시키는 지점을 말합니다. 경우에 따라서 이는 앞서 작용한 힘에 대한 저항력이 될 수도 있습니다.

받침점까지의 거리

힘점 혹은 작용점이 받침점에서 얼마만큼 떨어져 있는지를 말합니다. 이는 받침점의 위치에 따라 큰 영향을 받게 되며 지렛대 전체의 효과와도 밀접하게 관련이 있습니다.

이러한 지렛대는 받침점, 힘점, 작용점의 상대적 위치에 따라 세 가지 다른 종류의 지렛대로 구분할 수 있습니다. 지금부터 각 지레에 대해 알아보도록 하겠습니다.

1종 지레

1종 지레의 경우 힘점과 작용점은 지레의 양 끝단에 위치하게 되고 받침점은 지레의 가운데에 위치하게 됩니다. 쉬운 예로 어린이들의 시소를 들 수 있습니다. 한 어린이의 무게가 힘점으로 작용하게 되면 그에 따른 반대편 어린이의 무게는 작용점으로 발휘되는 것입니다. 이때 앉은 어린이들의 체중의 차이와 받침점까지의 거리에 따라서 지레의 회전 방향이 결정되게 되는 것입니다.

그렇다면 우리의 인체에서는 어떠한 자세 및 움직임이 1종 지레와 관련이 있을까요? 다음 그림과 같이 목의 다양한 자세를 1종 지레와 연관지을 수 있습니다.[5] 목의 근육을 통해 우리는 머리를 숙이고 있는 고정 자세를 할 수도 있고, 머리를 뒤로 젖히는 자세를 취할 수도 있습니다. 이를 지렛대의 원리를 통해 표현하면 어떻게 될까요?

먼저 머리와 목뼈의 연결부분이 받침점으로 작용할 수 있습니다. 이를 주축으로 머리가 지렛대의 역할을 하며 앞이나 뒤로 회전할 수 있습니다. 이때 머리 자체의 무게는 작용점으로 작용할 수 있습니다. 그렇다면 이러한 머리의 무게를 지탱하고 자세를 유지하기 위해서는 목 근육의 당기는 힘이 필요할 것입니다. 이러한 목 근육의 위치는 힘점으로 분류될 수 있습니다. 목의 당기는 힘이 강해지면 머리를 뒤로 젖혀지는 회전을 가능하게 하는 것입니다.

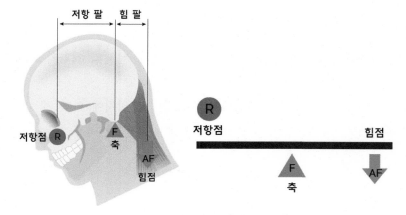

그림 4-5 1종 지레와 관련된 목의 움직임

2종 지레

2종 지레의 경우 받침점과 힘점이 지레의 양 끝단에 위치하게 되고 그 사이에 작용점이 위치하게 됩니다. 쉬운 예로 손수레를 가정해 봅시다. 손수레의 바퀴 부분이 받침적으로 작용하게 되어 손수레의 회전을 유도하게 됩니다. 손수레 자체는 지렛대로 분류될 수 있습니다. 이때 작업자가 손수레를 위로 들어올리는 힘은 힘점으로 발휘되게 됩니다. 손수레에 쌓아 올려진 적재물의 무게는 작용점으로 발휘되게 되는 것입니다. 적재물의 무게가 매우 무겁다면 손수레는 아래로 회전하려 할 것입니다. 반대로 적재물이 가볍고 작업자가 힘을 내 손수레를 들어 올린다면 손수레는 위로 회전하게 될 것입니다.

그렇다면 인체 내부에서도 2종 지레의 원리를 확인할 수 있을까요? 보행 시 우리의 발에서 2종 지레를 살펴볼 수 있습니다.[6] 다음 그림처럼 발가락 부분이 받침점이 되어 발의 회전을 돕게 됩니다. 종아리 근육은 발 뒤꿈치 부분을 당겨 주면서 발을 지면에서 띄게 하는 역할을 하는데 이는 지레의 힘점과 같습니다. 이때 인간의 체중은 작용점으로 아래로 짓누르는 힘으로 작용하게 되는 것입니다. 여기서 한가지 관찰할 수 있는 것은 힘점의 경우 받침점과의 거리가 작용점에 비해 상대적으로 길다는 것입니다. 이러한 받침점과의 거리 차이는 지렛대에 어떻게 작용할까요? 이렇게 긴 거리로 인해 종아리 근육은 체중에 비해 상대적으로 적은 힘으로도 큰 지렛대의 효과를 볼 수 있는 것입니다. 이러한 지렛대의 기능적 효율로 인해 우리가 일상생활에서 자연스럽게 보행을 할 수 있는 것입니다.

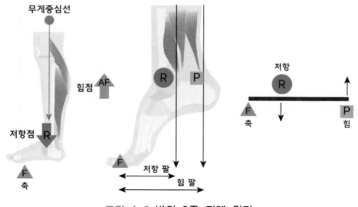

그림 4-6 발의 2종 지레 원리

3종 지레

마지막으로 3종 지레의 경우 받침점과 작용점이 지레의 양 끝단에 위치하게 되고 가운데에 힘점이 위치하게 됩니다. 예를 들면 젓가락의 사용을 3종 지레의 예로 볼 수 있습니다. 젓가락을 손에 쥔 부분이 받침점이 되어서 젓가락의 회전을 담당하게 되고 검지의 누르는 힘이 힘점이 되어 작용하게 되는 것입니다. 이때 젓가락의 끝부분은 작용점이 되어 음식을 집을 수 있게 하는 것입니다.

우리의 인체 구조에서 3종 지레가 작용하는 경우는 어떠한 것이 있을까요? 다음 그림처럼 물건을 들고 있거나 들어 올릴 때 우리의 팔에 3종 지레의 원리가 작용하게 됩니다.[7] 팔꿈치 부분은 받침점이 되어 전체적인 팔의 회전을 담당하게 되고 팔의 이두근 근육은 팔을 위로 끌어당기게 되는 힘점으로 작용하게 되는 것입니다. 마지막으로 손에 쥐고 있는 물체의 무게는 작용점으로 작용하게 됩니다.

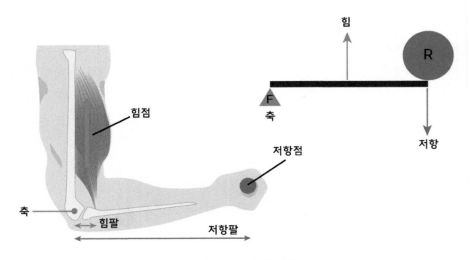

그림 4-7 팔의 3종 지레 원리

작업의 생체역학적 분석

앞서 언급한 지렛대의 원리를 적용하여 실제 산업현장에서 수행되는 작업에 대한 생체역학적 분석이 가능해집니다. 이때 인체에 전해지는 부하는 다음과 같은 요소들에 영향을 받게 됩니다.

- 신체 부위의 무게 혹은 외부로부터의 힘
- 작용점이 신체의 받침점으로부터 떨어진 거리
- 인체 내부(주로 근력)에서 작용하는 힘의 방향

예를 들어 다음 그림과 같이 한손으로 물체를 들고 있다고 가정해 봅시다. 지렛대의 원리를 적용하면 팔꿈치 부분이 받침점이 되고, 이두근의 근육은 힘점으로 작용하게 됩니다. 이때 물체의 무게는 작용점으로 발휘됩니다. 즉, 이렇게 물체를 들고 있는 것만으로도 팔꿈치 부분에 회전력을 주게 되는 것입니다.

이를 토크(Torque) 혹은 모멘트(Moment)라고 지칭 합니다. 물체의 아래로 향하는 힘 때문에 팔꿈치에선 자연스럽게 시계방향으로 회전하고자 하는 힘을 받게 될 것입니다. 이때 팔의 정적인 자세를 유지하기 위해서는 이두근의 당기는 힘이 필요합니다. 이로 인해 근력으로 인한 반대 방향(시계 반대 방향)의 모멘트가 생성되게 되는 것입니다.

물체로 인한 모멘트와 근력으로 인한 모멘트가 일치하여 모멘트의 합이 0이 되는 순간을 모멘트 평형상태라고 합니다. 이러한 상태에서는 어떠한 움직임도 일어나지 않게 됩니다. 반대로 얘기하면 물체로 작용하는 모멘트가 더 큰 경우 팔은 자연스럽게 아래로 펴지게 될 것이고, 근력으로 작용하는 모멘트가 더 크다면, 팔은 자연스럽게 안으로 굽어지는 움직임이 일어날 것입니다.

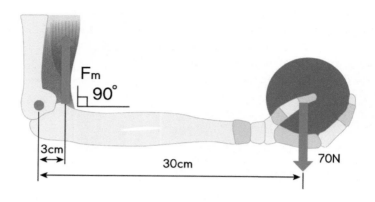

그림 4-8 한손 들기 작업 예시

산업현장에서 흔하게 발생하는 들기 작업에도 이러한 생체역학적 분석이 적용될 수 있습니다. 예를 들면 들기 작업의 경우 받침점은 허리와 골반의 경계지점에 위치하게 되어 허리의 회전을 담당할 것입니다. 들고자 하는 물체의 무게는 작용점이 되고, 물체를 들고 허리를 젖히기 위해 사용되는 허리 근육이 힘점이 될 수 있습니다. 이때 주목해야 할 점은 힘점과 작용점 각각이 얼마만큼 받침점과 떨어져 있느냐는 것입니다. 일반적으로 작용점(물체를 잡는 손잡이 부분)은 허리/골반 부분과 최소 50cm 이상의 거리를 보이는 반면, 허리 근육의 경우 허리/골반 부분과 5cm 이하의 거리를 보입니다.

이는 곧 허리를 젖히는 모멘트를 발휘하기 위해서는 허리 근육이 물체의 무게의 몇 배나 되는 힘을 발휘해야 한다는 것입니다. 높은 수준의 허리 근력은 허리근육과 디스크에 큰 부하를 줄 수가 있습니다. 이러한 이유로 인간공학적 들기 지침에서는 물건을 최대한 몸에 밀착시켜서 들고 운반하라는 지침이 있습니다. 이는 생체역학적 관점으로도 타당한 지침이라고 할 수 있습니다. 물체와 허리/골반 사이의 거리를 줄이게 함으로써 허리 근육이 필요로 하는 힘 역시 감소시키게 하는 것입니다. 들기 자세의 올바른 변화만으로도 매일 반복되고 누적되는 들기작업의 신체 부담을 감소시키는 데 큰 효과로 작용할 수 있습니다.

팔꿈치의 모멘트 계산

그림 4-9 팔꿈치 모멘트 계산 예시

그림에서 보는 바와 같이 작업자가 5kg의 아령을 한손으로 들고 있습니다. 이때 팔꿈치에 발생하는 모멘트는 얼마일까요? 아령과 팔꿈치의 수평 거리는 30cm입니다. 우선 5kg의 아령 무게를 뉴턴 단위로 변환시킬 수 있습니다. 이는 중력을 고려한 아래로 향하는 힘이라고 할 수 있습니다.

$$아령\ 무게=5kg \times 9.80665N=49.05N$$

이제 팔꿈치에 전해지는 모멘트를 계산해 보도록 합니다. 이때 아령과 팔꿈치의 거리를 m 단위로 변환해 줍니다.

$$M_{Elbow}=49.05N \times 0.3m=14.715N \cdot m$$

그렇다면 여기서 더 나아가 팔의 이두근에서 정적인 자세를 유지하기 위해 얼마나 많은 근력이 필요하게 될까요? 이두근은 팔꿈치에서 1cm 가량 떨어져 있다고 가정해봅시다. 여기서 힘의 평형 상태 원리를 적용할 수 있습니다. 아령 무게로 인해 팔꿈치에 작용하는 모멘트와 이두근의 힘으로 인해 작용하는 팔꿈치 모멘트가 완전히 같은 값을 지녀야 정적인 평형 상태를 유지할 수 있을 것입니다. 이를 수식으로 표현하면 다음과 같습니다.

$$M_{Elbow} = F_{이두근} \times 0.01m$$

우리는 앞서 팔꿈치의 모멘트 값을 계산했기 때문에 이두근에서 필요한 힘을 계산해 낼 수 있습니다.

$$F_{이두근} = \frac{14.715N \cdot m}{0.01m} = 1471.5N$$

최종적으로 아령을 들고 가만히 있는 자세를 취하기 위해 이두근에서 1471.5N의 당기는 힘이 발휘되어야 한다는 것을 알 수 있습니다.

예/제/ //

허리의 모멘트 계산

그림 4-10 허리 모멘트 계산 예시

그림에서 보는 바와 같이 무거운 물체를 쪼그린 자세에서 들어올린다고 가정해 봅시다. 허리에 작용하게 되는 모멘트는 얼마나 될까요? 우선 작업자의 몸무게는 80kg이고 상체의 무게가 전체 무게의 60%를 차지한다고 가정해 봅시다. 물체의 중심점은 허리에서 50cm 떨어져 있고 물체의 무게는 20kg입니다.

우선 물체의 무게를 뉴턴 단위로 변환하면 196.14N이 됩니다. 물체의 무게로 인해 발생하는 허리의 모멘트를 구하면 다음과 같습니다.

$$물체의 무게로 발생하는 M_{허리} = 196.14N \times 0.5m = 95.07N \cdot m$$

여기서 상체의 무게 역시 허리의 모멘트에 영향을 줄 수 있습니다. 상반신의 무게 중심이 쪼그린 자세에서 허리와 8cm 떨어져 있다고 가정해 봅시다. 상반신의 무게는 우선 다음과 같이 구할 수 있습니다.

$$무게_{상반신} = 80kg \times 0.6 = 48kg$$

상반신의 무게를 뉴턴으로 변환하면 471.72N입니다. 이제 상반신 무게로 발생하는 허리의 모멘트를 구하면 다음과 같습니다.

$$상반신 무게로 발생하는 M_{허리} = 471.72N \times 0.08m = 37.74N \cdot m$$

마지막으로 허리에 가해지는 총 모멘트를 합산할 수 있습니다.

$$M_{허리} = 95.07N \cdot m + 37.74N \cdot m = 132.81N \cdot m$$

이렇게 허리에 가해지는 총 모멘트의 크기에 대해 계산해 보았습니다. 마지막으로 이 물체를 들어올리기 위해 최소로 요구되는 허리의 근력은 얼마가 될까요? 척추기립근이 허리에서 2cm 떨어져 있다고 가정해 봅시다. 힘의 평형 상태에 의거해 다음과 같이 수식을 세울 수 있습니다.

$$M_{허리} = F_{척추기립근} \times 0.02m$$

우리는 이미 허리에 가해지는 총 모멘트의 양을 알고 있기 때문에 다음과 같이 척추기립근의 근력을 계산해 낼 수 있습니다.

$$F_{척추기립근} = \frac{132.81N \cdot m}{0.02m} = 6,640.5N$$

내 삶 속의 인간공학   스마트폰 사용에 따른 목의 부하

스마트폰의 사용으로 인한 거북목 환자들이 늘어나고 있습니다. 스마트폰을 사용하는 것이 목에 어떠한 부담을 미치는 것일까요? 이를 생체역학적 관점으로 고찰해 볼 수 있습니다. 우선 성인의 머리 무게는 4.5~6kg 정도로 이는 볼링공의 무게와 비슷하다고 보면 됩니다.[8] 이러한 무게를 목뼈(경추)가 지탱하게 되는 것입니다.

이때 스마트폰을 보게 되면서 고개가 앞으로 나오게 되면 목뼈와 디스크에 어떠한 영향을 미치게 될까요? 앞서 다루었던 지렛대의 원리를 적용해 볼 수 있습니다. 받침점은 목뼈가 될 수 있고 힘점은 머리의 무게가 될 수 있습니다. 이러한 힘점은 머리의 무게중심에 작용한다고 가정할 수 있습니다. 이때 머리의 무게에 대한 작용점은 목 뒤에 위치한 근육에서 발생한다고 볼 수 있는 것입니다. 즉, 머리를 점점 앞으로 쭉 뺄수록 머리의 무게중심과 목뼈 사이의 거리는 멀어지게 되고 목뼈 및 디스크에 더 많은 모멘트가 발생하게 되는 것입니다. 이를 버티기 위해서 목 뒤의 근육은 더 많은 힘을 발휘하게 되고, 결과적으로 목에 가해지는 하중은 늘어나게 되는 것입니다.

그렇다면 어떻게 목의 부하를 줄일 수 있을까요? 아주 쉽고 기본적인 방법으로 턱을 뒤로 당겨서 중립적인 자세를 유지하도록 하는 것입니다. 이렇게 되면 머리의 무게중심과 목뼈 사이의 거리는 최대 5cm 줄게 되고 이는 목에 가해지는 하중을 효과적으로 감소시킬 수 있습니다. 스마트폰을 사용할 때 거치대를 이용해 눈높이에 위치시키거나, 의자의 팔받침대를 최대한 위로 올려 스마트폰을 잡고 있는 팔을 지탱해 주는 방법들[9]을 적용해 볼 수 있습니다.

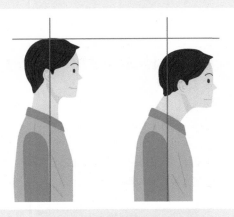

그림 4-11 거북목에 따른 자세 변화

▌요약

- 생체역학은 인간의 몸에서 발생하는 관절들의 동작을 이해하고 인체에 가해지는 힘 혹은 부하를 연구하는 학문입니다.
- 힘은 크기, 방향, 작용점과 같은 세 가지 요소로 나눌 수 있습니다. 인체에 미치는 영향에 따라 외적인 힘과 내적인 힘으로 구분할 수 있습니다.
- 모멘트(토크)는 회전력이라고도 하며 물체 혹은 관절에 가해진 힘을 통해 회전이 발생하게 되는 것을 의미합니다.
- 지렛대의 원리를 분석할 때 구성 요소에는 지레, 받침점, 작용점, 힘점을 고려할 수 있습니다.
- 지렛대의 받침점, 힘점, 작용점의 상대적 위치에 따라 1종 지레, 2종 지레, 3종 지레로 구분할 수 있습니다.

▌연습문제

1) 병따개로 병뚜껑을 따는 동작에 어떠한 지렛대 원리가 적용되는지 그림을 그리고 지렛대의 요소들을 지정해서 알아보도록 합니다.
2) 망치를 이용해서 긴 못을 빼낼 때 어떠한 지렛대 원리가 적용되는지 그림을 그리고 지렛대의 요소들을 지정해서 알아보도록 합니다.
3) 가위를 이용해서 종이를 자를 때 어떠한 지렛대 원리가 적용되는지 그림을 그리고 지렛대의 요소들을 지정해서 알아보도록 합니다.
4) 무거운 물체를 들때 허리를 깊이 숙여서 든다고 가정해 봅시다. 작업자의 몸무게가 80kg이고 전체 체중의 60%가 상체의 무게를 차지하고 있습니다. 척추 근육은 요추에서 0.025m 떨어진 곳에 자리잡고 있습니다. 허리를 깊이 숙여서 들 때 물체는 요추에서 0.5m 떨어져 있습니다. 상체의 무게 중심은 요추에서 0.15m 떨어져 있습니다. 들어올리는 물체의 무게 10kg입니다. 이때 척추근육에서 얼마 만큼의 힘(N)이 필요한지 계산해 보도록 합니다.

▌참고문헌

Stack, T., Ostrom, L. T., & Wilhelmsen, C. A. (2016). *Occupational ergonomics: A practical approach.* John Wiley & Sons.

Syamala, K. R., Ailneni, R. C., Kim, J. H., & Hwang, J. (2018). Armrests and back support reduced biomechanical loading in the neck and upper extremities during mobile phone use. Applied ergonomics, 73, 48−54.

De Looze, M. P., Bosch, T., Krause, F., Stadler, K. S., & O'sullivan, L. W. (2016). Exoskeletons for industrial application and their potential effects on physical work load. *Ergonomics, 59*(5), 671−681.

Hwang, J., Yerriboina, V. N. K., Ari, H., & Kim, J. H. (2021). Effects of passive back−support exoskeletons on physical demands and usability during patient transfer tasks. *Applied Ergonomics, 93*, 103373.

Weston, E. B., Alizadeh, M., Knapik, G. G., Wang, X., & Marras, W. S. (2018). Biomechanical evaluation of exoskeleton use on loading of the lumbar spine. *Applied ergonomics, 68*, 101−108.

▌관련링크

1. https://www.mk.co.kr/news/society/view/2020/06/576927/
2. https://blogs.cdc.gov/niosh−science−blog/2020/12/14/exoskeletons−health−equity/
3. https://ko.wikipedia.org/wiki/%EC%83%9D%EB%AC%BC%EC%97%AD%ED%95%99

1 https://blogs.cdc.gov/niosh−science−blog/2020/12/14/exoskeletons−health−equity/

2 De Looze, M. P., Bosch, T., Krause, F., Stadler, K. S., & O'sullivan, L. W. (2016). Exoskeletons for industrial application and their potential effects on physical work load. Ergonomics, 59(5), 671−681.

3 Hwang, J., Yerriboina, V. N. K., Ari, H., & Kim, J. H. (2021). Effects of passive back−support exoskeletons on physical demands and usability during patient transfer tasks. Applied Ergonomics, 93, 103373

4 Weston, E. B., Alizadeh, M., Knapik, G. G., Wang, X., & Marras, W. S. (2018). Bio mechanical evaluation of exoskeleton use on loading of the lumbar spine. *Applied ergonomics, 68,* 101−108.

5 Stack, T., Ostrom, L. T., & Wilhelmsen, C. A. (2016). *Occupational ergonomics: A practical approach.* John Wiley & Sons.

6 Stack, T., Ostrom, L. T., & Wilhelmsen, C. A. (2016). *Occupational ergonomics: A practical approach.* John Wiley & Sons.

7 Stack, T., Ostrom, L. T., & Wilhelmsen, C. A. (2016). *Occupational ergonomics: A practical approach.* John Wiley & Sons.

8 https://www.mk.co.kr/news/society/view/2020/06/576927/

9 Syamala, K. R., Ailneni, R. C., Kim, J. H., & Hwang, J. (2018). Armrests and back support reduced biomechanical loading in the neck and upper extremities during mobile phone use. Applied ergonomics, 73, 48−54.

CHAPTER

05

생체반응 측정:
우리 몸의 반응에
귀 기울이다

학·습·목·표

- 근육활동을 측정하는 방법들에 대해 알아봅니다.
- 작업자의 정신활동을 측정하는 다양한 방법들에 대해 배웁니다.

5.1 근육활동 측정
5.2 정신활동 측정

근육활동 측정

작업자가 동작을 수행할 시에 사용되는 근육의 활동량을 측정하게 되면 이를 통해 신체적 부하를 정량적으로 평가가 가능해집니다. 그렇다면 어떠한 방법으로 우리 몸의 근육활동을 측정할 수 있을까요? 우리 몸의 근육에서는 미세한 전기신호가 발생하고, 근육이 수축하거나 힘을 발휘할 때 더욱 큰 전기신호를 내보내게 됩니다. 이러한 전기신호를 근전도(EMG: electromyogram)라고 하며, 근전도를 사용해 측정하고 기록하는 기술을 근전도검사(EMG: electromyography)라고 합니다.[1]

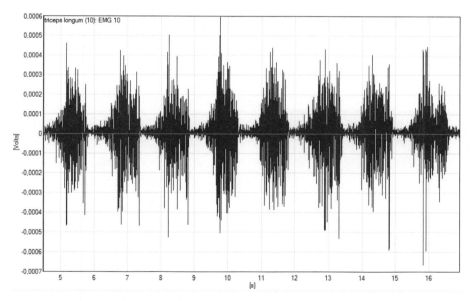

그림 5-1 근전도 데이터 예시

　　이러한 근전도를 활용하여 작업수행에 필요한 근육활동량의 정도를 측정할 수 있습니다. 예를 들어 무거운 물체를 드는 데 사용되는 허리 근육의 활동량이 가벼운 물체를 드는 경우보다 몇 배 더 많은지를 정량적으로 알아낼 수 있습니다. 이외에도 근전도를 활용해 근육의 피로를 이해할 수 있습니다. 근육의 잦은 사용으로 근육이 피로해지게 되면 근육의 수행주파수가 감소하는 것으로 알려져 있습니다. 즉, 피로한 근육은 정상 근육에 비해 저주파성분의 비율이 증가하게 되는 것입니다. 이러한 분석 방법을 통해 작업자들의 근육 피로의 정도를 객관적으로 평가할 수 있다는 장점이 있습니다.

　　근육을 측정하는 방법은 크게 표면전극(Surface electrode)과 바늘전극(Needle electrode)으로 구분할 수 있습니다. 표면전극의 경우 근육의 피부 표면에 부착하게 때문에 측정이 쉽고, 피실험자가 통증을 느끼지 않는다는 장점이 있습니다. 단점으로는 피부에 가까운 표면의 근육들만 정확히 측정이 되고, 인체 내부에 깊이 위치한 심부 근육은 측정할 수 없는 단점이 있습니다. 바늘전극의 경우 표면전극과 반대로 주삿바늘을 사용해서 심부의 근육도 정확히 측정할 수 있는 장점이 있습니다. 하지만 주삿바늘을 사용하므로 피실험자의 통증을 수반하게 되고, 전문적인 시술 능력이 수반되어야 합니다.

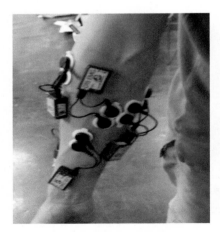
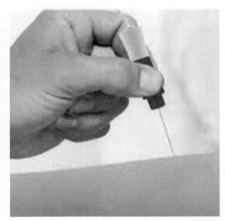

| (A) 표면전극(Surface electrode) | (B) 바늘전극(Needle electrode) |

그림 5-2　전극의 형태

5.2 정신활동 측정

작업자의 신체부담 외에도 정신활동을 측정하여 작업 수행 시 발생하는 정신적 부하에 대해 평가할 수 있습니다. 작업자의 정신부하 정보를 바탕으로 현재 수행하고 있는 작업의 난이도 등을 검정하고 조정할 수 있습니다. 정신활동 측정정보는 합리적인 작업을 배정하는 것에도 객관적 지표가 될 수 있습니다. 그렇다면 어떠한 방법으로 정신활동을 측정할 수 있을까요?

우선 뇌파(EEG: electroencephalogram)를 측정하여 직접적으로 뇌에서 발생하는 전기적 신호를 측정하고 기록할 수 있습니다. 뇌파는 다음 표와 같이 주파수에 따라 크게 다섯 종류로 구분해서 분석할 수 있습니다.

표 5-1. 뇌파 종류

델타(δ)파	4Hz 이하의 범위에 속하며 진폭이 가장 큽니다. 깊은 수면 상태에서 지배적으로 작용하는 뇌파로 알려져 있습니다.
세타(θ)파	4~8Hz의 범위에 있습니다. REM수면 시 지배적인 뇌파로 알려져 있고, 창의적인 아이디어 발생과도 관련이 있습니다.
알파(α)파	8~12Hz의 범위에 있습니다. 눈을 감고 편하게 휴식하는 상태에서 지배적으로 작용합니다.
베타(β)파	14~30Hz의 범위에 있습니다. 집중하고 있는 상태에서 주로 작용합니다.
감마(γ)파	30Hz 이상의 범위에 속합니다. 높은 수준의 인지 작업과 연관되어 있습니다.

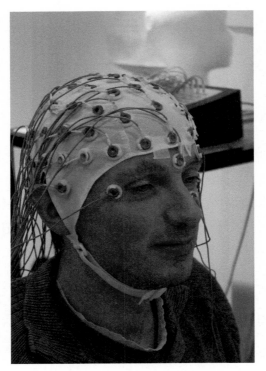

그림 5-3 EEG 측정 모습

이외에도 주관적 평가방법을 통하여 정신활동을 측정할 수 있습니다. 주관적 평가방법 중 정신물리학적(psychophysics) 방법론에 대해 먼저 이해해 보도록 하겠습니다. 정신물리학이란 물리적 자극과 이를 수용하는 감각기관 및 지각의 관계성을 분석하는 것을 말합니다. 예를 들면 작업자에게 수동물자취급 작업을 반복적으로 시키면서 작업자가 스스로 느끼는 부상을 초래하지 않는 최대 허용 중량을 알아내는 데 적용한 사례가 대표적이라 할 수 있습니다.

정신물리학에 있어서 베버의 법칙(Weber's law)에 대해 알아보도록 하겠습니다.[2] 우선 베버의 법칙을 다음과 같은 수식으로 정리할 수 있습니다.

$$\frac{\triangle I}{I} = k$$

여기서 I는 신체적 자극의 강도를 의미하며, △I는 인지할 수 있는 자극의 차이를 말합니다. 이때 이 관계에 의해 비례상수인 k를 계산해 낼 수 있습니다. 즉, 비례상수 k가 작을수록 변화에 민감한 반응을 보인다는 것을 알 수 있습니다. 이러한 베버의 법칙은 극단적으로 강하거나 약한 자극을 제외하면 대체적으로 잘 맞는 것으로 알려져 있습니다. 예를 들면 길이의 변화에 대한 k값은 7%, 무게의 변화에 대한 k 값은 2~2.5%, 밝기에 대한 k 값은 3%로 알려져 있습니다. 즉, 우리의 몸은 무게의 변화에 대해 길이 변화보다 더 민감하다는 것을 알 수 있습니다. 이외에도 베버의 법칙에 따르면, 자극의 세기가 클수록 더 많은 자극의 변화가 있어야 감지가 가능하다는 사실이 있습니다. 우리가 매우 무거운 물체를 들고 있을 시 작은 무게의 추가는 감지하기 힘든 것과 비슷한 원리입니다.

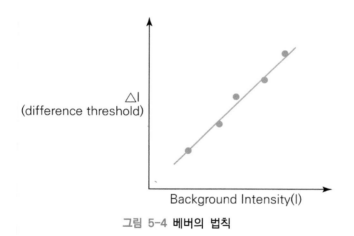

그림 5-4 베버의 법칙

이러한 정신물리학을 고려한 첫 번째 방법으로 Borg의 RPE 척도(Borg's RPE scale)을 들 수 있습니다.[3] Borg RPE 척도는 운동자각도라고도 불리며 작업자가 스스로 자신의 작업부하가 어느 정도인지에 대해 주관적으로 평가하는 기법입니다. 이때 작업에 드는 신체적 노력의 정도를 6에서 20 사이의 척도로 다음 표와 같이 평가하게 합니다. 이러한 척도는 심박수와 관련이 있는 것으로 알려져 있습니다. 일반적으로 운동 자각도 점수에 10을 곱하게 되면 심박수를 예측할 수 있습니다. 예를 들어 운동 자각도에 힘들다 15를 부여한 경우 예측되는 심박수는 150bpm인 것입니다.

표 5-2 Borg RPE 척도

점수	표현
6	
7	전혀 힘들지 않다
8	
9	힘들지 않다
10	
11	보통이다
12	
13	약간 힘들다
14	
15	힘들다
16	
17	매우 힘들다
18	
19	매우 매우 힘들다
20	

이외에 Borg의 또다른 척도인 10단계 비율 척도(Borg CR10)가 있습니다.[4] 이 비율 척도는 근골격계 통증이나 특정 신체 부위의 피로도와 작업의 인지강도 (Perceived exertion)를 평가할 때 더욱 적합한 것으로 알려져 있습니다. 이러한 10단계 비율 척도는 기존의 운동자각도 스케일에 비해 더욱 직관적인 장점이 있습니다. 하지만 심박수와는 관련성을 보이지 않는 단점이 있습니다.

표 5-3 보그 10단계 비율 척도

점수	표현
0	
0.3	
0.5	아주 아주 경미함
1	아주 경미함
1.5	
2	약간
2.5	
3	중간 정도
4	
5	심한
6	
7	아주 심한
8	
9	
10	아주 아주 심한
11	
·	최대치

또 다른 주관적 작업부하 평가 방법으로 NASA-TLX (Task Load Index)를 사용할 수 있습니다. NASA-TLX는 미 항국우주국(NASA)에서 1980년대 개발한 평가기법입니다.[5] 작업자에게 수행한 직무에 대해 자신이 느끼는 작업부하를 스스로 평가하게 하는 방법으로 다음과 같이 6개의 척도로 구분되어 평가합니다.

표 5-4 NASA-TLX 척도 및 설명

척도	설명
정신적 요구 (Mental Demand)	주어진 직무를 수행하기 위해 사고, 의사결정, 검색, 계산, 기억 등과 같은 정신적 활동이 얼마나 많이 요구됩니까?
육체적 요구 (Physical Demand)	주어진 직무를 수행하기 위해 밀기, 당기기, 돌리기와 같은 육체적 활동이 얼마나 많이 요구됩니까?
시간적 요구 (Temporal Demand)	주어진 직무를 수행하기 위해 요구되는 시간적 압박이 어느정도 입니까?
직무성취도(Performance)	주어진 직무를 얼마나 성공적으로 또는 정확화게 달성할 수 있습니까?
노력(Effort)	주어진 직무를 수행하기 위해 얼마나 많은 노력이 필요합니까?
당혹감(Frustration)	주어진 직무를 수행하다 느낄 수 있는 당혹감은 어느 정도입니까?

🎙 인간공학 ⓞⓞⓩ

NASA-TLX 활용한 코로나19(COVID-19) 시기 간호사의 정신활동 평가

코로나19(COVID-19)로 인해 병원 종사자들의 업무 강도는 매우 증가하게 되었습니다. 또한 병원종사자들은 고위험 상황에서 환자들의 치료를 위해 위험을 무릅쓰고 최선을 다해야 합니다. 이러한 상황에서 간호사들의 정신 부하에 대한 연구들이 최근에 등장하기 시작했습니다. 한 연구는 NASA-TLX를 활용하여 정신적 업무부하에 대해 평가하였습니다.[6] 분석 결과 코로나19(COVID-19) 상황이 간호사들의 정신적 부하를 평소보다 높이는데 크게 작용한 것으로 나타났습니다. 과반수 이상의 간호사들이 현재 자신의 직무부하를 높다고 느끼고 있고, 자신의 상태를 돌볼 겨를이 없는 것으로 나타났습니다. 전염병 환자를 돌보는 극한의 상황에서 예상대로 간호사들은 높은 정신적 부하와 피로도를 경험하고 있었습니다. 이러한 위험에 부하에 노출된 간호사들을 보호하기 위한 정책과 방안이 시급한 상황입니다.

근전도를 이용해서 우리 몸 근육이 수축하거나 힘을 발휘할 때 전기신호를 측정할 수 있음을 앞서 다룬 바 있습니다. 이러한 생체신호 데이터를 우리에게 친숙한 가전제품을 설계할 때도 사용할 수 있습니다. 삼성전자 세탁기 '플렉스워시'의 경우 팔, 다리, 허리 등 8곳의 근육에 근전도 센서를 부탁하여 사용자가 세탁기를 사용할 때 어떠한 인체적 부하가 있는지를 모니터링 하였습니다.[7] 이를 통해 정량적으로 근육의 부하가 가정 적은 사용자들의 편안한 자세를 찾는 것입니다. 이러한 정보를 바탕으로 사용빈도가 높은 소용량 전자동 세탁기를 상부에 위치시키고, 드럼 세탁기를 하단에 배치하는 것이 사용자에게 가장 자연스러운 동작을 유발한다는 것을 과학적으로 찾아낸 것입니다.

이외에도 대우 일렉트로닉스에서는 아주대학교 작업역학연구실과의 협업을 통해 클라쎄 '드럼업' 세탁기 설계 시, 드럼세탁기의 조작부, 투입함 위치와 투입문의 기울어짐이 사용자의 근육활성도에 어떻게 영향을 미치는지 분석한 사례가 있습니다.[8] 분석 결과 40도의 기울어진 경사드럼과 상단부에 위치한 조작부가 사용자의 허리와 무릎을 덜 구부리게 하는 것을 알아낸 바 있습니다. 이렇게 사용자의 생체반응 데이터는 우리의 일상 가전제품을 설계하고 평가하는 데도 효과적으로 사용되고 있습니다.

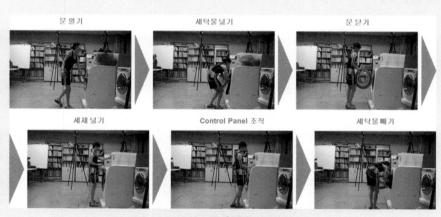

그림 5-5 근전도를 활용한 세탁기 평가

▮ 요약

- 몸의 근육에서는 미세한 전기신호가 발생하고, 근육이 수축하거나 힘을 발휘할 때 더욱 큰 전기신호를 내보내게 됩니다. 이러한 전기신호를 근전도(EMG: electromyogram)라고 하며, 근전도를 사용해 측정하고 기록하는 기술을 근전도 검사(EMG: electromyography)라고 합니다.
- 근육을 측정하는 방법은 크게 표면전극과 바늘전극으로 구분할 수 있습니다.
- 뇌파(EEG: electroencephalogram)를 측정하여 직접적으로 뇌에서 발생하는 전기적 신호를 측정하고 기록할 수 있습니다.
- Borg RPE 척도는 운동자각도라고도 불리며 작업자가 스스로 자신의 작업부하가 어느 정도인지에 대해 주관적으로 평가하는 기법입니다.
- NASA-TLX는 작업자에게 수행한 직무에 대해 자신이 느끼는 작업부하를 스스로 평가하게 하는 방법으로 6개의 척도로 구분되어 평가합니다.

▮ 연습문제

1) 근전도를 측정할 시 표면전극과 바늘전극의 장단점에 대해 비교해 보도록 합니다.
2) 카페에서 일하는 작업자들에게 NASA-TLX를 사용해서 주관적 작업부하를 측정하고 어떠한 척도가 가장 높게 나타나는지 평가해 보도록 합니다.
3) 무거운 물체와 가벼운 물체를 5분동안 반복해서 들어봅니다. 이때 심박수를 같이 측정합니다. 물체를 들고 난 직후에 Borg RPE 척도를 사용해서 주관적 운동자각도를 측정합니다. 주관적 운동자각도와 심박수의 데이터가 어떠한 관련이 있는지 분석해 보도록 합니다.

▌참고문헌

Hermens, H. J., Freriks, B., Merletti, R., Stegeman, D., Blok, J., Rau, G., ... & Hägg, G. (1999). European recommendations for surface electromyography. *Roessingh research and development*, *8*(2), 13−54.

Borg, G. (1998). *Borg's perceived exertion and pain scales*. Human kinetics.

Hart, S. G., & Staveland, L. E. (1988). Development of NASA−TLX (Task Load Index): Results of empirical and theoretical research. In *Advances in psychology* (Vol. 52, pp. 139−183). North−Holland.

Wu, J., Li, H., Geng, Z., Wang, Y., Wang, X., & Zhang, J. (2021). Subtypes of nurses' mental workload and interaction patterns with fatigue and work engagement during coronavirus disease 2019 (COVID−19) outbreak: A latent class analysis. *BMC nursing*, *20*(1), 1−9.

Ekman, G. (1959). Weber's law and related functions. *The Journal of Psychology*, *47*(2), 343−352.

▌관련링크

1. https://www.donga.com/news/Economy/article/all/20170606/84733292/1
2. https://www.newswire.co.kr/newsRead.php?no=314487

생체반응 측정: 우리 몸의 반응에 귀 기울이다 //////////////////////////////////

1 Hermens, H. J., Freriks, B., Merletti, R., Stegeman, D., Blok, J., Rau, G., ... & Hägg, G. (1999). European recommendations for surface electromyography. *Roessingh rese arch and development*, *8*(2), 13−54.

2 Ekman, G. (1959). Weber's law and related functions. *The Journal of Psychology*, *4 7*(2), 343−352

3 Borg, G. (1998). *Borg's perceived exertion and pain scales*. Human kinetics.

4 Borg, G. (1998). *Borg's perceived exertion and pain scales*. Human kinetics

5 Hart, S. G., & Staveland, L. E. (1988). Development of NASA−TLX (Task Load Ind ex): Results of empirical and theoretical research. In Advances in psychology (Vol. 52, pp. 139−183). North−Holland.

6 Wu, J., Li, H., Geng, Z., Wang, Y., Wang, X., & Zhang, J. (2021). Subtypes of nurs es' mental workload and interaction patterns with fatigue and work engagement du ring coronavirus disease 2019 (COVID−19) outbreak: A latent class analysis. *BMC nursing*, *20*(1), 1−9.

7 https://www.donga.com/news/Economy/article/all/20170606/84733292/1

8 https://www.newswire.co.kr/newsRead.php?no=314487

인간공학적 평가 기법:

우리 몸의 위험성을 평가하다

- 우리 몸에 신체적 부하를 발생시키는 요인에 대해 이해합니다.
- 근골격계질환의 주요원인을 이해하고 이를 평가하는 인간공학적 기법에 대해 알아봅니다.
- 신체적 부하를 발생시키는 요인별 인간공학적 평가기법을 알아봅니다.
- 인간공학적 기법을 통한 위험성 평가 결과 해석 및 개선 방향을 알아봅니다.

6.1 유해요인조사 및 근골격계부담작업

6.2 정밀평가: 자세 부하 평가 기법

유해요인조사 및 근골격계부담작업

　신체적 부하를 발생시키는 요인을 조사하기 위한 방법인 유해요인 조사는 근골격계질환을 예방하기 위함으로써, 유해요인을 찾아 제거하거나 감소시키는 목적을 두고 있습니다. 한국의 경우, 산업안전보건법 제39조(보건조치) 1항 5호에 의거하여 (단순반복작업 또는 인체에 과도한 부담을 주는 작업에 의한) 건강장해를 예방하기 위하여 필요한 조치를 하여야만 한다고 명시하고 있습니다. 이에 산업안전보건기준에 관한 규칙 제657조(유해요인 조사)에서 ① 사업주는 작업자가 근골격계부담작업을 하는 경우에 3년마다 다음 각 호의 사항에 대한 유해요인조사를 하여야 한다고 명시하고 있습니다.

1. 설비 · 작업공정 · 작업량 · 작업속도 등 작업장 상황
2. 작업시간 · 작업자세 · 작업방법 등 작업조건
3. 작업과 관련된 근골격계질환 징후와 증상 유무 등

　또한 ②항에서는 사업주는 다음 각 호의 어느 하나에 해당하는 사유가 발생하였을 경우에 제 1항에도 불구하고 지체 없이 유해요인 조사를 하여야 한다. 다만, 제1호의 경우는 근골격계부담작업이 아닌 작업에서 발생한 경우를 포함한다라고 명시하고 있습니다.

1. 법에 따른 임시건강진단 등에서 근골격계질환자가 발생하였거나 작업자가 근골격계질환으로 「산업재해보상보험법 시행령」 별표 3 제2호가목 · 마목 및 제12호 라목에 따라 업무상 질병으로 인정받은 경우

2. 근골격계부담작업에 해당하는 새로운 작업·설비를 도입한 경우

3. 근골격계부담작업에 해당하는 업무의 양과 작업공정 등 작업환경을 변경한 경우

제 ③에서는 사업주는 유해요인 조사에 작업자 대표 또는 해당 작업 작업자를 참여시켜야 한다라고 명시하고 있습니다.

산업안전보건기준에 관한 규칙 제658조(유해요인 조사 방법 등)에 의하면 사업주는 유해요인 조사를 하는 경우에 작업자와의 면담, 증상 설문조사, 인간공학적 측면을 고려한 조사 등 적절한 방법으로 하여야 한다고 명시하고 있습니다. 이 경우 제657조제2항제1호에 해당하는 경우에는 고용노동부장관이 정하여 고시하는 방법에 따라야 한다라고 명시합니다. 유해요인조사의 대상은 근골격계부담작업의 범위에 해당하는 작업입니다. 근골격계부담작업의 범위는 한국의 고용노동부고시 제2020－12호에서 11가지 작업으로 정의하고 있습니다(그림 6－1).

1. 하루에 4시간 이상 집중적으로 자료입력 등을 위해 키보드 또는 마우스를 조작하는 작업

2. 하루에 총 2시간 이상 목, 어깨, 팔꿈치, 손목 또는 손을 사용하여 같은 동작을 반복하는 작업

3. 하루에 총 2시간 이상 머리 위에 손이 있거나, 팔꿈치가 어깨 위에 있거나, 팔꿈치를 몸통으로부터 들거나, 팔꿈치를 몸통 뒤쪽에 위치하도록 하는 상태에서 이루어지는 작업

4. 지지되지 않은 상태이거나 임의로 자세를 바꿀 수 없는 조건에서, 하루에 총 2시간 이상 목이나 허리를 구부리거나 트는 상태에서 이루어지는 작업

5. 하루에 총 2시간 이상 쪼그리고 앉거나 무릎을 굽힌 자세에서 이루어지는 작업

6. 하루에 총 2시간 이상 지지되지 않은 상태에서 1kg 이상의 물건을 한손의 손가락으로 집어 옮기거나, 2kg 이상에 상응하는 힘을 가하여 한손의 손가락으로 물건을 쥐는 작업

7. 하루에 총 2시간 이상 지지되지 않은 상태에서 4.5kg 이상의 물건을 한 손으로 들거나 동일한 힘으로 쥐는 작업

8. 하루에 10회 이상 25kg 이상의 물체를 드는 작업

9. 하루에 25회 이상 10kg 이상의 물체를 무릎 아래에서 들거나, 어깨 위에서 들거나, 팔을 뻗은 상태에서 드는 작업

10. 하루에 총 2시간 이상, 분당 2회 이상 4.5kg 이상의 물체를 드는 작업

11. 하루에 총 2시간 이상 시간당 10회 이상 손 또는 무릎을 사용하여 반복적으로 충격을 가하는 작업

그림 6-1 근골격계부담작업 11가지 목록

근골격계부담작업은 아래 표를 활용하여 각 단위작업별로 해당 유무를 파악하여야 합니다. 근골격계부담작업 체크리스트에는 사업장명, 조사일자, 조사자, 공정명, 공정내용을 정확히 기입하여야 합니다. 공정내 존재하는 단위작업을 가능한 자세히 분류하고 분류된 단위작업을 기준으로 근골격계부담작업 해당 유무를 파악합니다. 근골격계부담작업 해당유무는 노출시간, 노출빈도, 신체부위, 작업자세 및 내용, 무게기준을 기반으로 확인되어야 합니다. 각 단위작업별 요

인의 기준을 정확하게 파악하는 것이 근골격계부담여부를 파악하는 데 무엇보다 중요합니다. 작업주기(사이클)가 존재하는 정형화된 작업의 경우에는 해당 근골격계부담작업 여부를 파악하는 데 용이하지만, 작업주기(사이클)이 존재하지 않는 비정형화된 작업은 해당 근골격계부담작업여부를 파악하는 데 어려움이 있습니다. 따라서 비정형화된 공정 및 작업의 근골격계부담작업을 평가하기 위해서는 인간공학적 정밀조사 및 비정형화된 작업의 근골격계부담작업을 평가할 수 있는 방법론을 적용해야만 합니다.

표 6-1 근골격부담작업 체크리스트

근골격부담작업 체크리스트

사업장명		조사 일자		조사자	
공정명		공정 내용			

구분	1호	2호	3호	4호	5호	6호	7호	8호	9호	10호	11호
노출 시간	하루에 총 4시간 이상	하루에 총 2시간 이상	하루에 총 2시간 이상	하루에 총 2시간 이상	하루에 총 2시간 이상	하루에 총 2시간 이상	하루에 총 2시간 이상			하루에 총 2시간 이상	하루에 총 2시간 이상
노출 빈도				-				하루에 총 10회 이상	하루에 총 25회 이상	분당 2회 이상	시간당 10회 이상
신체 부위	손, 손가락	목, 어깨, 손목, 손, 팔꿈치	어깨, 팔	목, 허리	다리, 무릎	손가락	손	허리	손, 무릎	허리	손, 무릎, 팔꿈치
작업 자세 및 내용	집중적인 자료 입력 작업 (마우스, 키보드 사용)	같은 동작 반복작업	• 머리 위에 손·팔꿈치가 몸통으로부터 들림 • 팔꿈치를 몸통 뒤쪽에 위치	구부리거나 비틈	쪼그리고 앉거나 무릎을 굽힘	한 손가락 집기작업	물건을 잡는 작업	물건을 드는 작업	• 무릎 아래/ 어깨 위에서 들기 • 팔을 뻗은 상태에서 물건을 드는 작업	물건을 드는 작업	반복적인 충격
무게	-		-			• 1kg 이상의 물건 • 2kg 이상에 상응하는 힘	4.5kg 이상의 물건을 잡고 물건 25kg 이상	10kg 이상	4.5kg 이상		
단											
아											
차											
월											
명											

유해요인조사 방법 및 절차

유해요인조사는 근골격계부담작업 전체에 대하여 전수조사를 하는 것을 원칙으로 합니다. 다만, 동일한 작업형태와 작업조건의 작업의 경우에는 일부 작업에 대해서만 유해요인 조사를 수행할 수 있습니다. 유해요인조사 방법은 고용노동부고시 제2020-12호 근골격계부담작업의 범위 및 유해요인조사 방법에 관한 고시에서 명시하고 있습니다. 제4조(유해요인조사 방법)에 의거하여 사업주는 안전보건규칙 제658조 단서에 따라 유해요인조사를 실시할 때에는 별지 제1호 서식의 유해요인조사표 및 별지 제2호서식의 근골격계질환 증상조사표를 활용하여야 한다. 이 경우 별지 제1호서식의 다목에 따른 작업조건 조사의 경우에는 조사 대상 작업을 보다 정밀하게 조사할 수 있는 작업분석·평가도구를 활용할 수 있다고 명시하고 있습니다.

유해요인 기본조사표에는 1) 조사정보, 2) 작업장 상황 조사, 3) 작업조건 조사로 구성되어 있습니다. 조사정보에는 실시하는 유해요인조사가 정기조사인지 수시조사인지를 표기하도록 되어 있습니다. 이외에도 조사일시, 조사자, 부서명, 작업공정명, 작업명을 기입하여야 합니다. 작업장 상황 조사는 작업설비, 작업량, 작업속도, 업무변화 등의 유무를 파악하는 것입니다. 이는 유해요인을 파악하기 위한 기초적인 정보입니다.

작업조건 조사(인간공학적인 측면을 고려한 조사)는 1단계 작업별 과제 내용 조사, 2단계 각 작업별 작업부하(A) 및 작업빈도(B), 3단계 유해요인 및 원인평가서 작성으로 구성되어 있습니다. 1단계인 작업별 과제내용 조사는 유해요인 조사자가 작성하는 것으로써, 작업명과 작업내용을 작성하는 것입니다. 작업내용은 유해요인 조사자가 파악한 내용을 자세히 기입하여야 합니다. 2단계는 각 작업별 작업부하(A) 및 작업빈도(B)를 조사하는 것입니다. 작업부하(A) 및 작업빈도(B)는 실제 작업에서 근무하는 작업자를 인터뷰하여 부하의 정도와 빈도수를 평가하여야 합니다. 작업부하(A)는 1점(매우 쉬움), 2점(쉬움), 3점(약간 힘듦), 4점(힘듦), 5점(매우 힘듦)으로 구분됩니다. 작업부하(A)는 작업자의 인터뷰를 통하여 이루어지기 때문에 작업자의 개인특성에 따라 부하 점수가 차이를 보일 수 있습니다. 작업빈도(B)는 1점(아주가끔: 2개월마다 1~2회), 2점(가끔: 하루 또는 주2~3일), 3점(자주: 1일 4시간), 4점(계속: 1일 4시간 이상), 5점(초과근무 시간: 1일 8시간 이상)으로 평가합니다. 평가하고자 하는 작업내용별 작업부하(A)와 작업빈도(B)를 조사한 후, 작업에 대한 총점수(A×B)를 계산합니다. 총점수(A×B)는 작업의 위험정도를 의미합니다. 즉, 총점수((A×B)가 높을수록 작업자에게 해당 작업은 신체적으로 부담이 되는 작업이라고 평가할 수 있습니다.

유해요인 기본조사표에서 작성해야 할 3단계는 유해요인 및 원인 평가서입니다. 해당 단계에서는 2단계에서 평가한 총점수(A×B)가 높은 작업을 대상으로 유해요인과 유해요인에 대한 원인을 작성하는 것입니다. 해당 작업명을 기입하고 해당 총점수(A×B)가 높게 나타난 유해요인을 설명할 수 있는 작업사진을 첨부합니다. 예를 들어, 반복적으로 상자를 들어 올리는 작업이 있다면 해당하는 작업의 가장 부적절한 자세를 취하고 있는 사진을 첨부하면 됩니다. 유해요인에 대한 작성은 근골격계질환을 발생시키는 주요요인에 대하여 작성하면 됩니다. 근골격계질환을 발생시키는 주요요인은 3.2 근골격계질환 위험요소를 참고하면 됩니다. 3단계인 유해요인 및 원인 평가서에서 가장 중요하게 작성되어야 할 부분은 유해요인에 대한 원인을 작성하는 부분입니다. 유해요인에 대한 원인을 가장 중요하게 작성하여야 하는 이유는 원인을 정확히 파악하여야 그에 따른 개선안을 수립할 수 있기 때문입니다. 가령 들기작업에서 부적절한 자세가 유해요인이라고 가정한다면 선반의 높이, 중량물의 무게, 중량물 손잡이 조건, 빈도 등의 정보를 정량적으로 파악하여 작성하여야 합니다.

표 6-2 유해요인 기본조사표

유해요인 기본조사표

(※ 해당사항에 ∨ 하시고, 내용을 기재하시오)

• 조사구분	□ 경기조사	수시조사 □ 근골격계질환자 발생시 □ 새로운 작업·설비 도입시 □ 업무의 양과 작업공정 등 작업환경 변경시	
• 조사일시		• 조사자	
• 부서명			
• 작업공정명			
• 작업명			

가. 작업장 상황 조사

• 작업설비	□ 변화 없음	□ 변화 있음(언제부터)
• 작업량	□ 변화 없음	□ 줄음(언제부터) □ 늘어남(언제부터) □ 기타(언제부터)
• 작업속도	□ 변화 없음	□ 줄음(언제부터) □ 늘어남(언제부터) □ 기타(언제부터)
• 업무변화	□ 변화 없음	□ 줄음(언제부터) □ 늘어남(언제부터) □ 기타(언제부터)

나. 작업조건 조사 (인간공학적인 측면을 고려한 조사)

1단계: 작업별 과제 내용 조사 (유해요인 조사자)

작업명(Task Title) :	
작업내용(Tasks) :	

2단계: 각 작업별 작업부하 및 직업빈도 (근로자 면담)

작업부하(A)	점수	작업빈도(B)	점수
매우 쉬움	1	아주 가끔(2개월마다 1~2회)	1
쉬움	2	가끔(하루 또는 주2~3일)	2
약간 힘듦	3	자주(1일 4시간)	3
힘듦	4	계속(1일 4시간 이상)	4
매우 힘듦	5	초과근무 시간(1일 8시간 이상)	5

작업내용	작업부하(A)	작업빈도(B)	총점수(A×B)

3단계: 유해요인 및 원인 평가서

작업명	

〈유해요인 설명〉

〈작업1 사진 또는 그림 첨부〉	〈작업2 사진 또는 그림 첨부〉

작업별로 관찰된 유해요인 원인분석

유해요인	유해요인에 대한 원인	비고
작업내용1		
작업내용2		

근골격계질환 증상조사표는 유해요인 조사 대상 작업의 작업자에 대하여 실시하는 것이며, 각 신체부위별 통증에 대한 자각증상(작업자로부터 표현되는 주관적인 증상)을 조사하여 증상호소율이 높은 작업 등을 선별하기 위한 것입니다. 근골격계질환 증상조사는 작업자 개인의 징후 및 증상을 증명하거나 판단하는 기준으로 활용하기에는 어려움이 있으며, 사업장의 전반적인 특성을 파악하는 것에 활용하는 것이 바람직합니다. 근골격계질환 증상조사표는 작업자들을 대상으로 사전 작성방법에 대한 교육 이후 진행하는 것이 효과적입니다. 또한 가능한 교육시간을 활용하여 함께 작성하는 것이 신뢰도가 높은 조사가 될 수 있습니다. 근골격계질환 증상조사표는 작업자가 직접 기입하거나 조사자가 문답식으로 체크할 수 있으며, 크게 1) 기본정보와 2) 신체부위별 통증/불편함 정도를 기입하도록 구성되어 있습니다. 1) 기본정보는 개인정보, 여가 및 취미활동, 가사노동시간, 질병진단 여부, 신체부위 상해 여부, 육체적 부담정도 등을 조사하는 내용으로 구성되어 있습니다. 이와 같은 내용을 조사하는 이유는 유해요인조사의 궁극적인 목적이 작업과의 관련성을 파악하고 작업환경속에서 존재하는 유해위험요인을 찾기 위함이기 때문입니다. 근골격계질환증상조사의 결과는 유해요인 기본조사 결과와 연결하여 유해요인과 해당 신체 부위가 잘 부합되는지 확인하고 개선 우선순위 결정시 부서별로 증상호소율을 비교하는데 활용할 수 있습니다.

표 6-3 근골격계질환 증상조사표

근골격계질환 증상조사표

Ⅰ. 아래 사항을 직접 기입해 주시기 바랍니다.

성명		연령	만 _____세
성별	□남 □여	현 직장경력	_____년 _____개월째 근무 중
직업부서	_____부 _____라인 _____작업(수행 작업)	결혼여부	□기혼 □미혼
현재하고 있는 작업(구체적으로)	작업 내용: _____ 작업 기간: _____년 _____개월째 하고 있음		
1일 근무시간	_____시간 근무 중 휴식시간(식사시간 제외) _____분씩 _____회 휴식		
현작업을 하기 전에 했던 작업	작업 내용: _____ 작업 기간: _____년 _____개월 동안 했음		

1. 규칙적인(한번에 30분 이상, 1주일에 적어도 2-3회 이상) 여가 및 취미활동을 하고 계시는 곳에 표시(∨)하여 주십시오.
   □ 컴퓨터 관련활동　　□ 악기연주(피아노, 바이올린 등)　　□ 뜨개질 자수, 붓글씨
   □ 테니스/배드맨턴/스쿼시　□ 축구/족구/농구/스키　　□ 해당사항 없음

2. 귀하의 하루 평균 가사노동시간(밥하기, 빨래하기, 청소하기, 2살 미만의 아이 돌보기 등)은 얼마나 됩니까?
   □ 거의 하지 않는다 □ 1시간 미만 □ 1-2시간 미만 □ 2-3시간 미만 □ 3시간 이상

3. 귀하는 의사로부터 다음과 같은 질병에 대해 진단을 받은 적이 있습니까? (해당 질병에 체크)
   (보기: □ 류머티스 관절염 □ 당뇨병 □ 루프스병 □ 통풍 □ 알코올중독)
   □ 아니오　　□ 예('예'인 경우 현재상태는? □ 완치　□ 치료나 관찰 중)

4. 과거에 운동 중 혹은 사고로(교통사고, 넘어짐, 추락 등) 인해 손/손가락/손목, 팔/팔꿈치, 어깨, 목, 허리, 다리/발 부위를 다친 적이 있습니까?
   □ 아니오 □ 예
   ('예'인 경우 상해 부위는? □ 손/손가락/손목　□ 팔/팔꿈치 □ 어깨 □ 목 □ 허리 □ 다리/발)

5. 현재 하고 계시는 일의 육체적 부담 정도는 어느 정도라고 생각합니까?
   □ 전혀 힘들지 않음 □ 견딜만 함 □ 약간 힘듦 □ 매우 힘듦

II. 지난 1년 동안 손/손가락/손목, 팔/팔꿈치, 어깨, 허리, 다리/발 중 어느 한 부위에서라도 귀하의 작업과 관련하여 통증이나 불편함(통증, 쑤시는 느낌, 뻣뻣함, 화끈거리는 느낌, 무감각 혹은 찌릿찌릿함 등)을 느끼신 적이 있습니까?

  □ 아니오(수고하셨습니다. 설문을 다 마치셨습니다.)
  □ 예("예"라고 답하신 분은 아래 표의 **통증부위**에 체크(∨)하고, 해당 통증부위의 세로줄로 내려가며 해당사항에 체크(∨)해 주십시오)

통증 부위	목( )	어깨( )	팔/팔꿈치( )	손/손목/손가락( )	허리( )	다리/발( )
1. 통증의 구체적 부위는?		□ 오른쪽 □ 왼쪽 □ 양쪽 모두	□ 오른쪽 □ 왼쪽 □ 양쪽 모두	□ 오른쪽 □ 왼쪽 □ 양쪽 모두		□ 오른쪽 □ 왼쪽 □ 양쪽 모두
2. 한번 아프기 시작하면 통증기간은 **얼마 동안** 지속됩니까?	□ 1일 미만 □ 1일-주일 미만 □ 1주일-1달 미만 □ 1달-6개월 미만 □ 6개월 이상	□ 1일 미만 □ 1일-1주일 미만 □ 1주일-1달 미만 □ 1달-6개월 미만 □ 6개월 이상	□ 1월 미만 □ 1일-1주일 미만 □ 1주일-1달 미만 □ 1달-6개월 미만 □ 6개월 이상	□ 1월 미만 □ 1일-1주일 미만 □ 1주일-1달 미만 □ 1달-6개월 미만 □ 6개월 이상	□ 1월 미만 □ 1일-1주일 미만 □ 1주일-1달 미만 □ 1달-6개월 미만 □ 6개월 이상	□ 1월 미만 □ 1일-1주일 미만 □ 1주일-1달 미만 □ 1달-6개월 미만 □ 6개월 이상
3. 그때의 아픈 정도는 **어느 정도**입니까? (보기 참조)	□ 약한 통증 □ 중간 통증 □ 심한 통증 □ 매우 심한 통증	□ 약한 통증 □ 중간 통증 □ 심한 통증 □ 매우 심한 통증	□ 약한 통증 □ 중간 통증 □ 심한 통증 □ 매우 심한 통증	□ 약한 통증 □ 중간 통증 □ 심한 통증 □ 매우 심한 통증	□ 약한 통증 □ 중간 통증 □ 심한 통증 □ 매우 심한 통증	□ 약한 통증 □ 중간 통증 □ 심한 통증 □ 매우 심한 통증
	〈보기〉	**약한통증**: 약간 불편한 정도이나 작업에 열중할 때는 못 느낀다 **중간 통증**: 작업 중 통증이 있으나 귀가 후 휴식을 취하면 괜찮다 **심한 통증**: 작업 중 통증이 비교적 심하고 귀가 후에도 통증이 계속된다 **매우 심한 통증**: 통증 때문에 작업은 물론 일상생활을 하기가 어렵다				
4. **지난 1년 동안** 이러한 증상을 얼마나 자주 경험하셨습니까?	□ 6개월에 1번 □ 2-3달에 1번 □ 1주일에 1번 □ 매일	□ 6개월에 1번 □ 2-3달에 1번 □ 1주일에 1번 □ 매일	□ 6개월에 1번 □ 2-3달에 1번 □ 1주일에 1번 □ 매일	□ 6개월에 1번 □ 2-3달에 1번 □ 1주일에 1번 □ 매일	□ 6개월에 1번 □ 2-3달에 1번 □ 1주일에 1번 □ 매일	□ 6개월에 1번 □ 2-3달에 1번 □ 1주일에 1번 □ 매일
5. **지난 1주일동안**에도 이러한 증상이 있었습니까?	□ 아니오 □ 예	□ 아니오 □ 예	□ 아니오 □ 예	□ 아니오 □ 예	□ 아니오 □ 예	□ 아니오 □ 예
6. **지난 1년 동안** 이러한 통증으로 인해 어떤 일이 있었습니까?	□ 병원·한의원 치료 □ 약국치료 □ 병가, 산재 □ 작업 전환 □ 해당사항 없음 기타( )	□ 병원·한의원 치료 □ 약국치료 □ 병가, 산재 □ 작업 전환 □ 해당사항 없음 기타( )	□ 병원·한의원 치료 □ 약국치료 □ 병가, 산재 □ 작업 전환 □ 해당사항 없음 기타( )	□ 병원·한의원 치료 □ 약국치료 □ 병가, 산재 □ 작업 전환 □ 해당사항 없음 기타( )	□ 병원·한의원 치료 □ 약국치료 □ 병가, 산재 □ 작업 전환 □ 해당사항 없음 기타( )	□ 병원·한의원 치료 □ 약국치료 □ 병가, 산재 □ 작업 전환 □ 해당사항 없음 기타( )

    위와 같이 유해요인 기본조사와 근골격계질환 증상조사 결과 추가적으로 정밀평가가 필요하다고 판단되는 경우에는 작업상황 및 유행요인에 따라 정밀평가를 수행하여야 합니다. 정밀평가가 필요하다고 판단되는 경우라는 것은 위의 근골격계부담작업 목록, 유해요인 기본조사 및 근골격계질환 증상조사표에서 근골격계부담작업이라고 판단되는 작업이 존재하는 경우라고 할 수 있습니다.

6.2 정밀평가: 자세 부하 평가 기법

근골격계부담작업이라고 판단되는 작업이 존재하는 경우에는 정밀평가를 수행하여야 합니다. 정밀평가의 방법은 크게 설문에 의한 방법, 관찰기법에 의한 방법, 장비를 활용하여 분석하는 방법으로 구분할 수 있습니다. 그림 6-2는 각각의 방법들마다의 장단점을 나타내는 것입니다. 정밀평가 방법들을 선정할때에는 아래 그림에서와 같이 다양한 측면을 고려하여 현실가능한 방법을 선택하여 진행하여야 합니다. 본 챕터에서는 세 가지 평가방법들 중에서 가장 보편적으로 활용되고 있는 관찰기법(Checklist)에 대하여 소개하고자 합니다. 관찰기법(Checklist)은 흔히 인간공학적 평가기법으로 불리우기도 합니다.

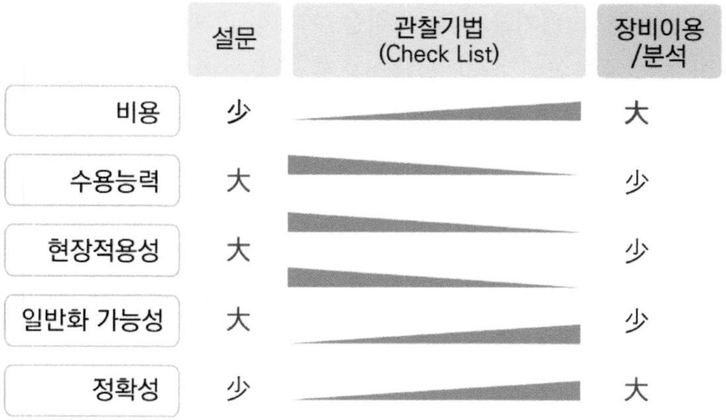

	설문	관찰기법 (Check List)	장비이용 /분석
비용	少		大
수용능력	大		少
현장적용성	大		少
일반화 가능성	大		少
정확성	少		大

그림 6-2 자세부하 평가 기법별 비교

인간공학적 평가기법을 통하여 정밀평가를 수행하기 위해서는 관찰자가 충분하게 평가기법을 이해하고 훈련을 하여야만 합니다. 또한 관찰자의 주관적 성향이 평가 결과에 영향을 미칠수도 있기 때문에 가능한 2명 이상이 함께 평가에 참여하는 것이 좋으며, 객관적인 입장의 제 3자가 평가에 함께 참여하는 것도 매우 바람직합니다. 평가를 위해서는 평가 대상 작업에 대한 샘플링 방법을 결정하여야 합니다. 샘플링 방법은 무작위 샘플링과 선택적 샘플링이 있습니다. 무작위 샘플링은 일정 시간 간격으로 작업 장면을 샘플링하는 방법을 말하며, 선택적 샘플링은 부담이 클 것으로 예상되는 작업 중 반복적으로 수행하는 작업을 샘플링하는 방법을 의미합니다. 작업유형에 따라서도 샘플링 방법을 다르게 선택하여야 합니다. 가령 자동차 및 전자제품 라인 등과 같이 정형화된 반복 작업이 이루어지는 곳에서는 한 주기(cycle) 작업을 대상으로 샘플링을 실시하고, 간호업무나 택배업무 등과 같이 비정형화된 작업은 전체 작업을 대상으로 샘플링을 실시하여 조사하여야 합니다. 인간공학적 평가기법을 활용하여 평가된 결과는 작업의 개선 방향, 개선의 우선순위 등을 정하는 데 이용할 수 있습니다.

인간공학적 평가기법은 근골격계질환의 관련성을 직접적으로 입증하는 결정 척도라기보다는 포괄적인 작업조건과 환경의 분석과 개선을 위한 근골격계질환 예방의 보조도구로서 평가되고 사용되어야 합니다. 그리고 무엇보다 중요한 것은 각각의 인간공학적 평가도구의 목적을 이해하고 평가하고자 하는 작업조건과 환경 그리고 신체부위에 따라 선택적으로 사용하여야 합니다. 인간공학적 평가기법은 개발목적에 따라서 평가 가능한 조건이 존재합니다. 아래 표는 인간공학적 평가기법별 평가가능 위험요인과 신체부위, 평가에 걸리는 시간, 평가를 위한 교육 시간, 비용 등에 대한 특징을 설명한 것입니다.

표 6-4 인간공학적 평가기법별 평가 가능 유해요인

Assessment tool	MSD Hazards Assessed						
	Repeti-tion/Duration	Force: Gripping/Pinching	Force: Lift/Lower/Carry	Force: Push/Pull	Posture	Vibration	Contact Stress/Impact
Manual Material Handling [(lifting, lowering, pushing, pulling, carrying)]							
ACGIH: Lifting TLV	○		○		○		
MAC(UK)	○		○		○		
Mital et al. Tables	○		○	○	○		
NIOSH Lifting Equation	○		○		○		
Snook Tables	○		○	○			
Upper Limb							
ACGIH: HAL	○	○	○				
CTD Risk Index (CTD-RAM)	○	○	○	○			
LUBA	○				○		
OCRA	○	○	○	○	○	○	○
RULA	○				○		
Strain Index	○	○	○	○	○		
Combined Methods (not checklist)							
ManTRA	○	○	○	○	○	○	
OWAS	○	○	○	○	○		
QEC	○		○	○	○	○	
REBA	○		○	○	○		

표 6-5 인간공학적 평가기법별 평가 가능 신체부위 및 특징

Assessment tool	Body Parts Considered				Time to Com-plete	Training Required /Complexity	Cost
	Neck/Shoulder	Hand/Wrist/Arm	Back/Trunk/Hip	Leg/Knee/Ankle			
(Manual Material Handling) (lifting, lowering, pushing, pulling, carrying)							
ACGIH: Lifting TLV	○		○		Low	Low	Low
MAC(UK)	○		○		Low	Low	Low
Mital et al. Tables	○		○	○	Low	Medium	Low
NIOSH Lifting Equation	○		○		Low	Low	Low
Snook Tables	○		○	○	Low	Low	Low
Upper Limb							
ACGIH: HAL		○			Medium	Medium	High
CTD Risk Index (CTD-RAM)	○	○			Medium	Medium	High
LUBA	○	○	○		Medium	Medium	Low
OCRA	○	○			Medium	Medium	Low
RULA	○	○	○		Low	Medium	Low
Strain Index		○			Medium	Medium	Low
Combined Methods (not checklist)							
ManTRA	○	○	○	○	Low	Medium	Low
OWAS	○		○	○	High	Medium	Low
QEC	○	○	○	○	Low	Medium	Low
REBA	○	○	○	○	Low	Medium	Low

OVAKO Working Posture Analysis System(OWAS)

OWAS는 핀란드의 Ovako 철강 회사에 적용된 결과가 처음 발표되면서 널리 알려지기 시작하였습니다. OWAS는 초창기 실용적 작업자세 평가기법으로 널리 활용되었습니다. 주요장점으로는 전신의 자세를 대상으로 평가가 가능하고 평가체계가 매우 단순하여 배우기가 쉽다는 것이며, 다양한 업종에 적용한 사례가 많다는 것입니다. 다만 너무 단순한 체계로 평가가 이루어지기 때문에 부하평가의 민감도가 매우 낮다는 단점이 있습니다. 따라서 정밀한 평가를 위해서는 다른 인간공학적 평가도구를 재사용해야 하는 경우가 발생할 수 있다는 것입니다. 다만 작업자세 평가기법의 학습용으로는 매우 적당한 평가도구라고 할 수 있습니다.

OWAS 적용 방법에 대한 몇 가지 지침을 소개하겠습니다. 먼저 샘플링 기반의 단속적 기록이 필요합니다. 예를 들어 5초 간격으로 자세를 기록하여 작업의 부하수준을 평가하여야 합니다. 데이터의 양은 샘플링 기반의 방법으로 많은 데이터를 이용할 필요는 없습니다. 일부 자세만을 선택적으로 평가하는 것은 적절한 방법은 아니자만, 반복적으로 계속 나타나는 작업자세에 대해서는 적용할 수 있습니다. 무엇보다 중요한 것은 적절한 평가 대상 작업을 선택하는 것입니다. 본 OWAS 평가도구는 비정형적(비반복적) 작업을 평가하는 데 적절하며, 반복적 작업의 경우에도 샘플링 주기를 짧게하여 적용할 수 있는 평가도구입니다.

• OWAS 평가원리 및 방법

OWAS는 허리, 팔, 다리의 자세와 다루고 있는 물체의 하중을 평가하는 체계를 가지고 있습니다. 허리는 4개의 자세분류, 팔은 3개의 자세분류, 다리는 7개의 자세분류, 하중은 3개로 분류하여 평가하게 됩니다. 부위별 해당하는 자세코드를 기반으로 작업범주를 결정하는 방법입니다. 평가분류는 크게 4개로 구성되어 있으며, 평가분류 1은 평가대상 작업에 문제가 없음을 의미하고, 2는 추가적으로 정밀한 조사가 필요한 작업, 3은 평가 대상 작업에 대한 개선이 필요한 작업, 4는 즉시 개선이 필요한 작업으로 구분됩니다.

아래 그림은 신체부위에 따른 자세분류 코드를 의미합니다. 허리는 1. 바로 섬, 2. 굽힘, 3. 비틈, 4. 굽히고 비틈으로 구성되어 있습니다. 팔은 1. 양팔 어깨 아래, 2. 한팔 어깨 아래, 3. 양팔 어깨 위로 총 3개의 자세 코드로 구성되어 있습니다. 다리는 총 7개의 자세 코드로 구성되어 있는데, 1. 앉음, 2. 두 다리로 섬, 3. 한 다리로 섬, 4. 두 다리 구부림, 5. 한 다리 구부림, 6. 무릎 꿇음, 7. 걷기로 분류합니다. 마지막 하중은 다루고 있는 물체의 하중을 의미합니다. 하중의 분류는 크게 1. 10kg 이하, 2. 10~20kg 미만, 3. 20kg 이상으로 구분합니다. 위에서도 설명하였듯이 OWAS의 평가 분류는 정성적으로 이루어져 있습니다. 가령 굽힘의 경우, 굽힘의 각도에 따라 신체적으로 발생되는 부하에 차이가 있지만 이를 정밀하게 분석할 수 없습니다. 따라서 신체적 부하에 대한 정밀한 분석에는 한계점이 있습니다.

부위	코드
허리	1 2 3 4
팔	1 2 3
다리	1 2 3 4 5 6 7
하중	1 2 3

OWAS 코드
****

평가분류	개선사항
1	문제 없음
2	추가 조사 필요
3	개선 필요
4	즉시 개선 필요

그림 6-3 OWAS 점수 평가 체계

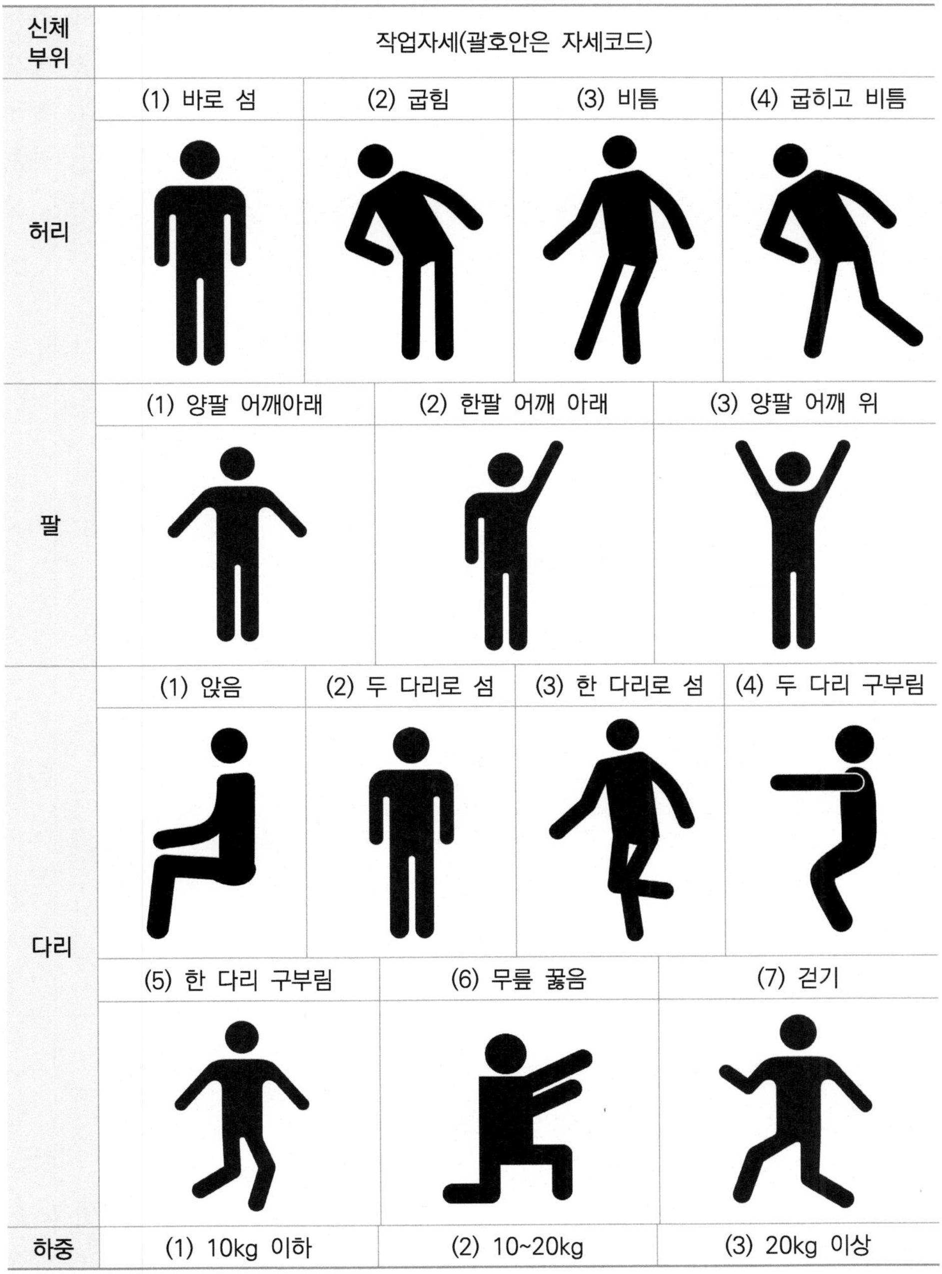

신체 부위	작업자세(괄호안은 자세코드)			
허리	(1) 바로 섬	(2) 굽힘	(3) 비틈	(4) 굽히고 비틈
팔	(1) 양팔 어깨아래	(2) 한팔 어깨 아래	(3) 양팔 어깨 위	
다리	(1) 앉음	(2) 두 다리로 섬	(3) 한 다리로 섬	(4) 두 다리 구부림
	(5) 한 다리 구부림	(6) 무릎 꿇음	(7) 걷기	
하중	(1) 10kg 이하	(2) 10~20kg	(3) 20kg 이상	

그림 6-4 OWAS 평가 요소별 수준

평가하고자 하는 대상작업의 작업자 자세를 기반으로 해당 분류코드에 의하여 평가를 수행하게 됩니다. 이후 아래 작업부하 평가표에 의거하여 최종 평가를 수행하게 됩니다. 평가대상 작업의 작업자를 대상으로 허리, 팔, 다리, 취급하중에 대한 코드를 아래 표에 대입하여 최종 OWAS 점수를 평가합니다. 최종 평가된 점수를 기반으로 작업의 개선여부를 결정하게 됩니다.

표 6-6 OWAS 평가표

허리	팔	1			2			3			4			5			6			7			다리
		1	2	3	1	2	3	1	2	3	1	2	3	1	2	3	1	2	3	1	2	3	취급하중
1	1	1	1	1	1	1	1	1	1	1	2	2	2	2	2	2	1	1	1	1	1	1	
	2	1	1	1	1	1	1	1	1	1	2	2	2	2	2	2	1	1	1	1	1	1	
	3	1	1	1	1	1	1	1	1	1	2	2	2	3	2	2	3	1	1	1	1	2	
2	1	2	2	3	2	2	3	2	2	3	3	3	3	3	3	3	2	2	2	2	3	3	
	2	2	2	3	2	2	3	2	3	3	4	4	4	3	4	4	3	3	4	2	3	4	
	3	3	3	4	2	2	3	3	3	3	4	4	4	4	4	4	4	4	4	2	3	4	
3	1	1	1	1	1	1	1	1	1	2	3	3	3	4	4	1	1	1	1	1	1	1	
	2	2	2	3	1	1	1	1	1	2	4	4	4	4	4	3	3	3	1	1	1	1	
	3	2	2	3	1	1	1	2	3	3	4	4	4	4	4	4	4	4	1	1	1	1	
4	1	2	3	4	2	2	3	2	2	3	4	4	4	4	4	4	4	4	4	2	3	4	
	2	3	3	4	2	3	4	3	3	4	4	4	4	4	4	4	4	4	4	2	3	4	
	3	4	4	4	2	3	4	3	3	4	4	4	4	4	4	4	4	4	4	2	3	4	

Rapid Upper Limb Assessment (RULA)

RULA는 영국에서 1993년도에 컴퓨터 작업자의 근골격계질환 유해요인 노출 수준을 평가하기 위해 만들어진 평가기법입니다. RULA는 앞서 설명했던 OWAS에 비해 자세 분류가 세밀하다는 장점이 있습니다. 따라서 유해요인 평가의 민감도가 매우 높은 평가기법 중 하나입니다. RULA는 자세, 정적 및 반복적 움직임(동작), 힘(취급하중) 등 다양한 유해요인을 평가할 수 있으며, 상지 자세 평가 또는 하지의 자세가 다양하지 않은 일반적 작업에 유리한 평가기법입니다. 자세가 세밀하게 분류되어 있기 때문에 OWAS에 비해 배우기가 어려우며, 적용 시에 시간이 많이 걸릴 수 있다는 단점이 있습니다. 또한 하지 자세, 빈도수, 지속시간 등에 대한 평가가 부족하다는 단점이 있습니다. RULA의 적용은 상지를 주로 이용하는 작업에서 반복적이며 정형적인 형태의 작업을 분석하기에 적합합니다.

• RULA 평가원리 및 방법

RULA는 평가되는 신체 부위에 따라 그룹 A와 그룹 B로 구분됩니다. 그룹 A는 상완(윗팔 or 어깨), 전완(아래팔 or 팔꿈치), 손목으로 구성되어 있으며, 그룹 B는 목, 상체(몸통 or 허리), 다리로 구분되어 있습니다. 상완(윗팔 or 어깨)은 그림 6-5와 같이 각도를 기반으로 4개의 분류로 구성되어 있습니다. 또한 추가적으로 외전(+1), 어깨 들림(+1), 외부(+1)에 의한 지지 자세가 동시에 발생할 시 보정점수를 줄 수 있도록 구성되어 있습니다. 전완(아라팰 or 팔꿈치)은 각도 기반으로 2개의 자세분류와 보정점수, 손목은 3개의 자세분류와 보정점수로 그리고 손목 비틀림 2 분류로 구성되어 있습니다. 그룹 B의 목, 상체(몸통 or 허리), 다리의 경우에도 각각 4개, 4개, 2개의 자세로 평가할 수 있도록 분류되어 있습니다. 앞서 설명했듯이, RULA는 자세평가뿐만 아니라 정적 및 반복적 움직임(동작)과 힘(취급하중)을 각각 2개와 4개 분류로 구분하여 평가할 수 있습니다. 자세, 동작, 그리고 힘에 대한 평가를 각각 수행한 이후 표 A, 표 B를 활용하여 그룹별 점수를 확인하고 표 A와 표 B를 통하여 도출된 점수를 기반으로 최종 점수를 표 C를 활용하여 평가하게 됩니다. 표 C에서 나온 최종점수를 기반으로 부하수준을 결정하게 됩니다. 예를 들어 표 C에서 도출된 최종점수가 6점일 경우에는 부하수준이 3에 해당하므로 해당 작업은 근시일내 개선이 필요한 작업이라고 평가하게 됩니다. RULA는 각도기반으로 자세를 평가하는 체계로 구성되어 있어 보다 정밀하게 평가가 가능합니다. 따라서 유해요인조사에서 자세평가를 위하여 활발하게 활용되고 있는 평가도구라고 할 수 있습니다.

그룹A

부위	지수
상완	1 2 3 4
전완	1 2
손목	1 2

그룹B

부위	지수
목	1 2 3 4
상체	1 2 3 4
다리	1 2

부하수준	개선사항
1	개선 필요 없음
2	개선 필요(지속적 관찰 필요)
3	근시일내 개선 필요
4	즉각적 개선 필요

정적 근육 사용
취급 하중

그림 6-5 RULA 점수 평가 체계

표 6-7 RULA 평가 요소별 수준

그룹 A (상자)			
신체부위	자세	점수	보정점수
윗팔	0-20* 굴곡, 0-20* 신전	1	+1: 외전 +1: 어깨 들림 -1: 외부에 대한지지
윗팔	20-45* 굴곡, >20* 신전	2	+1: 외전 +1: 어깨 들림 -1: 외부에 대한지지
윗팔	45-90* 굴곡	3	+1: 외전 +1: 어깨 들림 -1: 외부에 대한지지
윗팔	>90* 굴곡	4	+1: 외전 +1: 어깨 들림 -1: 외부에 대한지지
아래팔	60-100* 굴곡	1	+1: 팔이 몸통 중심으로 엇갈려서 작업, 혹은
아래팔	<60* .>100* 굴곡	1	+1: 팔이 몸통 중심으로 엇갈려서 작업, 혹은 양 어깨 넓이 이상으로 벌려서 작업
손목	중립자세	1	+1: 손목 평향
손목	0-15* 굴곡, 0-15* 신전	2	+1: 손목 평향
손목	>15* 굴곡, >15* 신전	3	+1: 손목 평향
손목비틀림	중립자세	1	
손목비틀림	한계수준	2	
목	0-10* 굴곡	1	+1: 측면굴곡 +1: 회전
목	10~20* 굴곡	2	+1: 측면굴곡 +1: 회전
목	>20* 굴곡	3	+1: 측면굴곡 +1: 회전
목	신전	4	+1: 측면굴곡 +1: 회전
몸통	직립 (앉아서 상체지지)	1	+1: 측면굴곡 +1: 회전
몸통	0-20* 굴곡	2	+1: 측면굴곡 +1: 회전
몸통	20-60* 굴곡	3	+1: 측면굴곡 +1: 회전
몸통	>60* 굴곡	4	+1: 측면굴곡 +1: 회전
다리	균형있는 앉은자세 균형있는 선자세, 동작공간 충분	1	
다리	다리와 발이 잘 지지되지 못함 체중 분포 불균형	2	

점수	동작 정의
+1	작업자세가 주로 정적인 (1분 이상 자세 유지) 경우
+1	작업자세를 분당 4회 이상 반복적으로 수행하는 경우

점수	취급하중 정의
0	2kg이하의 작업물을 간헐적으로 드는 경우
1	2~10kg의 작업물을 간헐적으로 드는 경우
2	2~10kg의 작업물을 정적/반복적으로 드는 경우 10kg이상의 작업물을 간헐적으로 드는 경우
+3	10kg이상의 작업물을 정적/반복적으로 드는 경우 갑작스럽게 작업물을 들거나 충격을 받는 경우

표 6-8 RULA 평가표

표 A		손목							
		1		2		3		4	
윗팔	아래팔	손목비틀림		손목비틀림		손목비틀림		손목비틀림	
		1	2	1	2	1	2	1	2
1	1	1	2	2	2	2	3	3	3
	2	2	2	2	2	3	3	3	3
	3	2	3	3	3	3	4	4	4
2	1	2	3	3	3	3	4	4	4
	2	3	3	3	3	3	4	4	4
	3	3	4	4	4	4	4	5	5
3	1	3	3	4	4	4	4	5	5
	2	3	4	4	4	4	4	5	5
	3	4	4	4	4	4	5	5	5
4	1	4	4	4	4	4	5	5	5
	2	4	4	4	4	4	5	5	5
	3	4	4	5	5	5	5	6	6
5	1	5	5	5	5	5	6	6	7
	2	5	6	6	6	6	7	7	7
	3	6	6	7	7	7	7	7	8
6	1	7	7	7	7	7	8	8	9
	2	8	8	8	8	8	9	9	9
	3	9	9	9	9	9	9	9	9

표 B		몸통											
		1		2		3		4		5		6	
목	다리	1	2	1	2	1	2	1	2	1	2	1	2
1		1	3	2	3	3	4	5	5	6	6	7	7
2		2	3	2	3	4	5	5	5	6	7	7	7
3		3	3	3	4	4	5	5	6	6	7	7	7
4		5	5	5	6	6	7	7	7	7	7	8	8
5		7	7	7	7	7	8	8	8	8	8	8	8
6		8	8	8	8	8	9	9	9	9	9	9	9

표 C	점수 D (목, 몸통, 다리)						
	1	2	3	4	5	6	7+
점수 c (상지) 1	1	2	3	3	4	5	5
2	2	2	3	4	4	5	5
3	3	3	3	4	4	5	5
4	3	3	3	4	5	6	6
5	4	4	4	5	6	7	7
6	4	4	5	6	6	7	7
7	5	5	6	6	7	7	7
B+	5	5	6	7	7	7	7

RULA 평가 기준		
부하수준	최종점수	조치
1	1-2	개선 필요 없음
2	3-4	개선 필요 (지속적 관찰 필요)
3	5-6	근시일내 개선 필요
4	7	즉각적 개선 필요

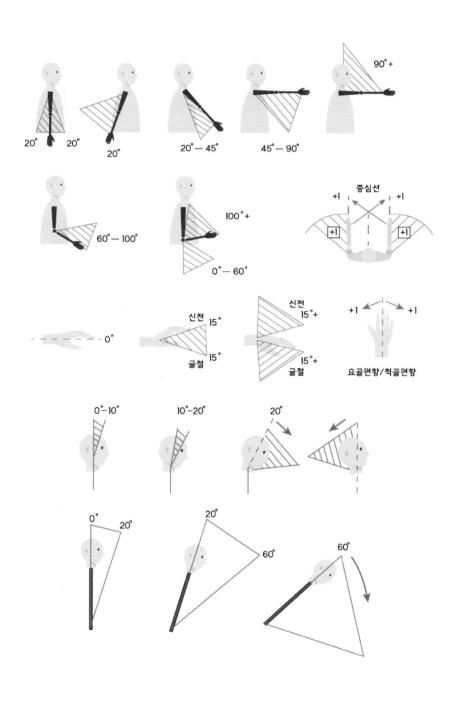

Rapid Entire Body Assessment (REBA)

REBA도 자세를 평가하는데 대표적으로 사용되고 있는 인간공학적 평가기법입니다. REBA는 앞서 소개하였던 RULA의 확장판이라고 할 수 있습니다. RULA가 상지를 초점으로 개발된 평가기법이라면 REBA는 전신의 작업자세를 분석하기 위해 개발된 평가기법이라고 할 수 있습니다. REBA의 평가원리와 방법은 RULA와 거의 동일합니다. 두 개 평가기법의 평가원리와 방법이 유사한 이유는 주요 개발자가 동일 인물이기 때문입니다. REBA의 최종점수는 15점까지로 구성되어 있으면 그에 따른 부하수준은 총 5단계로 구분됩니다. RULA와 비교해 볼 때 최종점수와 부하수준 단계가 더 세밀하게 구성되어 있다고 할 수 있습니다. REBA에서는 근력사용 점수, 동작 점수, 손잡이 점수를 포함하고 있어 자세뿐만 아니라 해당 요인에 대한 평가를 통해 종합적인 평가가 가능합니다. REBA의 평가 절차는 아래 그림과 같습니다. 그룹 A는 몸통(상체 or 허리), 목, 다리 부위의 각도를 기반으로 평가를 수행하도록 구성되어 있으며, 그룹 B는 윗팔(상완 or

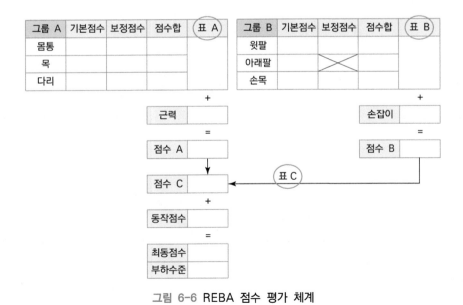

그림 6-6 REBA 점수 평가 체계

어깨), 아래팔(전완 or 팔꿈치), 손목 자세를 평가하도록 구성되어 있습니다. 또한 RULA와 마찬가지로 아래팔을 제외한 모든 부위에서 보정점수를 부여할 수 있도록 구성되어 있습니다. 각 평가 부위에 대한 점수합을 기반으로 아래 표 A와 표 B를 통하여 점수를 계산하고 근력점수와 손잡이 점수를 추가하여 표 C를 활용하여 점수 C를 계산하게 됩니다. 이후 동작점수를 합하여 최종 점수를 결정하도록 되어 있습니다.

각 신체 부위에 대한 각도 기준은 그림 6-7과 같습니다. 근력점수는 크게 4단계로 구성되어 있습니다. 기본적으로 0~3점으로 구성되어 있으며 추가적으로 순간적인 충격이 가해지는 힘이 발생할 경우 +1점을 부여합니다. 손잡이 조건은 0점은 양호(적절한 크기와 모양의 손잡이), 1점은 보통(적절한 손잡이는 아니지만 손으로 잡고 들기에 어렵지 않음), 2점은 불량(손으로 잡고 들 수는 있으나 용이하지 않음), 3점은 부적합(손잡이가 없거나 부적절하고 다른 부분을 손으로 잡고 들기가 매우 불편함)으로 평가합니다. 동작 점수는 정적자세와 동작 빈도에 대한 평가를 수행하는 것으로써 신체 일부 부위를 정적인 자세로 1분이상 유지하거나 신체 일부 부위에서 반복적 동작 발생(분당 4회 이상) 또는 신체 일부 부위에서 빠르게 큰 동작을 취하거나 불안한 자세를 유발할 경우 1점을 부여합니다. 동작 점수를 반영한 점수가 최종 점수(REBA Score)로 불립니다. 최종 평가된 최종 점수(REBA Score)를 기반으로 최종 부하 수준(Action level)을 결정하게 됩니다. 최종 부하 수준(Action level)은 0~4점으로 구성되어 있으며, 최종 부하 수준(Action level) 0은 '개선 필요 없음', 1은 '필요할지도 모름', 2는 '필요함(지속적 관찰 필요)', 3은 '곧 필요함(근시일내 개선 필요)', 4는 '지금 즉시 필요함(즉각적 개선 필요)'를 의미합니다. 이와 같은 결과를 기반으로 개선과 관련된 활동을 수행하여야 합니다.

몸통, 목, 다리 평가

	Movement	Score	Change socre
몸통	똑바로 선 자세	1	몸통이 비틀리거나 옆으로 구부러질 시: +1
	0°~20° 구부림 / 0°~20° 뒤로 젖힘	2	
	20°~60° 구부림 /)20° 위로 젖힘	3	
	)60° 이상 구부림	4	
목	0°~20° 구부림	1	목이 비틀리거나 옆으로 숙일 시: +1
	)20° 구부림 또는 뒤로 젖힘	2	
다리 (position)	두 다리가 모두 나란하거나 걷거나 앉아 있을 시	1	무릎이 30~60 사이로 구부러질 시: +1 / 60도 이상일 때는 +2(앉은 자세 제외)
	발바닥이 한발만 땅에 지지되어질 때	2	

팔, 아래팔, 손목 평가

	Movement	Score	Change score
윗팔 (position)	20° 뒤로 젖혀지거나 20° 정도 들림	1	윗팔이 벌어지거나 회전시: +1 / 어깨가 들려진다면: +1 / 팔이 무엇인가에 지탱되거나 기대어질 시: -1
	20° 이상 젖혀짐 / 20°~45°의 들림	2	
	45°~90° 사이의 들림	3	
	90° 이상의 들림	4	
아래 팔	60°~100° 사이의 들림	1	추가 내용 없음
	0°~60°의 들림 / 100° 이상의 들림	2	
손목	0°~15° 사이의 꺾임이나 들림	1	손목이 비틀어질 시: +1
	15° 이상의 꺾임이나 들림	2	

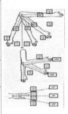

Table A

몸통	다리	목 1				목 2				목 3			
		1	2	3	4	1	2	3	4	1	2	3	4
1		1	2	3	4	1	2	3	4	3	3	5	6
2		2	3	4	5	3	4	5	6	4	5	6	7
3		2	4	5	6	4	5	6	7	5	6	7	8
4		3	5	6	7	5	6	7	8	6	7	8	9
5		4	6	7	8	6	7	8	9	7	8	9	9

무게/힘

0	1	2	+1
〈5kg	5-10kg	〉10kg	충격 또는 갑작스런 힘의 사용

Table A + 무게/힘 = Score A =

Table C

Score A	Score B											
	1	2	3	4	5	6	7	8	9	10	11	12
1	1	1	1	2	3	3	4	5	6	7	7	7
2	1	2	2	3	4	4	5	6	6	7	7	8
3	2	3	3	3	4	5	6	7	7	8	8	8
4	3	4	4	4	5	6	7	8	8	9	9	9
5	4	4	4	5	6	7	8	8	9	9	9	9
6	6	6	6	7	8	8	9	9	10	10	10	10
7	7	7	7	8	9	9	9	10	10	11	11	11
8	8	8	8	9	10	10	10	10	10	11	11	11
9	9	9	9	10	10	10	11	11	11	12	12	12
10	10	10	10	11	11	11	11	12	12	12	12	12
11	11	11	11	11	12	12	12	12	12	12	12	12
12	12	12	12	12	12	12	12	12	12	12	12	12

+

Table B

윗팔	손목	아래팔 1			아래팔 2		
		1	2	3	1	2	3
1		1	2	3	1	2	3
		1	2	3	2	3	4
2		1	2	3	2	3	4
3		3	4	5	4	5	5
4		4	5	5	5	6	7
5		6	7	8	7	8	8

손잡이

0 (Good)	1 (Fair)	2 (Poor)	3 (Unacceptable)
무게 중심에 위치한 튼튼하고 고정된 적절한 손잡이가 되어 있는 경우	어느 정도 적절한 손잡이가 있는 경우이거나 대상으로 사용 가능한 경우	비록 들 수는 있으나 손으로 들기에 적절하지 않고 손잡이가 있으나 부적절한 경우	손잡이가 없거나 위험한 형태의 손잡이가 있는 경우.

Table B + 손잡이 = Score B=

행동점수

+1: 한군데 이상 신체부위가 고정되어있는 경우.
예를 들어, 1분 이상 잡고 있다.

+1: 좁은 범위에서 반복적인 작업을 하는 경우.
예를 들어, 분당 4회 이상 반복하기
(걷기는 포함되지 않음)

+1: 급하게 넓은 범위에서 변화되는 행동 또는
불안정한 하체의 자세

=

최종점수(REBA Score)=

REBA action levels

Action level	REBA score	Risk level	조치(추가 정보조사 포함)
0	1	무시해도 좋음	필요 없음
1	2-3	낮음	필요할지도 모름
2	4-7	보통	필요함
3	8-10	높음	곧 필요함
4	11-15	매우 높음	지금 즉시 필요함

그림 6-7 REBA 분석표 예시

NIOSH Lifting Equation (NLE)

일상생활 및 산업현장에서 들기작업을 매우 빈번하게 발생하고 있습니다. 예를 들면 가정에서 무거운 화분을 들어 옮기거나 산업현장에서 타이어를 드는 동작들이 해당합니다. 이러한 들기작업이 반복되거나 무리하게 진행될 경우에는 신체적으로 매우 부정적인 영향을 줄 수 있습니다. 따라서 이를 인간공학적으로 평가하기 위한 기법인 NIOSH Lifting Equation(NLE)에 대하여 소개하고자 합니다. NLE는 미국의 국립산업안전보건연구원(NIOSH)에서 들기작업의 위험요인을 평가하기 위해 개발된 기법으로서 들기작업(Lifting task)을 평가하는 데 있어 매우 보편적으로 사용하는 평가도구입니다. NLE는 들기작업과 관련된 작업 변수로부터 작업의 안전성 평가, 안전하게 작업할 수 있는 하중의 산출, 작업 개선의 방향을 제시하기 위한 목적으로 개발되었습니다. NLE는 생체역학, 생리학, 심물리학적 연구결과를 기반으로 개발되었으며, 정량적이고 객관적인 결과를 제시한다는 점이 장점입니다. 또한 간단한 사칙연산으로 이루어져 있어 배우기 쉬우며 현장에 간편하게 적용할 수 있고 개선 방향에 대한 근거를 마련할 수 있다는 점이 가장 큰 장점입니다. 다만 들기 작업과 양손작업에 국한되어 개발되었다는 단점이 있습니다. NLE는 권장무게한계(RWL: Recommended weight limit)과 들기지수(LI: Lifting index)라는 정량적 값을 계산할 수 있습니다. 권장무게한계(RWL)은 건강한 작업자가 특정한 들기작업에서 실제 작업시간 동안 허리에 무리를 주지 않고 요통의 위험이 없이 들 수 있는 무게의 한계를 의미합니다. 이 권장무게한계는 들기작업과 관련된 조건이 좋지 않을 경우 낮은 값을 나타내게 됩니다. 들기지수(LI)는 실제 다루고 있는 물체의 무게와 권장무게한계(RWL)의 비(Ratio)를 의미하며, 특정 작업에서의 육체적 부하의 상대적인 양을 의미합니다. 즉 들기지수(LI) 값이 1보다 크면 클수록 육체적 부하가 크다는 것을 의미합니다. 권장무게한계(RWL)와 들기지수(LI)를 알기 위해서는 들기작업과 관련된 조건을 조사하여야 합니다. 들기작업과 관련된 조건은 실제 들기작업을 실측하여 진행하여야 합니다. 조사하여야 할 들기작업과 관련된 조건은 표 6-9와 같습니다.

표 6-9 NLE 변수 정의

들기작업과 관련된 조건(변수)		정의
국문	영문	
무게	Load Weight(L)	작업물의 무게(Kg)
수평위치	Horizontal Location(H)	두발 뒤꿈치 뼈의 중점에서 손까지의 거리(cm) 시작점과 종점에서 측정
수직위치	Vertical Location(V)	바닥에서 손까지의 거리(cm) 시작점과 종점에서 측정
수직이동거리	Vertical Travel Distance(D)	들기작업에서 수직으로 이동한 거리(cm)
비대칭 각도	Asymmetry Angle(A)	정면에서 비틀린 정도를 나타내는 각도 시작점과 종점에서 측정
들기 빈도	Lifting Frequency(F)	15분 동안의 평균적인 분당 들어 올리는 횟수 (회/분)
손잡이 조건	Coupling Classification(C)	드는 물체와 손과의 연결 상태 물체를 들 때에 미끄러지거나 떨어뜨리지 않도 록 하는 손잡이 등의 상태 양호(Good), 보통(Fair), 불량(Poor)

* 시작점: 물건을 들기 시작하는지점(장소 및 공간), 종점: 물건을 내려 놓는 지점(장소 및 공간)

위의 표에서 제시하고 있는 들기작업과 관련된 조건을 조사하고, 조사된 값을 기반으로 계수(Multiplier)를 계산합니다. 계수를 구하는 방법은 아래 표와 같습니다.

표 6-10 계수 설명 및 계수 구하는 법

계수설명	계수	활용되는 값	계수 구하는 법
수평 계수(Horizontal Multiplier)	HM	Horizontal Location(H)	25/H
수직 계수(Vertical Multiplier)	VM	Vertical Location(V)	$1-(0.003 \vert V-75 \vert)$
거리 계수(Distance Multiplier)	DM	Vertical Travel Distance(D)	0.82+(4.5/D)
비대칭 계수(Asymmetric Multiplier)	AM	Asymmetry Angle(A)	1-(0.0032A)
빈도 계수(Frequency Multiplier)	FM	Lifting Frequency(F)	표 참조
손잡이 계수(Couping Multiplier)	CM	Coupling Classification(C)	표 참조

빈도 계수(FM)						
빈도수 (회/분)	작업기간					
	1시간 이하		2시간 이하		8시간 이하	
	V ⟨ 75	V ⟩ 75	V ⟨ 75	V ⟩ 75	V ⟨ 75	V ⟩ 75
0.2	1.00	1.00	0.95	0.95	0.85	0.85
0.5	0.97	0.97	0.92	0.92	0.81	0.81
1	0.94	0.94	0.88	0.88	0.75	0.75
2	0.91	0.91	0.84	0.84	0.65	0.65
3	0.88	0.88	0.79	0.79	0.55	0.55
4	0.84	0.84	0.72	0.72	0.45	0.45
5	0.80	0.80	0.60	0.60	0.35	0.35
6	0.75	0.75	0.50	0.50	0.27	0.27
7	0.70	0.70	0.42	0.42	0.22	0.22
8	0.60	0.60	0.35	0.35	0.18	0.18
9	0.52	0.52	0.30	0.30	0.00	0.15
10	0.45	0.45	0.26	0.26	0.00	0.13
11	0.41	0.41	0.00	0.23	0.00	0.00
12	0.37	0.37	0.00	0.21	0.00	0.00

손잡이 계수(CM)		
커플링 상태	수직거리(V)	
	75cm 미만	75cm 이상
양호	1.00	1.00
보통	0.95	1.00
불량	0.90	0.90

위의 계수 구하는 법을 활용하여 조사된 들기작업과 관련된 조건(변수)별 계수값을 계산한 후 권장무게한계(RWL)을 계산하게 됩니다. 계산식은 아래와 같습니다.

$$권장무게한계(RWL) = 23 \times HM \times VM \times DM \times AM \times FM \times cm$$

권장무게한계(RWL) 공식에서 사용되는 23은 본 NLE를 개발한 연구자들에 의하여 결정된 값으로서 최적의 환경에서 들기작업을 할 때의 최대 허용무게로 정의합니다. 여기서 최적의 환경은 아래와 같이 정의합니다.

- 허리의 비틀림 없이 정면에서
- 들기작업을 가끔씩 할 때(F<0.2, 5분에 1회 미만)
- 작업물이 작업자 몸 가까이 있으며(H=15cm)
- 수직위치(V)는 75cm
- 작업자가 물체를 옮기는 거리의 수직이동거리(D)가 25cm 이하
- 손잡이 조건이 좋은 상태

들기지수(LI)는 아래와 같은 계산식에 의하여 계산됩니다. 들기지수(LI)가 1.0 보다 크다는 것은 현장 들기작업을 하는 환경(조건)에서 권장되고 있는 무게 (RWL)보다 무거운 물체를 들고 있으므로 신체적 부하가 있는 작업임을 의미합니다. 따라서 1.0보다 LI 값이 크면 클수록 신체적 부하는 더 크다는 것을 의미하는 것입니다.

들기지수(LI) = 들기 작업시 물체 무게 / 권장무게한계(RWL)

위에서 언급했듯이 NLE는 개선의 방향을 객관적으로 제시할 수 있다는 장점이 있습니다. 개선의 방향을 객관적으로 제시하기 위해서 조사를 통해 도출된 계수값을 활용할 수 있습니다. 본 NLE에서는 23Kg을 최적의 환경에서 들 수 있는 허용무게로 정의하고 있습니다. 따라서 권장무게한계(RWL)을 계산할 때, 23Kg에 부정적인 영향을 주는 계수값을 찾으면 그 조건(변수)이 개선을 수행하여야 할 변수(조건)임을 의미합니다. 즉, 계수값이 1.0보다 작으면 작을수록 23kg의 수치를 낮추게 됨으로 그 계수값이 들기작업에 부정적인 영향을 주는 요인이며, 신체적 부하를 증가시키는 요인입니다.

아래 표는 NLE 분석표입니다. 아래 표를 활용하여 들기작업을 평가할 수 있습니다.

표 6-11 NLE 작업분석표 예시

작업분석표

부서명		작업설명	
작업명			
분석자명			
분석날짜			

순서1. 작업변수들을 측정하고 기록한다.

작업몸무게(kg)		손의 위치(cm)				수직거리 (cm)	비대칭각도(°)		작업 빈도 수	작업 시간	커플링
		시점		종점			시점	종점	횟수/분	시간	
L(평균)	L(최대값)	H	V	H	V	D	A	A	F		C

순서2. 작업변수들을 이용하여 RWL(권장무게한계)를 계산한다.

		$LC \times HM \times VM \times DM \times AM \times FM \times CM = RWL$						
시점	23							kg
종점	23							kg

순서3. LI(들기지수)를 계산한다.

시점 LI = $\dfrac{L}{RWL}$ =   = ☐

종점 LI = $\dfrac{L}{RWL}$ =   = ☐

Snook Table

Snook table은 Liberty Mutual이라는 미국의 손해보험회사에서 만들어진 평가도구로써 Snook, S. H과 Ciriello, V. M에 의하여 1991년 개발되었습니다. Snook table은 정신물리학적(Psychophysics) 연구방법을 사용하여 개발되었으며 인력운반작업인 들기, 내리기, 밀기, 당기기 및 운반 작업에 대한 평가가 가능한 평가도구입니다. Snook table은 인력운반작업에 대한 권장무게한계를 제시하는데 이는 작업자의 75% 수용범위를 기준으로 설계되었으며, 손잡이가 있는 물체를 사용하는 것을 기본 가정으로 권장무게한계를 제시합니다. 따라서 손잡이가 없는 물체를 평가할 때에는 Snook table에서 제시되는 권장무게한계에 0.85를 곱한 값을 사용합니다. Snook table의 장점은 현실적이고 다양한 유형에 적용가능하고 사용이 매우 간단하다는 것과 매우 간헐적으로 발생하는 작업과 매우 빠른 반복 작업에도 적용이 가능하다는 것입니다. 다만 신체 부위에 대한 자세를 평가하지 못하여 민감도가 떨어진다는 단점이 존재합니다.

인력운반작업의 유형에 따라서 조사되어야 하는 데이터는 아래 표와 같습니다.

표 6-12 Snook table 조사 데이터

인력운반작업 유형	조사 데이터
들기/내리기 (Lifting or Lowering)	1) 들기 또는 내리가 작업에 대한 구분 2) 해당작업자의 성별 3) 작업인구의 평균신장에 대한 해당 작업자의 신장(%) 4) 작업자의 몸으로부터 떨어진 너비(cm) 5) 수직운반거리(cm) 6) 들기구간(Lifting zone) 선택 7) 물체의 무게(kg)
밀기/당기기 (Push or Pull)	1) 밀기 또는 당기기 작업에 대한 구분 2) 해당작업자의 성별 3) 작업인구의 평균 신장에 대한 해당 작업자의 신장(%) 4) 바닥에서 밀기 작업 손잡이까지의 높이 5) 운반거리와 시간측정(동영상 촬영 활용) 6) Push/pull 측정기를 통하여 힘 측정

인력운반작업 유형	조사 데이터
나르기(Carrying)	1) 해당작업자의 성별 2) 작업인구의 평균 신장에 대한 해당 작업자의 신장(%) 3) 바닥에서 들기 작업 손까지의 높이(cm) 4) 운반거리와 시간측정(동영상 촬용 활용) 6) 물체의 무게(kg)

위의 표에서 제시된 조사값을 활용하여 부록 1에서 권장무게를 찾는 방법으로 매우 간단한 평가도구입니다.

▌요약

• 유해요인조사는 근골격계질환에 대한 유해요인을 평가하기 위한 목적으로 만들어진 것입니다.
• 한국에서는 산업안전보건법상 근골격계부담작업 11가지 목록을 정의하고 있습니다.
• 인간공학적 정밀분석 방법으로 보다 자세하게 근골격계부담작업에 대한 위험성을 평가할 수 있습니다.
• 인간공학적 정밀분석 방법을 활용하기 위해서는 방법들만의 고유한 특성 및 목적을 명확하게 이해하고 적용하는 것이 무엇보다 중요합니다.
• 정밀분석을 통하여 유해요인에 대한 부담정도를 분석하는 것과 개선의 방향성을 함께 제시할 수 있습니다.

▌연습문제

1) 최근 3년간 근골격계질환이 가장 많이 발생하고 있는 산업분야가 어디인지 조사해 보도록 합니다.
2) 물류회사에서 신체적으로 가장 부담이 되는 작업이 무엇이며, 이를 평가하기 위한 방법론은 무엇이 좋을지 생각해 보도록 하겠습니다.

3) 자동차회사의 생산현장은 지속적으로 자동화가 진행되고 있음에도 불구하고 근골격계질환자가 매우 많이 발생하고 있습니다. 어떠한 작업을 수행하면서 신체적 부담이 발생하며, 이러한 작업을 평가하기에 적절한 방법은 무엇인지 생각해 보도록 하겠습니다.

▌참고문헌

고용노동부. 산업안전보건법 제 39조 근골격계유해요인조사.

고용노동부. 산업안전보건에 관한 규칙 제657조 유해요인조사

고용노동부. 고용노동부고시 제2020－12호 근골격계부담작업의 범위 및 유해요인조사 방법에 관한 고시.

Scott, G. B., & Lambe, N. R. (1996). Working practices in a perchery system, using the OVAKO working posture anlysing system. Applied Ergonomics 27(4), 281－284.

Hignett, S., & McAtamney, L. (2000). Rapid entire body assessment (REBA). Applied Ergonomics 31), 201－205.

McAtamney L., & Corlett, E. N. (1993). RULA: a survey method for the investigation of work－related upper limb disorder. Applied Ergonomics 24(2), 91－99.

National Institute for Occupational Safety and Health (NIOSH). (1994). Applications manual for the revised NIOSH lifting equation.

Mital, A., Nicholson, A. S., & Ayoub, M. M. (1997). A guide to manual materials handling (second edition). Taylor & Francis Group.

▌관련링크

1. https://www.law.go.kr/LSW/lsInfoP.do?efYd＝20211119&lsiSeq＝232227#0000

2. https://www.law.go.kr/LSW/lsInfoP.do?efYd＝20211119&lsiSeq＝236899#0000

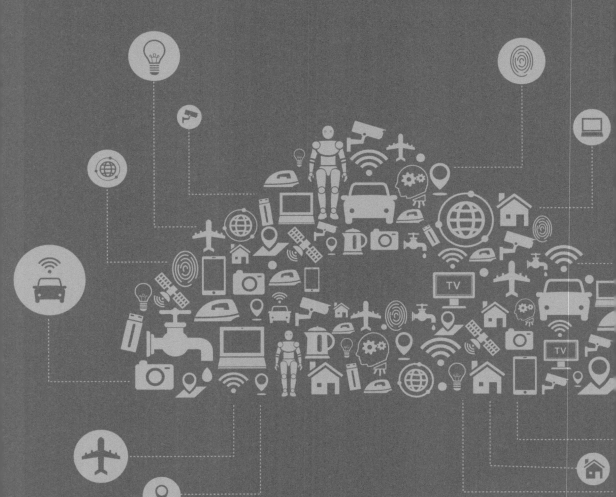

작업환경 평가:
우리 주변에 대해 인지하자

학·습·목·표

- 산업현장에서의 적정조명 수준에 대해 이해합니다.
- 작업환경에서의 소음노출지수를 평가하는 법을 이해합니다.
- 작업자에게 허용되는 노출 진동 시간에 대해 알아보고 진동을 감소시킬 수 있는 개선안들에 대해 학습합니다.
- 산업현장의 기후환경이 작업자에게 미치는 영향을 이해하고 습건지수를 계산하는 법을 배웁니다.

7.1

조명

우리의 산업현장 또는 일상생활에서 적절한 조명 환경은 일의 능률과 눈의 피로에 영향을 미치는 중요한 요소입니다. 예를 들어 정밀 작업이 필요한 조립 공정에서 일하는 작업자를 가정해 봅시다. 조명이 기준보다 어두운 환경에서 작업을 수행한다면 눈의 피로를 느끼게 될 것이고, 이는 조립 작업의 실수나 부상을 야기할 수도 있습니다. 적절한 조명 환경은 작업자에게 쾌적하고 활기있는 분위기를 조성해 줄 수도 있습니다. 그렇다면 조명의 어떠한 수준이 적절한 것일까요?

적정조명 수준

우선 조명을 고려할 때 인공적인 조명뿐만 아니라 동시에 영향을 받는 자연광선도 함께 고려해야 합니다. 즉 작업 공간에서 경험하게 되는 모든 조명의 범위를 측정하고 고려해야 하는 것입니다. 작업장에서 필요로 하는 적정조명은 작업의 종류에 따라 다음 표와 같이 구분할 수 있습니다.

표 7-1 작업의 종류에 따른 적정조명 수준

작업 종류	적정 조명 수준
초정밀 작업	705 lux 이상
정밀 작업	300 lux 이상
일반 작업	150 lux 이상
기타 작업	75 lux 이상

　여기서 럭스(lux)는 특정 면적 안에 도달하는 빛의 정도를 의미합니다. 예를 들어 촛불 1개 불빛의 양이 1m² 면적에 균일하게 닿는다면 이를 1럭스라고 할 수 있습니다. 표 7−1에서 볼 수 있는 듯이 적정 밝기는 작업의 종류마다 다른 것을 알 수 있습니다. 초정밀 작업의 경우 가장 높은 밝기를 동원하여 작업 시 눈의 피로를 덜 수 있는 것입니다.

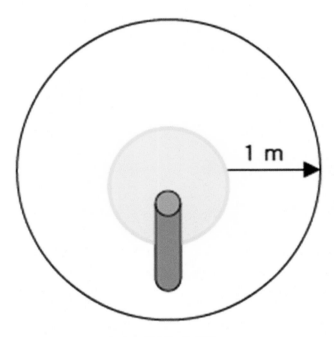

그림 7-1 럭스(lux) 예시

7.2

소음

우리가 산업현장 또는 일상생활에서 원하지 않는 소리를 듣게 될 때 이를 소음이라고 간주할 수 있습니다. 먼저 인간의 귀로 들을 수 있는 소리에는 특정 범위가 있습니다. 이때 소리의 크기를 데시벨(dB) 단위로 나타내면 0dB~134dB입니다. 그렇다면 이 범위 내에서 어느 정도 데시벨 이상의 소리가 인간에게 심리적 불쾌감을 주는 것일까요? 이는 40dB 이상으로 알려져 있습니다. 여기서 더 나아가 소음이 60dB 이상이면 인간에게 생리적으로 부정적인 영향이 발생하기 시작합니다. 예를 들면 근육이 수축하고, 동공이 팽창 되며, 혈압이 증가하고, 소화기 계통에서도 문제가 생기기 시작합니다. 이러한 이유로 실내소음의 안전 한계 기준으로는 40dB 이하가 사용되고 있습니다.

그렇다면 사업장에서 발생하는 소음에 대하여 어떠한 평가방법들이 존재하고 있을까요? 실제 현장에서는 근무 시간 동안 다양한 소음에 복합적으로 노출될 가능성이 있습니다. 이때 이러한 복합적 소음 노출에 대한 종합적인 누적 효과를 다음과 같이 % 단위로 계산할 수 있습니다.[1]

$$소음노출지수(D) = (\frac{C_1}{T_1} + \frac{C_2}{T_2} + \cdots + \frac{C_n}{T_n}) \times 100$$

여기서 C_i는 특정 소음에 노출된 시간을 의미합니다. 그리고 T_i는 특정 소음에 대해 지정된 허용노출기준을 의미합니다. 즉, 실제 산업현장에서 노출된 종합적 소음의 시간이 허용노출기준에 비해 상대적으로 높은지 혹은 낮은지를 판단할 수 있는 것입니다. 허용음압 별로 소음의 허용노출기준은 다음 표와 같이 정리할 수 있습니다.

표 7-2 특정 소음 별 허용노출기준

노출 허용시간	음압수준 dB(A)
16	85
8	90
4	95
2	100
1	105
0.5	110
0.25	115
0.125	115 초과

예를 들어 제조공장에서 근무하는 작업자가 하루 동안 95dB(A)에 5시간 100dB(A)에 3시간 노출되었다고 가정해 봅시다. 하루 동안 총 누적된 소음 노출치수에 대해 다음과 같이 산출해 낼 수 있습니다.

$$소음노출지수 = \left(\frac{5}{4} + \frac{3}{2}\right) \times 100 = 275\%$$

즉, 노출 허용시간 기준보다 2.75배 긴 시간동안 작업장에서 소음에 노출되어 있는 것으로 해석할 수 있습니다. 이는 작업자들의 작업능률을 저하시키고 에너지 소비량을 증가시킬 수 있습니다. 또한 지속된 소음의 노출은 청력장해로도 이어질 수 있습니다.

그렇다면 작업장에서 발생하는 소음을 관리하기 위해선 어떠한 방법들이 존재할까요? 가장 이상적인 방법은 소음원을 통제하는 것입니다. 예를 들면 차량에서는 소음기(머플러)를 장착하거나, 소음이 발생하는 기계 표면에 고무판을 부착하는 방법 등을 고려할 수 있습니다. 소음원의 직접적인 통제가 어렵다면 소음을 격리시키는 방법을 적용할 수 있습니다. 소음원에 덮개를 씌워주거나, 소음원을 방에 고립, 혹은 장벽을 사용해 감음 효과를 노릴 수 있습니다. 이외에도 능동적으로 소음을 제어하는 방법이 있습니다. 소음원의 음파와 역위상의 신호를 발생시키게 하여 소음이 저감되도록 하는 기법을 적용할 수 있는 것입니다. 마지막으로 작업자가 방음보호구를 착용하는 것을 고려할 수 있습니다. 귀마개는 2,000Hz에서 20dB, 4,000Hz에서 25dB 차음력을 가지는 것으로 알려져 있습니다.

🎙 인간공학 이야기

미국의 국립산업안전보건연구원(NIOSH)의 소음 측정기 앱 개발

미국의 국립산업안전보건연구원에서는 일반인이 스마트폰만 있으면 쉽게 소음을 측정할 수 있는 무료 앱을 출시하였습니다.[2] 이를 통해 작업자가 쉽게 소음 환경에 대해 진단할 수 있고 그로 인한 대처를 추구할 수 있기 때문에 효과적으로 사용될 것으로 보입니다. 이러한 앱은 음향 엔지니어와 난청 전문가가 함께 참여해서 개발했습니다. 스마트폰에 외장 마이크를 연결하여 소음을 측정할 경우 더 정확도 있는 수치를 얻을 수도 있습니다. 앱을 통해서 평균, 최대치 소음을 알 수 있고, 소음 노출 지수도 평가할 수 있습니다. 그 외에도 소음과 관련된 질병들, 청력 손실을 예방하는 방법, 올바른 소음 측정 방법 등에 대한 정보들도 함께 제공하고 있습니다.

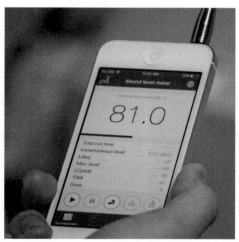

그림 7-2 미국의 국립산업안전보건연구원(NIOSH)의 소음 측정기

진동이란 평형위치를 기준으로 물체가 좌우 또는 상하 방향으로 일정기간동안 반복적으로 움직이는 주기적 형태의 운동을 말합니다. 이러한 진동에 대해 다양한 변수를 통해 특성을 표현할 수 있습니다. 예를 들면 진폭을 통해 진동의 크기를 이해할 수 있고, 진동수 분석을 통해 1초 당 진동이 몇 번 발생하는지를 알 수 있습니다. 이외에도 각 진동 파동 간의 꼭지점 사이의 거리를 바탕으로 파장이나 주기를 이해할 수 있습니다.

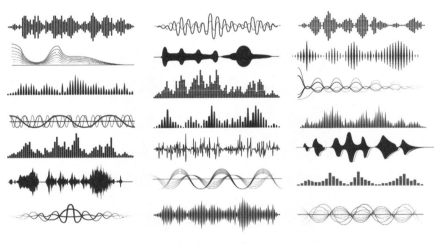

그림 7-3 다양한 진동의 패턴

진동의 패턴에 따라 사인 진동(Sinusoidal vibration)과 랜덤 진동(random vibration)으로 구분할 수 있습니다. 사인 진동의 경우 특정한 패턴이 있어서 진동수 및 진폭이 규칙적이고 예측 가능합니다. 실험실에서 특정 진동을 통해 물체의 피로나 신뢰성을 분석할 때 사용될 수 있습니다. 랜덤 진동의 경우 불규칙적이고 예측하기 쉽지 않은 패턴을 보이는 것이 특징입니다. 비포장 도로를 운전할 때 운전자가 느끼게 되는 전신 진동을 예로 들 수 있습니다.

이러한 물체의 진동은 산업현장에서 우리의 몸에 다양한 경로로 전해질 수 있습니다.[3] 즉, 사용하는 전동 공구에서부터 트럭 등 차량 운행까지 다양한 노출이 존재합니다. 예를 들면 진동 공구를 반복적으로 사용하게 될 경우 근골격계 질환에 노출될 수 있습니다. 예를 들면 혈액 순환의 저해로 인한 수지진동증후군(vibration white finger), 레이노증후군(Raynaud's Syndrome), 손목 수근관증후군(carpal tunnel syndrome)이 흔한 질병으로 알려져 있습니다.

이때 진동의 영향 부위에 따라 전신진동과 국소진동으로 구분할 수 있습니다. 전신진동은 작업자의 전신에 영향을 주는 진동을 말하며 보통 트럭, 기중기, 선박 등을 운전하거나 탑승하면서 영향을 받게 됩니다. 전신진동의 진동수 영역은 2~100Hz입니다. 이러한 전신 진동은 운전자들의 척추에 지속적인 손상을 주어 누적성 근골격계질환을 초래하는 경우가 많습니다. 이외에도 피로, 소화기관 불량, 두통 등에 문제에 시달리게 됩니다.

국소진동은 신체의 일정부위에 집중적으로 영향을 주는 진동을 말하며 공구를 쥐게 되는 손, 팔, 손가락 부분에 흔하게 발생합니다. 예를 들면 연마기(그라인더), 톱, 착암기 등을 사용하다 발생하며 진동수 영역은 8~1,500Hz입니다. 예를 들어 그라인더의 진동수는 100~150Hz로 알려져 있습니다. 이러한 공구에 오래 노출되게 되면 손과 팔에 진동이 신체에 부정적인 영향으로 전해질 수 있습니다. 초음파 기기의 경우 고주파를 발생하게 됩니다. 이러한 경우 사용자의 손가락과 피부에 주 진동의 자극이 전해질 수 있는 것입니다.

미국 산업위생 전문가협회(ACGIH)에서는 수공구의 진동가속도 값을 기준으로 허용 가능한 진동노출 시간에 대해 다음 표와 같이 기준을 제시하고 있습니다[4]. 예를 들면 작업자가 건설현장에서 사용하는 수공구의 진동가속도가 12 m/s²이라면, 1시간 이상 환경에 노출되면 인체에 큰 무리가 간다는 것을 평가할 수 있는 것입니다.

표 7-3 진동 가속도 수준에 따라 허용 진동 노출 시간

하루 진동 노출 시간	진동가속도(m/s^2)
4시간 이상~8시간 미만	4
2시간 이상~4시간 미만	6
1시간 이상~2시간 미만	8
1시간 미만	12

그렇다면 진동가속도는 어떻게 계산할 수 있을까요? 미국 산업위생 전문가협회(ACGIH)의 방법론을 적용해서 계산해 보도록 하겠습니다. 실효치(Root mean square: RMS)를 계산해서 진동의 전체적인 가속도에 대해 표현할 수 있습니다.

$$a_K = \sqrt{(a_{k1})^2 \frac{T_1}{T} + (a_{k2})^2 \frac{T_2}{T} + \cdots + (a_{kn})^2 \frac{T_n}{T}}$$

여기서 K는 진동의 각 방향을 의미합니다. T의 경우 특정 진동수에 대해 노출된 시간을 의미합니다. 마지막으로 a_K는 특정 진동수를 의미합니다.

예/제/

다음과 같이 수공구를 사용하면서 노출된 세 방향의 진동 가속도와 노출 시간이 정리되어 있습니다. 이를 바탕으로 각 방향별 진동 가속도 실효치를 계산해 보도록 하겠습니다.

진동 노출 시간	x	y	z
3	5	8	7
3	4	3	12
2	3	4	9

$$X = \sqrt{5^2 \times \frac{3}{8} + 4^2 \times \frac{3}{8} + 3^2 \times \frac{2}{8}} = 4.20 \mathrm{m/s}^2$$

$$Y = \sqrt{8^2 \times \frac{3}{8} + 3^2 \times \frac{3}{8} + 4^2 \times \frac{2}{8}} = 5.60 \mathrm{m/s}^2$$

$$Z = \sqrt{7^2 \times \frac{3}{8} + 12^2 \times \frac{3}{8} + 9^2 \times \frac{2}{8}} = 9.62 \mathrm{m/s}^2$$

이러한 방향별 진동 실효치를 바탕으로 앞서 제시한 허용 노출 시간과 비교해서 평가해 보도록 하겠습니다. X 방향의 진동가속도의 값을 미루어 볼때 4시간 이상에서 8시간 미만 진동 노출 시간이 적합한 것으로 제시되어 있습니다. 이는 현재 작업 상황에서 크게 문제가 없어 보입니다. 하지만 Y와 Z 방향의 진동 가속도의 경우 각각의 값을 기준으로 보면 허용 노출 시간은 2시간 이상~4시간 미만과 1시간 미만입니다. 즉 이 두 방향에 대한 진동 노출을 위험 한계치를 초과한 상황이라고 볼 수 있습니다. 즉각적인 개선 조치가 이루어져야 할 것입니다.

그렇다면 이러한 진동은 우리의 생리적 기능에 어떠한 영향을 미치게 될까요? 우선 공진(Resonance)의 개념에 대해 알아볼 필요가 있습니다. 각 물체는 저마다 고유 진동수(natural vibration frequency)를 가지고 있습니다. 이때 어떠한 외부 진동계가 특정 물체의 진동계와 일치하는 진동수를 보이게 되면 진폭이 매우 크게 증가하는 현상을 말합니다. 예를 들면 가수가 특정 음역대로 소리를 낼 때 와인잔이 깨지게 되는 것과 같은 이치라 볼 수 있습니다.

우리의 인체 기관은 다음 표에서 볼 수 있듯이 각각 고유 진동수가 존재합니다.[5] 만약 외부의 진동계 진동수가 우리의 인체 특정 기관의 고유 진동수와 일치하게 되면 어떻게 될까요? 우리 몸에서 경험은 진폭이 매우 크게 증가하여 인체에 큰 부하가 전해질 수 있는 것입니다.

표 7-4 인체 기관의 고유 진동수

인체 기관	고유 진동수
머리	20-30Hz
안구	20-90Hz
어깨	4-5Hz
팔	5-10Hz
손	30-50Hz
가슴	50-100Hz
척추	10-12Hz
무릎	2-20Hz

수직 진동의 경우 특정 진동수에 따라 인간은 다음과 같은 반응을 나타나는 것으로 알려져 있습니다.

표 7-5 진동수별 인체 반응

진동수	반응
0.5Hz	멀미
2Hz	전신 진동
4Hz	글을 쓰거나 물을 마시기에 어려움이 있음
5Hz	최대 불편도를 느낌
10~20Hz	말을 할 때 소리가 떨림
15~60Hz	시력이 흐릿해짐

이렇듯 지속적으로 특정 진동에 노출되면 우리 몸의 소화기관에 부정적 영향이 발생합니다. 위장내압 및 복압이 증가하게 되고 내장이 요동칠 수 있습니다. 이외에도 혈압이 상승하고, 심박수가 증가하며, 발한 증상을 보이게 되는 경우도 있습니다. 국소장해의 경우 대표적으로 손-팔 진동증후군(HAV: Hand-Arm Vibration Syndrome)이 있습니다. 국소진동으로 인해 손과 손가락의 혈관이 수축

하게 되어 손과 손가락 부위가 하얘지고 저림, 통증 등을 느끼게 되는 증상을 말합니다. 이는 추운 환경에서 진동공구를 사용할 시 더욱 악화되는 것으로 알려져 있습니다.

이러한 작업진동은 작업자의 작업능률에도 영향을 미치게 됩니다. 전신진동에 오랫동안 노출되게 되면 시력이 손상되며 시각 작업의 수행능력이 감소하게 됩니다. 또한 운동수행 작업 능력이 저하되게 되어 정밀 작업 및 섬세한 근육의 사용을 요하는 작업 능력이 감퇴됩니다.

그렇다면 산업현장에서 발생하는 진동들을 어떻게 감소시킬 수 있을까요? 우선 전신진동의 경우 원격제어를 하여 진동발생원에 작업자가 접근하지 않도록 차단시키는 방법이 있습니다. 지속적인 장비의 관리로 불필요한 진동의 발생을 줄일 수 있습니다. 트럭이나 지게차의 경우, 진동저감 의자를 사용하여 전신에 전해지는 진동을 감소시킬 수 있습니다. 국소진동의 경우 진동공구를 사용하지 않는 대체적인 방법이 있는지 먼저 살펴볼 필요가 있습니다. 현실적인 제약으로 이러한 방안이 쉽지 않다면 다음과 같은 방안들에 대하여 고려해 볼 필요가 있습니다.

1) 진동수준이 제일 낮은 수공구를 주의깊게 선택합니다.
2) 방진장갑을 함께 착용하여 진동의 영향을 줄입니다.
3) 추운 환경에서 수공구의 사용을 제한합니다.
4) 핫팩 등을 제공하여 손을 지속적으로 따뜻하게 유지시킵니다.
5) 진동공구를 주기적으로 잘 관리합니다.
6) 진동공구의 하루 사용시간을 제한해 둡니다.
7) 작업자의 진동공구 사용 일수를 제한합니다.
8) 악력을 최소화할 수 있는 공구를 선택합니다.

7.4 기후환경

산업현장의 기후환경도 작업자의 사고빈도와 능률에 영향을 미칩니다. 온도의 경우 안전활동의 적정 온도는 18~21°C로 알려져 있습니다. 즉, 이 적정 온도 범위보다 춥거나 더운 온도에서 사고의 빈도 및 강도가 더욱 증가하게 되는 것입니다. 예를 들어 매우 추운 작업환경에서 일을 하다보면 손과 발의 한기를 느끼게 되고 감각기관이 무뎌지게 됩니다. 특히, 이러한 온도의 영향은 작업자의 연령에 따라 다르게 나타납니다. 고령작업자일수록 극단적인 온도환경에서 더욱 사고의 위험이 증가하게 되는 것입니다.

그렇다면 우리 산업현장의 온도는 어떠한 방법으로 측정하게 될까요? 습건(WD) 지수 혹은 Oxford 지수가 흔히 사용됩니다. 이는 습구온도(W)와 건구온도(D)의 가중 평균값을 의미합니다. 습구온도(W)는 물에 적신 천으로 덮은 온도계로 측정한 온도값을 말하며 100% 상대 습도에서의 온도를 의미합니다. 건구온도는 아무런 장치 없이 그대로 측정한 보통 온도계로 현재의 기온과 같다고 볼 수 있습니다. 이러한 습구온도와 건구온도에 가중치를 부여하여 다음과 같이 습건 지수를 산출해 낼 수 있습니다.[6]

$$습건지수(WD) = 0.85W + 0.15D$$

예를 들어, 건구온도가 30°C, 습구온도가 35°C 인 경우 습건지수는 다음과 같이 구할 수 있습니다.

$$습건지수(WD) = 0.85 \times 35 + 0.15 \times 30 = 34.25$$

코로나19(COVID-19)으로 인해 재택에서 근무하는 사무종사자들의 수는 급격하게 늘어 났습니다. 이러한 상황에서 재택 근무시에 적절한 조명환경을 세팅하는 것이 눈의 피로를 덜 수 있고 업무의 능률을 올릴 수 있는 중요한 포인트가 될 수 있습니다.[7] 그렇다면 빛이 잘 들어오는 창가 쪽 자리가 작업하기에 가장 좋은 곳일까요? 정답은 자연광과 업무 환경의 빛 사이의 적절한 균형을 맞추는 것입니다. 지나친 빛의 세기는 눈에 큰 무리를 줄 수 있기 때문에 적절한 사무환경을 조성해 주는 것이 필요합니다.

가장 쉬운 방법으로는 창문에서 수직으로 앉는 것입니다. 이는 자연광을 측면에서 받는 거라고 할 수 있습니다. 이러한 위치는 컴퓨터 화면에 빛이 덜 반사되는 이점이 있습니다. 예를 들어 창문을 뒤에 등지고 앉아 있다면 햇빛이 스크린에 반사뒤어 눈부심을 유발할 것입니다. 여기서 더 나아가 컴퓨터 화면의 밝기를 조정하여 주변 환경과 조명 균형을 맞춰 줄 수 있습니다.

만약 사무책상의 위치를 변경하기 힘들고 창문을 마주볼 수밖에 없는 상황이라면 천과 블라인드를 활용하여 햇빛의 세기를 줄이는 방법이 있습니다. 이때 블라인드 각도를 기울여서 간접 광원을 만들어 내는 것도 좋은 방법이 될 수 잇습니다.

마지막으로 컴퓨터 책상에서 필기를 하거나 문서를 직접 봐야 하는 작업이 많은 경우 추가적으로 작업용 조명을 설치할 수 있습니다. 자신이 앉아 있는 자세와 일하는 반경에 충분히 도달할 수 있는 높이와 각도 조절이 되는 작업용 조명을 선택하는 것이 바람직합니다.

▌요약

• 작업장에서 필요로 하는 적정조명은 작업의 종류에 따라 다르게 구분됩니다.

• 우리가 산업현장에서 원하지 않는 소리를 듣게 될 때 이를 소음이라고 간주할 수 있습니다. 40dB이상의 소리가 인간에게 심리적 불쾌감을 줍니다.

• 소음노출지수를 통해 복합적 소음 노출에 대한 종합적인 누적 효과를 계산합니다.

• 허용음압별로 소음의 허용노출기준은 다르게 나타납니다.

• 진동이란 물체의 전후운동을 말하며, 이러한 물체의 진동이 산업현장에서 우

리의 몸에 전해질 수 있습니다. 진동의 영향 부위에 따라 전신진동과 국소진동으로 구분할 수 있습니다.

- 미국 산업위생 전문가협회(ACGIH)에서는 수공구의 진동가속도 값을 기준으로 허용 가능한 진동노출 시간에 대해 기준을 제시하고 있습니다.
- 산업현장의 기후환경도 작업자의 사고빈도와 능률에 영향을 미칩니다. 온도의 경우 안전활동의 적정 온도는 18~21°C로 알려져 있습니다.
- 습구온도와 건구온도에 가중치를 부여하여 습건 지수를 산출해 낼 수 있습니다.

▌연습문제

1) 도서관, 강의실, 자신의 방의 조명을 측정해 봅니다. 적정 조명 수준의 가이드라인을 바탕으로 밝기가 적정한지 평가해 보도록 합니다.

2) 건설현장의 소음 노출 정도에 대해 측정해 보도록 합니다. 이를 통해 하루 동안 소음노출 지수를 계산해 봅니다. 노출 허용시간 기준으로 작업장의 소음 환경이 어떠한지 평가해 보도록 합니다.

3) 건설현장에서 쓰이는 진동수공구의 진동 가속도를 측정해 봅니다. 작업자와의 면담을 통해 하루에 몇 시간 정도 진동수공구를 사용하는지 알아봅니다. 하루 진동 노출 시간을 기준으로 작업자가 어떠한 위험에 노출되어 있는지 평가해 보도록 합니다.

▌참고문헌

Freivalds, A., & Niebel, B. (2013). *Niebel's Methods, Standards, & Work Design*. Mcgraw−Hill higher education.

Stack, T., Ostrom, L. T., & Wilhelmsen, C. A. (2016). *Occupational ergonomics: A practical approach*. John Wiley & Sons.

▌ 관련링크

1. https://www.huffingtonpost.kr/entry/work−near−a−window−computer−screen−eyestrain_kr_6004f450c5b62c0057be21c8
2. https://www.ccohs.ca/oshanswers/phys_agents/vibration/vibration_measure.html
3. https://www.acgih.org/
4. https://www.cdc.gov/niosh/topics/noise/app.html
5. https://www.cdc.gov/niosh/topics/noise/app.html

작업환경 평가: 우리 주변에 대해 인지하자 //

1   작업환경 평가: 우리 주변에 대해 인지하자Freivalds, A., & Niebel, B. (2013). Niebel's Methods, Standards, & Work Design. Mcgraw−Hill higher education.

2   https://www.cdc.gov/niosh/topics/noise/app.html

3   https://www.ccohs.ca/oshanswers/phys_agents/vibration/vibration_measure.html

4   https://www.acgih.org/

5   Stack, T., Ostrom, L. T., & Wilhelmsen, C. A. (2016). *Occupational ergonomics: A practical approach*. John Wiley & Sons.

6   Freivalds, A., & Niebel, B. (2013). *Niebel's Methods, Standards, & Work Design*. Mcgraw−Hill higher education.

7   https://www.huffingtonpost.kr/entry/work−near−a−window−computer−screen−eyestrain_kr_6004f450c5b62c0057be21c8

CHAPTER

08

수동물자취급작업:
우리가 들고 나르는 것들

8.1 수동물자취급작업 정의

수동물자취급작업은 산업 현장에서 가장 많이 발생하는 작업 중 하나라고 할 수 있습니다. 쉽게 말해 인간이 수동(힘사용)으로 물체를 다루는 모든 작업들을 의미합니다.[1] 주로 들기, 내리기, 밀기, 당기기, 운반하기, 들고 있기 등의 작업이 여기에 해당된다고 할 수 있습니다. 이러한 수동물자취급작업은 제조업근로자, 건설작업자, 물류창고 작업자, 택배작업자, 농업인 등 여러 산업 분야에서 발생하고 있습니다.

수동물자취급작업으로 인한 요통

수동물자취급작업을 이야기 할때 작업자들의 요통을 빼놓을 수 없습니다. 이전 장에서 언급하였듯이 업무상 근골격계질환의 가장 큰 비율을 차지하는 것이 요통입니다. 이러한 요통의 가장 큰 원인은 수동물자취급작업으로 인한 허리의 무리한 힘사용, 반복 동작, 부적절한 자세 등으로 알려져 있습니다.[2]

이렇게 수동물자취급작업이 요통과 깊은 연관이 있는 이유는 생체역학적 관점으로도 설명이 가능합니다. 작업자가 다루는 물체의 무게에 따라 허리에 전해지는 부하가 직접적으로 영향을 받게 됩니다. 이러한 이유로 인해 한국 산업안전보건공단에서는 작업자가 최대로 들 수 있는 무게를 23키로그램으로 제한하고 있습니다[3].

택배작업자의 경우, 하루에 운반해야 할 물량을 달성하기 위해 매우 빠른 속도로 작업을 수행하는 경향이 있습니다. 이러한 경우 뉴턴의 운동법칙에 의거하여 증가하는 허리 움직임의 가속도만큼 허리가 감당해야 할 외력도 같이 증가하게 되는 것입니다.

마지막으로 수동물자취급작업 시 취하는 작업자의 자세에 따라 허리에 가해지는 부하가 달라질 수 있습니다. 물체의 무게 외에도 인간의 몸통 자체의 무게는 전체 체중의 절반 이상을 차지합니다. 작업자가 허리를 깊게 굽힌 채로 물자를 취급한다고 가정해봅시다. 들어 옮기는 물체의 무게 외에도 허리의 무게로 인해 발생되는 부하를 허리의 근육이 감당해내야 하는 것입니다.

정리하면 운반하는 물체의 무게, 들기 작업의 속도, 들기의 자세 등의 요소들은 작업자들의 허리 부하에 직접적인 영향을 미치게 됩니다.

8.3 수동물자취급작업의 관리적 개선

수동물자취급작업의 위험을 감소시키기 위해서 정부와 기업 차원에서 다양한 관리적 개선을 시행할 수 있습니다.

신체부담이 큰 작업과 낮은 작업을 교차시키기

신체에 부담이 되는 수동물자취급작업을 신체의 부담이 상대적으로 적은 사무 혹은 행정적인 작업과 교차시키면서 작업자들의 피로나 부하의 누적을 줄일 수 있습니다.

단순 반복적인 작업을 줄이기 위해 다양한 업무를 제공하기

단순 반복적인 수동물자취급작업을 하루 종일 수행하게 되면 작업자들의 허리 근육 피로와 누적 스트레스, 통증을 유발할 수 있습니다. 이를 방지하기 위해 다양한 근육의 사용을 도모하는 작업들을 배치해 볼 수 있습니다. 예를 들어 오전에 들기 작업을 수행하였다면, 오후에는 손과 손가락을 주로 사용하는 조립 작업등을 배정하면 같은 근육이 지속적으로 사용되는 문제를 방지할 수 있습니다.

작업자들 간의 업무를 교체시키기

작업자들 간의 업무를 주기적으로 교체시키면 물리적으로 특정 신체부위와 근육에 부담이 집중되는 것을 방지할 수 있습니다. 이 밖에도 작업자는 다양한 업무를 주기적으로 체험하게 되면서 작업에 대한 지루함이나 낮은 동기 부여 문제를 해결할 수 있습니다.

2인 이상 팀으로 작업 수행하기

운반하고자 하는 물체의 중량이 회사 및 조직에서 정한 기준을 초과하게 되면 최소 2인 이상이 같이 운반하도록 하는 관리적 차원의 규율을 시행할 수 있습니다. 이러한 제도적 개선은 작업자 개인이 중량물을 무리하게 옮기다 발생하는 사고를 미연에 방지할 수 있습니다.

교육과 훈련을 통해 경각심 일깨우기

작업자와 관리자들에게 주기적인 인간공학 및 안전 교육을 수행하여 안전과 건강에 대한 경각심을 일깨울 수 있습니다. 예를 들면 생체역학적 효과적인 자세를 수행하면서 물자 취급하는 법을 체계적으로 교육할 수 있습니다. 수동물자 취급과 관련된 전반적인 위험요소와 실태를 교육하면서 작업자와 관리자들이 경각심을 가질 수 있고, 부상과 관련된 증상에 대하여 더욱 예민하게 관찰할 수 있습니다.

8.4 수동물자취급작업의 물리적 개선

앞서 언급한 관리적 개선 외에도 수동물자 장비들을 사용하여 물리적인 개선을 시행할 수 있습니다. 그렇다면 어떠한 상황에 수동물자 장비들의 사용을 적극 고려해 볼 수 있을까요?

- 서서 하는 작업시 취급되는 물체의 중량이 13키로그램 이상인 경우
- 앉아서 하는 작업시 취급되는 물체의 중량이 4키로그램 이상인 경우
- 물자를 어깨 위, 무릎 아래, 혹은 몸에서 30cm 이상 떨어진 거리에서 취급하는 경우

위의 언급된 상황처럼 작업자에게 부담이 되는 물체의 중량 혹은 불편한 자세가 동반될 경우 수동물자의 물리적 개선을 고려해 볼 수 있습니다.

지금부터는 물리적 개선 방법들에 대해 알아보도록 하겠습니다.

- **가능하면 물자를 들기보다 슬라이딩할 수 있는 방안을 모색합니다**

작업의 환경이 뒷받침 된다면 물자를 들기보다 컨베이어 벨트를 사용해 슬라이딩 한다면 작업자의 신체적 부담을 덜 수 있습니다.

- **물자를 취급할때 가능하면 작업자의 파워 존(허벅지 중간부터 어깨높이 사이)에 위치하게 합니다**

생체역학적 관점에서 볼때 취급하는 물자가 신체에서 멀어질수록 더욱 큰 토크가 몸에서 발생하게 됩니다. 이는 곧 신체 내부의 근력을 더욱 필요로 하게 되는 것입니다. 그러므로 다음 그림과 같이 작업자가 취급하는 물자를 주로 파워 존 안으로 위치하게 하면 신체에 대함 부담을 줄일 수 있습니다.

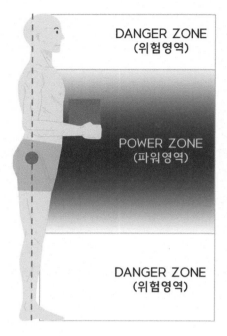

DANGER ZONE
(위험영역)

POWER ZONE
(파워영역)

DANGER ZONE
(위험영역)

그림 8-1 수동물자취급작업 시 파워존의 예시

• 테이블을 활용하여 가능하면 물자를 작업자 가까이 위치시킵니다

시중에는 작업자에게 신체에 무리가 덜 가는 작업을 도모하기 위해 고안된 다양한 작업 전용 테이블들이 존재합니다. 예를 들면 전동 모터를 이용해서 높이가 조절되는 테이블도 있고 스프링의 탄성을 이용해 자동으로 높이를 조절하는 테이블도 있습니다. 이러한 테이블들은 작업자가 인위적으로 허리를 구부리는 것을 미연에 방지해 줍니다.

이외에도 테이블의 상판이 회전 가능하거나 기울기 조절이 가능한 제품들이 시중에 판매되고 있습니다. 이러한 테이블들은 작업자의 허리 구부림 및 회전 자세를 감소시킬 수 있습니다. 테이블 상판에 컨베이어 벨트를 설치하여 슬라이딩 작업을 수행할 수도 있습니다. 이러한 노력들은 물자를 작업자의 파워존 내로 위치하게끔 도와주는 역할을 한다고 볼 수 있습니다.

• 패드나 손잡이를 활용하여 압박감을 줄이고 마찰력을 높입니다

불규칙적인 모양의 물체를 들고 이동할 시에 작업자의 어깨에 짊어지고 이동하는 경우가 빈번합니다. 이러한 경우 단단하고 날카로운 물체의 면이 직접적인 신체에 압박을 줄 수도 있습니다. 이때 패드를 어깨에 부착하는 것만으로도 직접적인 물체에 대한 압박을 감소시킬 수 있습니다. 또한 미끄럽거나 손잡이가 없는 물체의 경우 마찰력이 있는 장갑을 착용하면, 물체를 더욱 안정적으로 다룰 수 있습니다.

• 가능하면 물자에 손잡이를 부착하도록 합니다

취급하는 물자에 손잡이가 있는 경우와 없는 경우에 따라 허리를 비롯한 작업자의 신체부하는 영향을 받게 됩니다. 물자 자체에 손잡이가 없는 경우 외부적으로 장착이 가능한 손잡이의 사용을 고려해 볼 수 있습니다. 혹은 작업의 특성에 맞게 손잡이를 개조하여 양손을 사용가능한 손잡이를 통에 부착하거나, 손잡이의 길이를 연장시켜서 허리를 숙이는 자세를 줄이는 등 직업의 특수한 상황에 맞는 디자인을 고려해 볼 수 있습니다.

• 물자를 쉽게 운반할 수 있는 장비를 사용합니다

무거운 물자를 운반할 수 있는 수동 혹은 전동 카트를 사용하는 것을 고려해 볼 수 있습니다. 전동 카트를 사용하면 작업자의 밀기와 당기기에 대한 부담을 최소화할 수 있습니다. 드럼용 지게차/리프트 처럼 작업의 특수한 상황에 맞게 제작된 장비는 작업의 효율성을 높이고 작업자의 신체부담 또한 효과적으로 감소시킬 수 있습니다.

🎙 인간공학 이야기 ┤

진공 리프팅 기기를 활용한 수동물자취급작업 개선

미국의 국립산업안전보건연구원(NIOSH)에서는 오하이오 주립 대학교의 인간공학 연구실과 협업하여 진공 리프팅 기기의 효과에 대해 평가한 사례가 있습니다.[4] 이 연구는 항공 수하물을 빈번하게 옮기는 작업자들의 수동물자취급작업을 대상으로 진공 리프팅 기기의 허리 부하 감소 효과에 대해 평가했습니다. 분석 결과, 진공 리프팅 기기를 사용하면 척추에 전해지는 부하가 최대 39%까지 감소하는 것으로 나타났습니다.[5] 진공리프팅 기기를 사용하면 작업자는 허리를 구부리지 않은 채로 물자를 운반할 수 있습니다. 그리고 물체의 하중은 진공 리프팅 기기가 들어올리기 때문에 작업자에게 전해 지는 신체적 부담이 크게 감소하게 되는 것입니다. 최대 수하물 무게가 32kg인 것을 미루어 볼때 이러한 리프팅 보조 장치의 사용은 작업자들의 근골격계 위험을 줄이는 데 효과적으로 작용할 것으로 보입니다.

내 삶 속의 인간공학   착한 손잡이 달린 상자

마트 노동자와 우체국 택배 직원들은 매일 무수한 상자들을 옮기게 됩니다. 안타깝게도 이러한 상자들에는 대부분 손잡이가 달려 있지 않습니다. 무거운 상자를 들때 손잡이가 없으면 어떻게 될까요? 상자를 들기 위해 상자의 밑부분을 먼저 손으로 받쳐야 합니다. 이때 작업자들은 허리를 더 숙여야 하고 이는 허리, 무릎, 손목 관절 등에 부하를 주게 되는 것입니다. 이로 인해 작업자들이 상자에 손잡이를 뚫어 달라고 하는 외침이 크게 있었습니다.[6]

노동환경건강연구소에 의하면 상자에 손잡이를 뚫는 것만으로도 허리에 대한 부담을 최대 10% 감소시킬 수 있다고 밝혔습니다.[7] 이러한 상자에 손잡이 뚫자는 제안은 우체국과 대형 마트에서 수락하게 되었고 이를 '착한 손잡이'라고 부르게 되었습니다. 예를 들면, 5kg이 넘는 상자의 경우 가로 8cm 길이의 손잡이 설치를 시행하기로 한 것입니다.[8] 대형마트에서는 상자의 손잡이 설치 비율을 평균 80% 이상으로 확대할 계획입니다. 그동안 상자 손잡이 제작이 꺼려 왔던 것은 상자를 제조하는 원가를 줄이고, 상자 내의 내용물의 품질을 더욱 중요시 여겼기 때문입니다. 이번 움직임은 작업자들의 건강도 우선적으로 고려해야한다는 것을 적극적으로 보여준 사례라 할 수 있습니다. 수동물자취급작업의 관리적 개선과 물리적 개선이 함께 발휘된 좋은 사례라고 할 수 있습니다.

그림 8-2 우체국의 착한 손잡이 상자

▮요약

- 수동물자취급작업은 인간이 수동으로 물체를 다루는 모든 작업들을 의미합니다. 주로 들기, 내리기, 밀기, 당기기, 운반하기, 들고 있기 등의 작업이 해당됩니다.
- 요통의 주 원인은 수동물자취급작업으로 인한 허리의 무리한 힘, 반복 동작, 부적절한 자세 등으로 알려져 있습니다.
- 수동물자취급작업의 위험을 감소시키기 위해서 정부와 기업 차원에서 다양한 관리적 개선을 시행할 수 있습니다.
- 작업자가 취급하는 물자를 주로 파워존 안으로 위치하게 하면 신체에 대한 부담을 줄일 수 있습니다.

▌연습문제

1) 택배 작업자들을 인터뷰하여 요통을 어느 정도 경험하고 있는지에 대해 알아봅니다. 택배 작업자들의 환경을 증진시키기 위해 어떠한 관리적 개선 및 물리적 개선을 제안할 수 있는지 알아보도록 합니다.
2) 손잡이가 없는 박스와 손잡이가 있는 같은 무게의 박스를 들어보도록 합니다. 보그 스케일을 통하여 운동자각도를 측정하고 비교해 보도록 합니다. 택배 작업자들이 주로 운반하는 박스들에 손잡이의 유무가 어느 정도 비율인지 인터뷰를 통해 조사해 보도록 합니다.

▌참고문헌

Stack, T., Ostrom, L. T., & Wilhelmsen, C. A. (2016). *Occupational ergonomics: A practical approach*. John Wiley & Sons.

Marras, W. S. (2008). *The working back: A systems view*. John Wiley & Sons.

마트노동자 근골격계질환 예방 가이드 마련에 관한 연구 (2019). 안전보건공단.

Lu, M. L., Dufour, J. S., Weston, E. B., & Marras, W. S. (2018). Effectiveness of a vacuum lifting system in reducing spinal load during airline baggage handling. *Applied ergonomics, 70*, 247−252.

▌관련링크

1. https://www.kosha.or.kr/kosha/business/musculoskeletal_c_d.do
2. http://www.ohmynews.com/NWS_Web/View/at_pg.aspx?CNTN_CD=A0002759709
3. https://www.joongang.co.kr/article/23955349#home
4. https://blogs.cdc.gov/niosh−science−blog/2018/05/25/vacuum−lifting/

1 Stack, T., Ostrom, L. T., & Wilhelmsen, C. A. (2016). *Occupational ergonomics: A practical approach*. John Wiley & Sons

2 Marras, W. S. (2008). *The working back: A systems view*. John Wiley & Sons.

3 https://www.kosha.or.kr/kosha/business/musculoskeletal_c_d.do

4 https://blogs.cdc.gov/niosh-science-blog/2018/05/25/vacuum-lifting/

5 Lu, M. L., Dufour, J. S., Weston, E. B., & Marras, W. S. (2018). Effectiveness of a vacuum lifting system in reducing spinal load during airline baggage handling. *Appl ied ergonomics*, *70*, 247-252.

6 http://www.ohmynews.com/NWS_Web/View/at_pg.aspx?CNTN_CD=A0002759709

7 마트노동자 근골격계질환 예방 가이드 마련에 관한 연구 (2019). 안전보건공단.

8 https://www.joongang.co.kr/article/23955349#home

작업대 디자인:
편한 작업대를 위한 지침들

학·습·목·표

- 산업현장에서 인간공학적 작업대가 주는 이점들에 대해 알아봅니다.
- 적절한 작업대 높이 설정 시 고려해야 할 사항들에 대해 학습합니다.
- 작업에 특성에 맞는 작업대 의자를 선택하는 요령에 대해 배워봅니다.
- 작업대에서의 효율적인 작업영역을 설정하는 방법에 대해 알아봅니다.

9.1 작업대 디자인의 필요성

산업현장에서 작업대의 사용은 매우 빈번하게 일어납니다. 예를 들면 조립 작업, 해체 작업, 용접 작업 등 많은 부분의 제조 작업들이 작업대 위에서 이루어진다고 해도 과언이 아닙니다. 인간공학적인 작업대의 디자인은 여러 이점이 있습니다. 장시간 근무하는 작업자의 피로도를 줄일 수 있고, 동시에 작업자에게 더 나은 작업 능률 및 편의를 제공합니다. 이는 결국 기업 차원에서 전체적인 생산성의 향상을 도모하게 됩니다.

작업대를 디자인할 때 다음과 같은 인간공학적 작업원리를 고려할 수 있습니다.

1) 작업자가 자연스러운 자세를 취할 수 있도록 합니다.
2) 작업자가 과도한 힘을 발휘하지 않도록 합니다.
3) 작업자의 반복적인 동작을 줄일 수 있도록 합니다.
4) 작업자가 간헐적으로 움직일 수 있고 피로를 최소화 하도록 합니다.
5) 작업자의 손이 쉽게 닿을 수 있는 곳에 물체를 배치시킵니다.
6) 작업자에게 적절한 높이에서 작업하도록 합니다.
7) 작업자의 신체가 물체로부터 압박 받지 않도록 합니다.
8) 작업자에게 충분한 여유공간을 제공합니다.
9) 쾌적한 작업환경을 제공합니다.
10) 표시장치와 조종장치를 이해하기 쉽게 설계합니다.

작업대 높이 고려사항

적절한 작업대의 높이 설정은 작업을 임하는 데에 있어서 빠질 수 없는 필수 요소입니다. 일반적으로는 다음 그림처럼 작업자가 팔을 편하게 늘어트린 채로 팔꿈치를 직각으로 구부렸을 때의 높이를 기본적인 적정 높이로 정하고 있습니다. 이러한 팔꿈치 높이는 작업대의 높이를 설계할 때 고려되어야 할 기본 요소라 할 수 있습니다.

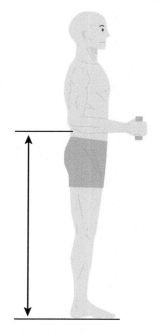

그림 9-1 **팔꿈치 높이**

만약 작업대의 높이가 너무 높거나 너무 낮은 경우 작업자에게 어떠한 영향을 미치게 될까요? 먼저 작업대의 높이가 너무 높은 경우 작업대의 어깨는 자연스럽게 움츠리게 됩니다. 이러한 자세로 장시간 일하게 되면 어깨 근육이 결리고 통증을 수반하게 됩니다. 반대로 작업대의 높이가 너무 낮은 경우는 어떻게 될까요? 작업자는 낮은 작업대의 높이에 맞추기 위해서 허리를 더욱 구부리게 되고 오랜시간 작업 후에 허리의 통증을 느끼게 되기 쉽습니다.

그림 9-2 **작업대 높이에 따른 자세**

그렇다면 인체측정학 데이터를 바탕으로 팔꿈치의 평균 높이를 적용하는게 합리적인 방법일까요? 2장에서 다루었듯이 평균치를 이용한 높이로 설계할 경우 키가 평균치보다 확연히 작거나 큰 작업자들은 불편함을 느낄 가능성이 큽니다. 그렇기 때문에 가능하다면 다양한 키의 작업자들을 고려할 수 있게 높이 조절이 가능한 작업대를 사용하는 것이 바람직할 것입니다.

하지만 비용, 예산 등의 문제로 현실에서는 많은 작업장에서 높이 조절이 안되는 평균 작업대를 사용하고 있습니다. 이러한 경우 어떠한 대체안이 존재할까요? 작업대를 키가 큰 작업자의 팔꿈치 높이 위주로 설계하고 평균치 혹은 그보다 작은 작업자들을 위해 발판을 제공하는 방법을 고려해 볼 수 있습니다. 이러한 경우 키가 작은 작업자들도 키가 큰 작업자들과 동일한 선상에서 작업을 수행할 수 있습니다.

작업대의 높이는 팔꿈치 높이로 설계되는게 일반적이지만 작업의 고유한 특성에 따라 다른 높이가 권고될 수 있습니다.[1] 무거운 물체를 다루거나 많은 힘이 요구되는 강도 높은 작업의 경우 작업대의 높이를 팔꿈치보다 낮추는게 효과적입니다. 낮은 작업대를 통해 상체의 힘을 더욱 활용할 수 있기 때문입니다. 정육점의 작업대들이 보통 팔꿈치 높이보다 낮은 위치에 있는 것이 그 예라고 할 수 있습니다.

반대의 경우로 정밀도를 요구하는 작업의 경우 작업대의 높이를 팔꿈치 높이보다 높게 설정하는 것이 권고됩니다. 이는 세밀한 작업의 경우 손과 손가락이 주로 사용되고 시각적 요구도가 높기 때문에 작업대의 높이가 높은 것이 더 효율적이기 때문입니다. 예를 들면 보석 세공사들의 작업대가 일반적으로 팔꿈치 높이보다 높은 것을 보면 알 수 있습니다. 이렇게 높은 작업대를 사용할 경우 팔꿈치나 팔 받침대를 사용하는 것이 상체에 주는 부담을 덜 수 있습니다.

서서하는 작업과 앉아서 하는 작업은 각각의 장점이 있습니다. 어떻게 선택을 하는 것이 바람직할까요? 다음 표와 같이 각각의 작업이 필요한 상황들에 대해 정리해 볼 수 있습니다.

표 9-1 서서하는 작업과 앉아서 하는 작업이 적절한 경우

서서 하는 작업	앉아서 하는 작업
작업 시에 큰 힘이 요구되는 경우	정밀한 작업이 요구되는 경우
작업 도구 및 부품이 최대작업 영역 밖에 위치하는 경우	작업 수행 시 의자 사용이 가능한 경우
작업 시 이동이 빈번한 경우	하지의 움직임이 작업에 직접적으로 필요하지 않은 경우
앉아서 작업 하기에 여유공간이 충분하지 않은 경우	작업 수행 시 안정적인 자세가 요구되는 경우

피펫팅 작업시 적합한 작업대 높이 설정

피펫팅은 한 용기에서 다른 용기로 소량의 액체를 정확하게 옮기는 작업입니다. 일반 적으로 엄지손가락을 사용하여 밸브를 조절하고 피펫을 사용해 기울이기, 흡입, 분출 등의 작업을 수행합니다. 이러한 작업 시 작업대의 높이가 신체 부하에 미치는 영향에 대하 평가한 연구가 있습니다.[2] 이 연구는 6개의 다른 작업대 높이가 작업자의 근육활 동량, 자세 및 불편도에 미치는 영향에 대해 분석했습니다. 분석 결과 작업자가 서 있 는 자세에서 팔꿈치 높이에 피펫의 끝 부분이 위치하는 것이 신체 부담을 가장 적게 발생시키는 것으로 나타났습니다. 또한 피펫팅 작업을 앉은 자세에서 하는 것은 엄지 의 근육 활성도를 높이고 목의 구부림을 초래하기 때문에 적합하지 않은 것으로 보고 되었습니다.

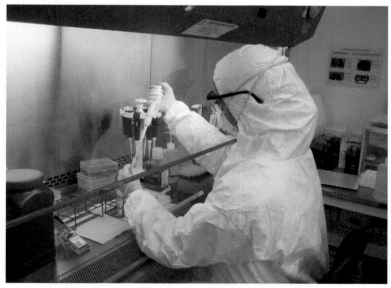

그림 9-3 **피펫팅 작업 예시**

작업대 의자 고려사항

작업대뿐만 아니라 의자도 필요에 따라서 함께 고려되어야 합니다. 아직도 많은 서비스업 혹은 제조업 현장에서 작업자들이 하루 종일 서서 작업하는 것을 관찰할 수 있습니다. 생체역학적으로 하루 종일 서서 작업한다는 것은 하지에 매우 부담이 가는 자세라고 할 수 있습니다. 인체의 체중을 발이 대부분 지탱하게 되는데 이때 체중으로 인한 압력이 발에 집중되게 됩니다. 이러한 이유로 장시간 서 있으면 발의 통증을 유발하고 하지의 혈액 순환에도 문제가 생기게 되는 것입니다.

작업자가 의자에 앉는 경우 인체 체중의 절반 이상이 의자 및 지면에 의해 지탱된다고 알려져 있습니다. 즉, 의자의 등받이, 팔 받침대, 시트, 그리고 발과 닿는 지면으로 체중이 전이되게 되는 것입니다.[3] 이로 인해 인체 내부로 전해지는 부담은 급격히 감소하게 되고 작업자의 에너지 소비량 또한 줄어들어 입식 작업보다 피로감을 덜 느낄 수 있습니다.

하지만 많은 현장에서 아직도 의자의 사용이 어려운 이유는 고객을 서서 응대해야 하는 경우가 많고 작업대 간의 이동이 빈번한 동적 작업들이 많기 때문입니다. 이러한 경우 절충안으로 앉고 서기가 간편한 스툴(Stool)의 사용을 고려해 볼 수 있습니다. 이러한 스툴은 자세의 변화 및 움직임이 잦은 마트 작업자 등의 직업군에 유용하게 사용될 수 있습니다.

하지만 스툴의 경우 팔받침과 등받이가 따로 존재하지 않습니다. 즉 체중의 많은 부분이 다리와 엉덩이에 집중될 수 있다는 것입니다. 이러한 단점을 보안하기 위해서 추가적으로 피로방지매트를 사용할 수 있습니다. 이로 인해 발바닥에 집중되는 압력을 분산시키고 미세한 다리근육의 움직임을 도모하면서 하지의 피로감을 덜 수 있습니다.

작업영역 고려사항

작업대에서 작업을 수행할 시 적절한 작업 영역의 설정은 업무의 효율성을 극대화하고 작업자의 피로도를 줄일 수 있습니다. 이때 작업자가 앉아서 작업할 때 사용하는 공간을 작업공간포락면(workspace envelope)[4]이라고 합니다. 이때 작업공간포락면을 크게 정상작업영역과 최대작업영역으로 구분할 수 있습니다.

다음 그림에서 볼 수 있듯이 평면작업대에서 정상작업영역은 작업자의 팔꿈치를 기준으로 회전할 수 있는 반경을 의미합니다. 최대작업영역은 작업자가 팔을 최대로 뻗은 상태에서의 회전 반경을 의미합니다. 이 때 가장 자주 사용하게 되는 공구나 자재를 주 작업 영역에 위치하게 하고, 간헐적으로 사용하는 공구나 자재를 부 작업영역에 위치시키게 하는 것입니다.

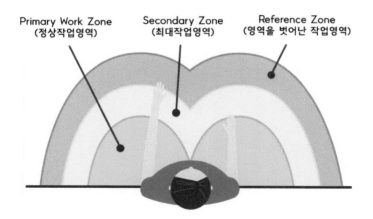

그림 9-4 **작업공간포락면**

즉 중요도, 빈도수, 기능성, 작업의 흐름을 고려해 사용 도구들을 어떠한 작업영역에 배치하는 것이 효율적일지 다음 표와 같이 의사결정이 필요합니다. 이러한 작업 배치는 불필요한 움직임을 최소화하고 작업 효율을 증진시킵니다.

표9-2 작업공간 부품 배치의 원칙

중요성의 원칙	완성품 목적 달성에 중요 정도에 따라 운선순위를 정합니다.
사용빈도의 원칙	부품을 자주 사용하는 횟수에 따라 우선순위를 결정합니다.
기능별 배치의 원칙	기능적으로 관련된 부품별로 군집화 시켜서 배치합니다.
사용순서의 원칙	조립 혹은 사용순서 흐름에 맞춰서 배치합니다.

이외에도 작업 영역 내에서 작업자가 무리하게 팔을 뻗는 자세를 줄이기 위하여 다양한 요소들을 고려할 수 있습니다. 예를 들면 기울기가 있는 보관함을 사용하면 중력으로 인해 부품이 자연스럽게 아래로 이동하게 됩니다. 이로 인해 작업자는 부품을 집기 위하여 무리하게 팔을 뻗을 필요가 없어지게 됩니다.

이외에도 작업 시 팔과 다리를 모두 사용하게 하는 작업대를 고안할 수도 있습니다. 다리 혹은 발을 사용하면 손보다 속도는 느리지만 더 큰 힘을 발휘할 수가 있습니다. 우리가 자동차를 운전하듯이 제조 현장에서 페달을 작동시키는 조작법을 적용할 수 있습니다. 이때 손은 부품을 만지며 미세 가공을 동시에 수행할 수 있는 것입니다. 실제로 재봉 기계를 사용할 때 작업자들이 페달을 같이 활용하는 것을 볼 수 있습니다.

내 삶 속의 인간공학 | 작업자를 위한 의자 없는 의자

장시간 서 있거나 이동이 잦은 작업자들이 쉽게 앉을 수 있는 의자 없는 의자(Chairless Chair)를 개발한 사례가 있습니다. 이는 스위스 취리히에 설립된 (oonee사[5]의 제품으로 써 작업자의 착용형, 그리고 착석식 지지대라고 할 수 있습니다.[6] 이 제품은 독착성과 실용성을 인정받아 아우디, BMW 등의 자동차 회사들과 협업을 맺은 바 있습니다.

이 제품의 장점은 가벼우면서도 내구성이 높다는 것에 있습니다. 이러한 이유로 작업자들이 착용을 한 상태에서도 크게 부담을 느끼지 않는 것입니다. 그리고 작업자 개별적 신체특성에 맞게 길이 조절이 가능합니다. 이를 통해 작업자들의 다리 길이 및 체형에 맞게 보다 편하게 제품을 착용할 수 있습니다. 이 제품은 또한 착용한 상태에서 걸어 다니는 데 무리가 없고 앉기 자세나 쪼그린 자세를 수행하게 되면 자연스럽게 기기가 하지를 지지하게 됩니다. 이러한 특성은 유동성이 많은 작업자들에게 큰 장점이 될 수 있습니다.

그림 9-5 의자 없는 의자 예제

▌요약

- 일반적으로는 작업자가 팔을 편하게 늘어트린 채로 팔꿈치를 직각으로 구부렸을 때의 높이를 기본적인 작업대의 적정 높이로 정하고 있습니다.
- 무거운 물체를 다루거나 많은 힘이 요구되는 강도 높은 작업의 경우 작업대의 높이를 팔꿈치보다 낮추는 게 효과적입니다.
- 정밀도를 요구하는 작업의 경우 작업대의 높이를 팔꿈치 높이보다 높게 설정하는 것이 권고됩니다.
- 스툴은 자세의 변화 및 움직임이 잦은 마트 작업자 등의 직업군에 요긴하게 사용될 수 있습니다.
- 작업자가 앉아서 작업할때 사용하는 공간을 작업공간포락면(workspace envelope)이라고 합니다. 이때 작업공간포락면을 크게 정상작업영역과 최대작업영역으로 구분할 수 있습니다.
- 정상작업영역은 작업자의 팔꿈치를 기준으로 회전할 수 있는 반경을 의미합니다. 최대작업영역은 작업자가 팔을 최대로 뻗은 상태에서의 회전 반경을 의미합니다.

▌연습문제

1) 서서하는 작업과 앉아서 하는 작업의 장단점에 대해 각각 비교해 봅시다.
2) 까페에서 일하는 종업원들에게 작업대 의자가 제공되어 있는지 방문해서 조사해 봅니다. 작업환경을 관찰하고 어떠한 작업대 의자가 적절할지 제안해 봅니다.
3) 자신의 책상의 작업 영역을 분석합니다. 작업공간 부품 배치의 원칙에 의거하여 현 상태를 진단합니다. 보다 효율적인 작업을 위한 개선안을 제시해 봅니다.

▌참고문헌

Karwowski, W., & Marras, W. S. (Eds.). (1998). *The occupational ergonomics handbook*. Crc Press.

Chaffin, D. B., Andersson, G. B., & Martin, B. J. (2006). *Occupational biomechanics*. John wiley & sons.

Bridger, R. (2008). *Introduction to ergonomics*. Crc Press.

Park, J. K., & Buchholz, B. (2013). Effects of work surface height on muscle activity and posture of the upper extremity during simulated pipetting. *Ergonomics*, *56*(7), 1147−1158.

▌관련링크

1. https://www.noonee.com/
2. https://m.blog.naver.com/PostView.naver?isHttpsRedirect = true&blogId = de signpress2016&logNo = 221054116849
3. https://www.dezeen.com/2017/07/06/chairless − chair − designed − provide − support − active − factory − workers/

1   Karwowski, W., & Marras, W. S. (Eds.). (1998). *The occupational ergonomics hand book*. Crc Press.

2   Park, J. K., & Buchholz, B. (2013). Effects of work surface height on muscle activity and posture of the upper extremity during simulated pipetting. *Ergonomics, 56*(7), 1147−1158.

3   Chaffin, D. B., Andersson, G. B., & Martin, B. J. (2006). *Occupational biomechanics*. John wiley & sons.

4   Bridger, R. (2008). Introduction to ergonomics. Crc Press.

5   https://www.noonee.com

6   https://m.blog.naver.com/PostView.naver?isHttpsRedirect＝true&blogId＝designpress 2016&logNo＝221054116849

표시 및 제어 장치 설계 및 개선

10.1 표시장치

표시장치(Display)는 인간기계시스템(Human machine system)에서 인간에게 정보를 제공하기 위해 설계 제작된 장치를 의미합니다. 우리는 일상생활 또는 산업활동 중에 무수히 많은 표시장치를 접하면서 살아가고 있습니다. 표시장치는 인간공학 측면에서 인간의 감각기관의 종류에 따라 크게 1) 시각 표시장치(Visual display), 2) 청각 표시장치(Auditory display), 3) 촉각 표시장치(Tactual display)로 구분할 수 있습니다.

시각 표시장치(Visual display)

시각 표시장치는 크게 1) 정보의 유형, 2) 정보 표시 방식, 3) 정보 표시의 동적 특성, 4) 정량적 정보의 표시 방식에 따라 분류할 수 있습니다. 시각 표시장치는 정보의 유형에 따라 정량적 표시장치와 정성적 표시장치로 구분합니다. 정량적 표시장치는 속도계, 전력계, 체중계 등과 같이 동적 및 정적 변수의 계량치를 표현할 때 사용하며, 정성적 표시장치는 연료량 게이지 등과 같이 연속적으로 변화하는 변수의 대략적인 값 및 변화 추세를 표현할 때 사용됩니다. 정보 표시 방식은 문자 및 숫자 표시장치와 묘사적 표시장치로 구분할 수 있습니다. 문자 및 숫자 표시장치는 문자 및 숫자 등을 이용하여 표시하는 방법으로 도로표지판 및 간판 등이 해당되며, 묘사적 표시장치는 사물의 재현, 도형 및 상징적 표현을 하는 방법으로 비행자세 표시창 및 아이콘 등이 해당됩니다. 정보표시의 동적 특성에 따라서도 정적 표시장치(수동형)와 동적 표시장치(능동형)으로 구분하며, 정량적 정보의 표시 방식에 따라서는 아날로그 표시장치와 디지털 표시장치(계수형)으로 구분할 수 있습니다.

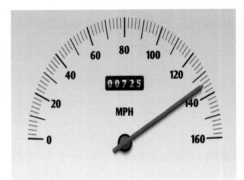
속도계

연료량 게이지

도로표지판

비행자세 표시창

디지털 표시장치

그림 10-1 다양한 시각 표시장치 예시

정량적 정보의 표시 방법 중 아날로그 표시장치는 동침형, 동목형으로, 그리고 디지털 표시(계수형)으로 세분화 할 수 있습니다. 동침형(Moving pointer)은 고정눈금과 이동지침을 의미하며, 동목형(Moving scale)은 이동눈금과 고정지침을 의미합니다. 디지털 표시(Digital)는 숫자로 정보를 제공하는 것을 의미합니다.

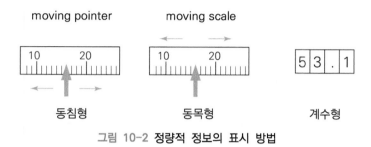

그림 10-2 **정량적 정보의 표시 방법**

정량적 정보의 표시 방법에 대한 장점과 단점은 표 10-1과 같습니다. 따라서 정량적 정보를 표시하기 위해서는 정보를 전달하고자 하는 목적에 맞추어 표시장치 설계를 하는 것이 무엇보다 중요합니다.

표 10-1 **정량적 정보의 표시방법별 비교**

	동침형	동목형	계수형
장점	변화율(방향과 속도) 판독 가능		정확한 판독
	목표치와 차이 판독 유리	동침형에 비해 좁은 면적	
단점	정확한 수치 판단에 내삽 필요		변화율, 차이 판독이 어려움

* 내삽: 알려진 범위 내에서 중간 값을 추정하는 것

정량적 표시장치를 설계하기 위해서도 기본적 개념을 기반으로 설계를 하여야 합니다. 먼저, 눈금범위(Scale range)를 설계하여야 하는데 이는 눈금의 최고치와 최저치의 차를 의미합니다. 수치간격(Numbered interval)은 눈금에 나타낸 인접 수치 사이의 차를 의미하며, 눈금간격(Graduation interval)은 최소 눈금선사이의 값 차를 의미합니다. 마지막으로 눈금단위(Scale unit)은 눈금을 읽는 최소 단위를 의미합니다.

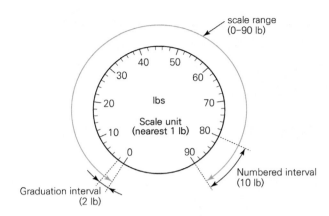

그림 10-3 정량적 표시장치 설계 요소

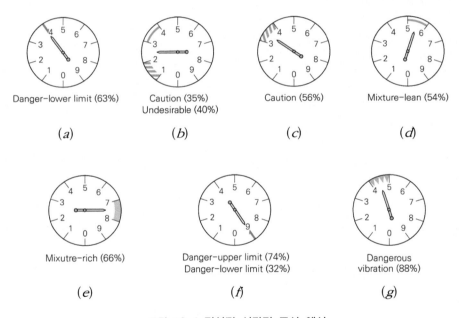

그림 10-4 정성적 시각적 표시 예시

　　정성적 시각적 표시는 정량적 자료의 정성적 판독을 필요로 할 때 사용됩니다. 예를 들어 기계의 정상, 주의, 불량 등과 같이 변수의 값이 몇 개의 범주에 따라 의미가 달라지는 것을 표기하거나, 자동차 연료게이지 또는 소화기 압력 등과 같이 바람직한 변수의 값을 대략 유지하고자 할 때 활용할 수 있습니다. 또한 비행 고도의 변화율 등과 같이 변화 추세나 비율을 관찰하고자 할 때에도 활용 가능합니다.

군용기 계기와 기계기구설비의 계기 등에서 특정 눈금 값의 의미와 코드 표시 영역의 연관성을 표시할때, 색깔 코드를 사용한 정성적 표시장치를 사용하기도 합니다.

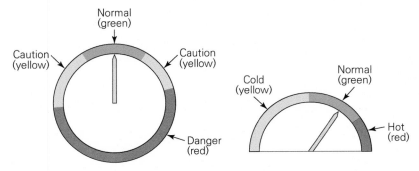

그림 10-5 읽는 범위에 따라 색깔 코드를 사용한 정성적 표시

표사적 표시장치는 변화되는 상황을 묘사하여 상황파악의 능력을 향상시키기 위한 목적으로 활용됩니다. 대부분 위치나 구조가 변하는 경향이 있는 요소를 배경에 중첩하여 설계합니다. 표사적 표시장치는 항공기의 횡경사각 표시가 대표적인 예라고 할 수 있습니다. 아래 그림을 예로 들면 항공기 이동형(Moving aircraft, fixed horizon)과 지평선 이동형(Moving horizon, fixed aircraft)으로 구분할 수 있습니다. 이 두 가지 표현 방식 중 비행자세 변화가 적으면 항공기 이동형을 권고하고 작동하다가 자세 변화가 크면 지평성 이동형으로 전환하여 사용하기도 합니다.

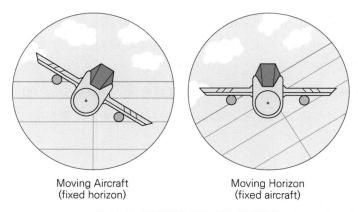

Moving Aircraft
(fixed horizon)

Moving Horizon
(fixed aircraft)

그림 10-6 항공기의 횡경사각 표시장치

　시각적 표시장치를 설계할 때 중요한 것은 시각적 표시장치에 사용된 문자
(Text)의 특성 입니다. 문자를 어떻게 설계하였느냐에 따라 표시장치의 사용성에
영향을 줄 수 있습니다. 따라서 문자 특성에 대한 평가가 필요합니다. 문자 특성
을 평가하기 위해서는 가시성(Visiblity), 식별성(Legibility)과 가독성(Readability)
측면을 고려하여야 합니다. 가시성은 배경에서 문자를 검출해 낼 수 있는 정도
를 의미하며, 식별성은 문자 간 구분을 할 수 있는 정도, 가독성은 정보의 내용
을 인식할 수 있는 정도를 의미합니다. 가시성, 식별성, 가독성에 영향을 주는
요인은 문자의 줄 간격, 단어 간격, 자 간격, 광삼 효과(Irradiation effect), 자체
(Typography) 등이 있습니다.

청각 표시장치(Auditory display)

　청각 표시장치는 시각 표시장치 다음으로 많이 활용되고 있는 표시장치의 형
태입니다. 청각 표시장치는 산업현장과 일상생활에서 활용되며, 특히 시각 장애
인을 위해서도 활발하게 활용되는 정보 표시장치입니다. 청각 표시장치의 대표
적인 예는 자동차 시트 벨트 착용 알림음, 싸이렌 소리, 비상정지 상황을 알리는
알림음, 키패드 터치음 등이 있습니다. 청각 표시장치를 설계할 때에는 검출성,

상대 식별, 절대 식별, 음의 강도, 진동수, 지속시간, 방향 등을 고려하여 설계를 하여야 합니다. 특히 청각 표시장치를 설계할 때 차폐현상(Masking effect)을 고려하는 것이 무엇보다 중요합니다. 차폐는 음 환경 중의 한 성분이 다른 성분에 대한 귀의 감도를 감소시키는 현상을 의미하고, 차폐음 때문에 피차폐음이 잘 안들리는 현상을 말합니다. 예를 들어 카페에서 프로젝트 회의를 하는데 카페에서 들리는 음악소리와 주변 대화 소리 때문에 회의의 내용이 잘 들리지 않으므로 보다 큰 소리로 말해야하는 경우가 해당됩니다. 청각 신호의 수신에 관계되는 인간의 기능은 크게 검출(Dectection), 상대적 분간(Relative discrimination), 절대적 식별(Absolute identification), 위치 판별(Localization)이 있습니다. 검출 기능은 경고신호와 같은 신호의 존재 여부를 판단하는 것을 의미하며, 상대적 분간은 인접해 있는 두 가지 이상의 신호를 분간하는 기능을 의미합니다. 절대적 식별은 단독으로 존재하는 특정 신호를 확인하는 기능이며, 위치 판별은 신호가 오는 방향을 판별할 수 있는 기능을 이야기 합니다.

청각 표시장치가 유리하게 활용될 수 있는 상황은 메시지가 간단하거나 짧은 경우, 사후 재참조되지 않는 경우, 즉각적 행동이 요구되는 경우, 수신자의 시각 계통 과부하 상태의 경우, 주위 환경이 너무 밝거나 어두운 경우, 수신자가 자주 움직이는 경우, 신호원 자체가 음인 경우, 연속적으로 변하는 정보인 경우 등이 있습니다. 이러한 경우에는 청각적 표시장치를 활용하여 정보를 제공하는 것이 매우 유리할 수 있습니다.

표 10-2 조건에 따른 시각 표시장치와 청각 표시장치의 활용

시각 표시장치	청각 표시장치
메시지가 길고 복잡	메시지가 짧고 단순
공간 정보	시간상의 사건
추후 참조 필요	일시적 메시지
즉각적 행동 요구 없음	즉각적 행동 요구
과도한 소음 환경	보는 것이 어려운 환경
이동이 적음	이동이 많음

청각 표시장치는 경계 및 경보 신호에서 가장 흔하게 사용됩니다. 경계 및 경보 신호를 설계할 때의 일반적인 설계지침은 아래와 같습니다.

- 중음역의 진동수 사용(500~3,000Hz)
- 장거리용으로는 1,000Hz 이하의 진동수 사용
- 장애물이 있는 경우 500Hz 이하의 진동수 사용
- 주의를 끌어야 할 경우: 변조된 신호 사용(초당 1~8번 나는 소리)
- 배경 소음의 진동수와 다른 신호 사용
- 경보 효과 극대화를 위하여 개시 시간이 짧은 고강도 신호 사용
- 전용의 확성기 및 경적 등을 활용

청각 표시장치를 설계할 때에는 일반적으로 양립성(Compatibility), 근사성(Approximation), 분리성(Dissociability), 검약성(Parsimony), 불변성(Invariance)의 원리를 고려하여 설계하는 것을 원칙으로 합니다. 양립성 관점에서는 가능한 사용자가 알고 있거나 자연스러운 신호 차원과 코드를 선택하여 설계하는 것이 필요하며, 긴급용 신호일 때는 높은 주파수를 사용하여 높고 길게 울리도록 하여야 합니다. 근사성 관점에서는 복잡한 정보를 나타내고자 할때에는 알림이 발생하였을 시 주의를 끌어서 주의신호와 지정신호 2단계를 고려하여 설계하여야 합니다. 주의신호(Attention demanding signal)는 복잡한 정보를 나타내고자 할때는 알림이 발생하였을 시 주의를 끌어서 정보의 일반적 부류를 식별하는 것을 의미하며, 지정신호(Designation signal)는 주의신호로 식별된 신호에 정확한 정보를 지정하는 것을 의미합니다. 분리성은 청각 신호는 주변의 소리나 소음과 쉽게 식별될 수 있도록 설계하여야 한다는 것이며, 검약성은 사용자가 인식한 신호는 꼭 필요한 정보만을 제공하여야 한다는 것입니다. 마지막으로 불변성은 동일한 신호는 항상 동일한 정보를 지정하여 설계하여야 한다는 것입니다.

촉각 표시장치(Tactual display)

촉각 표시장치는 피부 감각을 통하여 정적 또는 동적인 정보를 전송하는 매체를 의미합니다. 주로 사용되는 것은 맹인용 점자와 형상 암호화된 조종장치를 설계할 때 활용됩니다. 촉각 표시장치는 시각 또는 청각 표시장치보다는 그 활용도가 낮지만 지속적으로 촉각 표시장치에 대한 요구들이 높아지고 있습니다. 촉각 표시장치는 흔히 시각을 대체하는 장치로 활용되고 있습니다.

촉각을 이용한 정보제공 기술은 정보통신 기기에서의 응용이 가장 많습니다. 예를 들어 점자 디스플레이는 컴퓨터 조작이나 검색에 널리 활용되고 있습니다. 문자 입력이나 사용자 부하경감을 위해서 손의 움직임을 최대한 적게 하는 키 배치가 필요하며, 메일, 채팅, 점자 가이드에 의한 GPS등 다채로운 기능의 다양한 정보에 대응하고 있습니다. 방송에서도 촉각을 이용한 정보제공 시도의 노력들이 활발하게 진행 중에 있습니다. 맹인을 위한 뉴스나 드라마 등 자막방송 정보를 점자를 이용하여 실시간으로 전하는 기능 등이 이에 해당합니다.

제어장치

우리는 일상생활이나 산업현장에서 일을 하면서 무수히 많은 제어(조정)장치들을 다루고 살아가고 있습니다. 현재 여러분들이 사용하고 있는 컴퓨터 자판, 자동차 패달, 자동차 핸들, 휴대폰의 버튼, 마우스 등이 이에 해당하는 제어장치입니다.

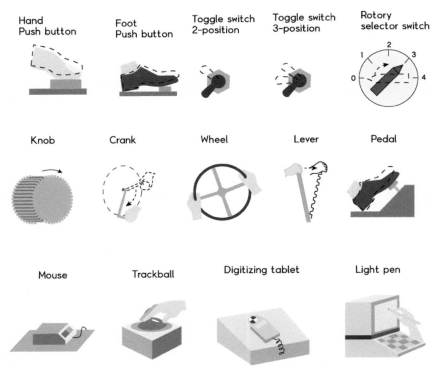

그림 10-7 다양한 종류의 제어장치 예시

제어장치는 외부의 자극에 대해 뇌에서 정보처리가 이루어진 후, 이에 대해 운동신경을 이용해 근육을 움직여 반응을 하여 조작을 하게 됩니다. 제어장치의 가장 주된 기능은 어떤 장치, 매커니즘, 또는 시스템에게 제어정보를 전달하는 일입니다.

제어장치 식별은 형태코드법(Shape coding), 촉감코드법(Texture coding), 크기코드법(Size coding), 위치코드법(Location coding), 조작코드법(Operational method of coding), 색상코드법(Color coding), 라벨코드법(Label coding)법이 있습니다. 제어장치는 설계할 때 가장 중요하게 고려해야할 설계인자는 제어−응답 비(Control−response ratio, C/R ratio) 입니다. 제어−응답 비는 제어장치 동작과 시스템 응답 동작의 비를 의미합니다.

$$제어−응답\ 비\ =\ 조정장치의\ 이동양\ /\ 표시장치의\ 이동양$$

제어−응답 비가 작으면 제어장치를 조금만 움직여도 표시장치의 이동양이 많아서 이동시간은 작아지지만, 조절의 정확성을 위해서는 조심스럽게 제어하여야 하므로 조종시간은 길어질 수 있습니다. 반대로, 제어−응답 비가 큰 경우에는 표시장치를 조금 이동시키기 위해 제어장치를 많이 이동시켜야 하므로 이동시간이 많이 걸리게 됩니다. 하지만 정확하게 원하는 위치로 제어할 수 있으므로 제어시간은 적게 걸리게 됩니다. 이렇듯 최적 제어−응답 비값은 제어장치의 종류, 표시장치의 크기, 제어 허용오차 및 지연시간 등 다양한 요인에 의하여 달라지게 됩니다.

최근 다양한 제품에서 막식 키패드(Membrane keypad)를 제어 장치로 사용하고 있습니다. 하지만 막식 키패드를 설계할때에는 인간공학적으로 아래와 같은 문제가 발생하지 않도록 설계하는 것이 매우 중요합니다. 막식 키패드는 키이동거리가 실질적으로 없다는 문제점이 있습니다. 따라서 오동작을 줄이기 위해서는 버튼식에서보다 작동력을 크게 설계하여야 합니다. 또한 실제 접촉면적의 위치 설정이 어렵다는 문제점이 있습니다.

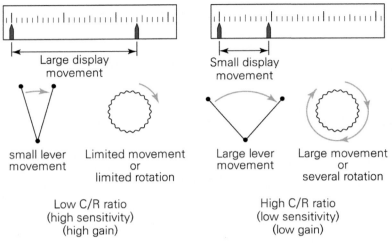

그림 10-8 제어-응답 비 예시

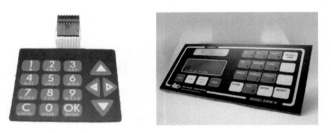

그림 10-9 막식 키패드

제어장치 설계에 있어서 비인간공학적 설계를 할 시에는 오동작이 발생할 수 있습니다. 시스템을 작동하는 주된 목적을 가진 제어장치는 상황에 따라 정확하고 빠르게 식별할 수 있어야 합니다. 사용자가 제어장치를 잘못 작동하거나 적절하지 못한 제어 행동을 하게되면 시스템의 고장뿐만 아니라 대형 사고로까지 파급될 수 있습니다. 따라서 분야에 따라서 차이는 있지만 안전상에 중요도가 높은 산업의 경우에는 제어장치 설계에 대한 상세한 규정들을 제시하고 있습니다. 미국 국방성(MIL – STD: Military standard)에서는 조작 스위치의 크기, 누름거리, 이격거리 등을 규정하여 설계에 반영토록 하고 있습니다. 산업현장에서는 장갑을 착용하고 근무하는 경우가 많기 때문에 MIL – STD에서는 장갑사용 여부까지 고려한 상세 설계 규정을 제시하고 있습니다.

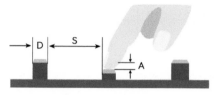

구분	크기(D, 직경)						저항력(N)		
	손가락 끝		엄지		손바닥		한 손가락	다른 손가락	엄지/손바닥
	맨손	장갑 낀 손	맨손	장갑 낀 손	맨손	장갑 낀 손			
최소(mm)	10	19	19	25	40	50	2.8	1.4	2.8
최대(mm)	25	–	25	–	70	–	11.0	5.6	23.0

구분	누름거리(A)	
	손가락 끝	엄지/손바닥
최소(mm)	2.0	3.0
최대(mm)	6.0	38

구분	이격거리(S)				
	한 손가락		한 손가락 순차	다른 손가락	엄지/손바닥
	맨손	장갑 낀 손			
최소(mm)	13	25	6.0	6.0	25
선호(mm)	50	–	13	13	150

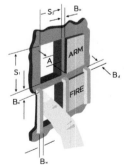

구분	크기(S1 및 S2)		칸막이	
	맨손	장갑 낀 손	폭(Bw)	깊은(Bd)
최소(mm)	19	25	3.0	5.0
최대(mm)	–	38	–	–

그림 10-10 MIL-STD 제어장치 설계 가이드라인 예시

양립성

　인간공학 분야에서 설계에 대한 원리를 이야기 할 때 가장 우선시 되는 개념이 양립성(Compatibility)입니다. 양립성은 인간의 예상과 어느정도 일치하는가를 말합니다. 사전적 정의로는 "자극들간의, 반응들간의, 혹은 자극－반응들간의 관계(공간, 운동, 개념적)가 인간의 기대에 일치되는 정도"로 정의합니다. 양립성 정도가 높을수록, 정보처리시 정보변환(암호화, 재암호화)이 줄어들게 되어 학습이 더 빨리 진행되고, 반응시간이 더 짧아지고, 오류가 적어지며, 정신적 부하가 감소하며 사용자 만족도도 향상되게 됩니다. 따라서 인간공학 관점에서 설계에 있어서 양립성 개념을 적용하는 것은 인간공학의 궁극적인 목표를 달성하기 위한 수단이라고도 할 수 있습니다. 양립성은 크게 개념 양립성(Conceptual compatibility), 운동 양립성(Movement compatibility), 그리고 공간 양립성(Spatial compatibility)의 3가지 원칙이 있습니다. 개념 양립성(Conceptual compatibility)은 인간이 가지고 있는 개념적 연상과 일치하는 것을 의미합니다. 예를 들면, 정수기에서 빨간색은 온수, 파란색은 냉수라고 개념적으로 연상하는 것과 같이 설계하는 개념을 말합니다. 운동 양립성(Movement compatibility)은 제어장치 방향과 기계의 움직이는 방향이 일치하는 것을 의미합니다. 예를 들어 자동차 핸들을 오른쪽으로 돌리면 자동차가 우측으로 주행하는 것과 같이 설계하는 개념입니다. 마지막으로 공간 양립성(Spatial compatibility)은 공간적 배치가 인간의 기대와 일치하도록 설계하는 개념입니다. 예를 들어 화구가 2개는 가스레인지에서 오른쪽에 위치한 버튼을 누르면 오른쪽에 위치한 화구에서 불이 나오도록 설계하는 개념을 이야기 합니다.

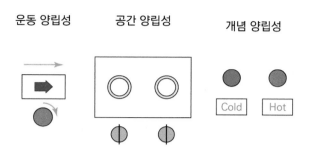

운동 양립성	공간 양립성	개념 양립성

그림 10-11 양립성의 종류

내 삶 속의 인간공학 청각장애인을 위한 차량 주행 지원 시스템

2017년 현대차그룹은 R&D 아이디어 페스티벌에서 대상을 받은 '청각장애인을 위한 차량 주행 지원 시스템(ATC: Audio-Tactile Conversion) 기술을 소개하였습니다. ATC는 주행 중 운전자가 알아야 하는 여러 청각 정보를 알고리즘으로 시각화해 전방표시장치(헤드업 디스플레이, HUD)로 노출하고 운전대에는 진동과 빛을 여러 단계로 발산시켜 정보를 전달할 수 있는 기술입니다. 경찰차와 소방차, 구급차의 사이렌은 물론 일반 자동차의 경적까지 구분해 HUD에 각각의 이미지를 접근하는 방향 정보와 함께 표시해줍니다. 동시에 스티어링휠의 진동과 다양한 컬러의 발광다이오드(LED)을 통해 소리 정보를 운전자가 시각과 촉각으로 인지할 수 있도록 하였으며, 후진 시 발생하는 사물 근접 경고음도 HUD와 운전대 진동 감도로 변환된 정보를 제공합니다. 아래 그림은 차량 주행 지원 시스템 (ATC: Audio-Tactile Conversion)'을 통해 주행 중 발생하는 소리 정보가 시각과 촉각 정보로 변환되어 운전대와 앞 유리에 나타나는 장면입니다.

그림 10-12 차량 주행 지원시스템(ATC)

▎요약

- 시각적 표시장치, 청각적 표시장치, 촉각적 표시장치 등이 일상생활이나 산업 현장에서 가장 많이 사용되고 있으며, 표시장치의 주된 목적은 사용자에게 정보를 제공하는 것입니다.
- 비인간공학적으로 설계된 표시장치는 효율성, 편리성, 안전성 측면에서 부정적인 영향을 줄 수 있습니다.
- 표시장치를 설계할 때에는 다양한 조건을 고려하여 그에 알맞은 설계를 제공하는 것이 매우 중요합니다.
- 우리는 일상생활이나 산업현장에서 일을 하면서 무수히 많은 제어(조정)장치들을 다루고 살아가고 있습니다. 제어장치의 목적은 어떤 장치, 매커니즘, 또는 시스템에게 제어정보를 전달하는 일입니다.

▎연습문제

1) 일상생활이나 산업현장에서 비인간공학적으로 설계된 표시장치를 찾아보고 이를 개선하기 위한 방안을 마련해 봅니다.
2) 본인이 사용하고 있는 다양한 제품에서 가장 인간공학적으로 설계되었다고 생각되는 표시장치와 제어장치를 조사해 봅니다.
3) 표시장치 및 제어장치 설계와 관련된 국내외의 다양한 규정 및 기준등을 찾아 봅니다.

참고문헌

Sanders, M. S., & McCormick, E. J. (1993). *Human factors in engineering and design*. McGraw−Hill, Inc.

The Eastman Kodak Company. (2003). Kodak's ergonomic design for people at work. John Weley & Sons, Inc.

Salvendy, G. (2005). Handbook of human factors and ergonomics. John Weley & Sons, Inc.

정병용과 이동경. (2016). 현대인간공학(4th detion). 민영사.

박희석, 윤훈용, 공용구, 기동형. (2018). 인간공학. 한경사.

관련링크

1. http://www.insightkorea.co.kr/news/articleView.html?idxno=33301

인지특성을 고려한 설계 원리

좋은 개념모형을 제공하라

설계자 또는 개발자들은 본인이 설계하거나 개발한 제품에 의도하는 바가 있으나 사용자에게 제품 의도에 대해 직접 설명하기 어렵습니다. 따라서 설계자 또는 개발자들은 제품의 외관, 표시장치, 제어장치 또는 개발 및 사용 매뉴얼 등을 통해 사용자에게 개념을 제공할 수 있습니다. 설계자 또는 개발자들과 사용자의 모형이 일치할 때 개발품을 사용하는 사용자의 실수를 줄일 수 있게 됩니다. 따라서 제품을 설계하거나 개발하는 단계에서 사용자를 고려한 개념 모형을 수립하고 이를 제공하는 것이 매우 중요합니다.

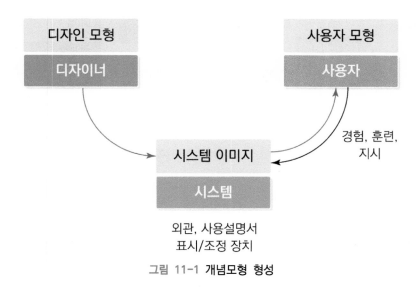

그림 11-1 개념모형 형성

11.2 단순(Simple)하게 하라

제품의 사용방법을 단순하게 제공하고 작업내용 및 순서를 줄여 사용자의 사용에 대한 부담을 줄여주어야 합니다. 또한 가능한 기술적 보조물들을 이용하여 기능의 종류를 근본적으로 쉽게 전환하여 주는 설계를 반영하여야 합니다. 기능에 있어서 깊고 넓은 구조를 더 좁고 얕은 구조로 작업의 성격을 단순화 하도록 설계하여야 합니다.

그림 11-2 단순설계의 예시

아래 두개의 전자레인지 디자인 중 어떤 것이 사용하기 편리할까요? 함께 고민해 봅시다.

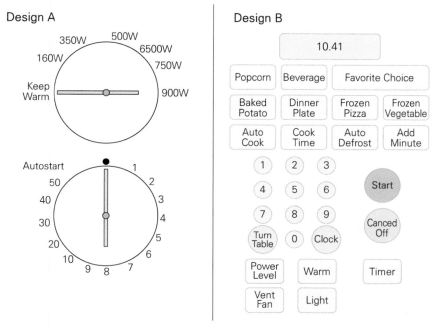

그림 11-3 설계방식에 따른 전자레인지 사용 편리성 비교

11.3 가시성(Visibility) 설계를 하라

사용자가 제품의 자동상태나 작동방법 등을 쉽게 파악할 수 있도록 중요 기능을 노출하는 설계를 하여야 합니다. 제품에서 중요한 기능과 행위 결과에 대한 정보를 나타내면 무엇이 가능하고 무엇을 해야 하는지에 관한 단서를 제공하는 것입니다. 이를 통하여 사용자가 제품을 사용하는 데 지속적인 확인이 가능하도록 정보를 제공하여야 합니다. 야간에 자동차 센터페시아 내에 위치한 버튼에 불이 들어와서 조작이 가능하다록 설계하는 것이 해당됩니다.

그림 11-4 제품사용에 대한 정보 제공 예시

11.4 피드백(Feedback)을 제공하라

사용자가 제품을 이용할 때 제품의 작동 결과에 관한 정보를 사용자에게 알려주는 것이 필요합니다. 사용자가 제품을 사용하면서 얻고자 하는 목표를 확인하기 위하여 조작에 대한 결과가 피드백 되어야 합니다.

그림 11-5 **피드백 제공**

양립성(Compatibility) 원칙을 적용한 설계를 제공하라

인간의 예상과 벗어난 시스템을 사용하게 되면 그에 따른 정보처리 요구량이 증가하게 되고 오류나 사고를 일으킬 수 있습니다. 앞선 챕터에서 양립성과 관련하여 언급했듯이 공간적 양립성, 운동 양립성, 개념 양립성 원칙을 적용한 설계를 제공하여야 합니다.

공간양립성 사례

운동 양립성 사례

개념 양립성 사례

그림 11-6 양립성 설계의 사례

제약과 행동 유도성을 고려한 설계를 제공하라

사물의 특성에 관한 해석을 하면서 어떻게 조작하거나 행동할 것인가에 대한 추측이 가능하도록 설계하여야 합니다. 사물의 특성은 사물을 어떻게 다룰 것인가에 대한 단서를 제공하기 때문입니다. 따라서 설계를 할 때 인간의 행동을 유도할 수 있도록 설계하는 것이 사용성을 높이고 오류를 최소화 할 수 있습니다.

그림 11-7 제약과 행동 유도성 고려 설계 예시

실수방지를 위한 강제적 기능을 제공하라

　사용자가 제품을 사용할 시 어떤 단계에서 실패할 경우 다음 단계로 넘어가는 것이 차단되도록 행동이 제약되는 상황을 만들어 주는 설계를 하여야 합니다. 잘못된 행위를 발견하기 쉽게 만드는 강력한 물리적 제약 중 하나의 기능을 제공하여야 합니다. 다만 사용 시 이러한 강제적 기능이 불편함을 주어서는 안 되며, 안전성을 확보할 수 있는 강제적 기능을 가진 디자인을 통하여 안전을 확보하여야 합니다. 실수방지를 위한 강제적 기능에 대한 개념은 인터록(Interlock), 락인(Lockin), 락아웃(Lockout)이 있습니다. 인터록(Interlock)은 조작들이 올바른 순소로 일어나도록 강제하는 장치를 의미하고, 락인(Lockin)은 작동하던 제품의 작동을 유지시킴으로써 작동 멈춤으로 오는 피해를 줄이는 방법을 의미하며, 락아웃(Lockout)은 위험한 상태로 들어가거나 사건이 일어나는 것을 방지하기 위하여 들어가는 것을 제한 및 예방하는 개념을 말합니다.

그림 11-8 실수방지를 위한 강제적 기능 제공 예시

안전 설계 원리 개념을 적용한 설계를 제공하라

사용자가 제품을 사용하던 도중 조작 실수를 하더라도 사용자에게 피해를 주지 않도록 하는 설계의 개념은 풀 푸르프(Fool proof)입니다. 제품 사용 경험이 적은 초보자나 미숙련자가 잘 모르고 제품을 사용하더라도 고장 및 사고가 나지 않도록 하여 안전을 확보하는 개념을 이야기 합니다. 예를 들어 자동변속기의 기어가 D(주행)에 놓아진 상태에서 시동이 걸리지 않게 설계한 것이 대표적인 풀 푸르프(Fool proof) 설계입니다. 드럼세탁기의 경우, 세탁이 시작되면 도어가 열리지 않도록 설계한 것과 로봇이 설치된 작업장에 방책문을 닫지 않으면 로봇이 작동되지 않도록 설계한 것이 풀 푸르프(Fool proof) 설계입니다.

그림 11-9 안전 설계 원리 개념을 적용한 설계 예시

풀 푸르프(Fool proof)와 유사한 안전 설계 원리 중 하나는 페일 세이프(Fail safe) 설계 원리가 있습니다. 페일 세이프(Fail safe)는 작업방법이나 기계설비에 결함이 발생되더라도 사고가 발생하지 않도록 이중, 삼중으로 제어하는 설계방

법을 말합니다. 페일 세이프(Fail safe)는 기능면에서 다음 3단계로 분류할 수 있습니다.

- 페일 페시브(Fail passive): 부품이 고장 나면 통상기계는 정지하는 방향으로 이동
- 페일 엑티브(Fail active): 부품이 고장 나면 기계는 경보를 울리는 가운데 짧은 시간 동안의 운전이 가능
- 페일 오퍼레이션(Fail operational): 부품이 고장이 있어도 추후 보수가 될 때까지 안전한 기능을 유지

페일 세이프(Fail safe)는 항공기가 비행 중에 하나의 엔진이 고장나더라도 다른 하나의 엔진으로 운행이 가능하도록 설계한 것이 대표적인 사례입니다. 또한 석유난로가 일정 각도 이상으로 기울어지면 자동적으로 난로의 전원이 꺼지게 내장한 설계, 기차레일에서 철도신호가 고장이 발생했을 때 청색신호가 반드시 적색신호로 바뀌게 설계한 것이 페일 세이프(Fail safe) 원칙을 고려한 설계입니다.

내 삶 속의 인간공학 풀 푸르프(Fool proof) & 페일 세이프(Fail safe) 설계 적용 사례

일상생황에서 우리가 사용하고 있는 다양한 제품에서 풀 푸르프(Fool proof)와 페일 세이프(Fail safe) 개념을 적용한 설계를 하고 있습니다. 가장 먼저 소개해 드린 제품은 세탁기입니다. 작동중인 일반형 세탁기의 덮개를 열었을 때 정지되지 않고 계속해서 작동한다면 사고로 연결될 가능성이 높습니다. 또한 드럼형 세탁기의 경우, 작동 중 도어가 열린다면 세탁물이 모두 세탁기 밖으로 나오는 끔찍한 상황이 발생 될 것입니다. 이런 방지하기 위해서 풀 푸르프(Fool proof) 개념을 설계에 반영하여 일반형 세탁기의 경우 덮개를 열면 작동이 중지되고 설계되었으며, 드럼형 세탁기는 한번 작동이 시작되면 완료가 되기 전까지 도어가 열리지 않도록 설계되었습니다. DSLR 카메라도 풀 푸르프(Fool proof) 설계 개념이 적용되어 있는데, 그 기능은 이중촬영방지기능입니다.

페일 세이프(Fail safe) 설계 개념을 적용한 대표적인 것은 철도 차단기입니다. 철도 차

단기는 기차가 오는 것을 센서가 감지하여 경고음과 함께 차단기가 내려지도록 설계되어 있습니다. 또한 철도 차단기가 고장이 난 상황에서도 경고음이 울리도록 해 빨리 수리하여 안전을 확보하도록 안전하게 설계되어있습니다.

그림 11-10 풀 푸르프(Fool Proof) & 페일 세이프(Fail safe) 설계 예시

▌요약

• 좋은 개념모형을 제공하여야 합니다.
• 가능한 단순하게 설계하여야 합니다.
• 가시성 설계를 하여야 합니다.
• 피드백을 제공하여야 합니다.
• 양립성 원칙을 적용한 설계를 제공하여야 합니다.
• 제약과 행동 유도성을 고려한 설계를 제공하여야 합니다.
• 실수방지를 위한 강제적 기능을 제공하여야 합니다.
• 안전 설계 원리 개념을 적용한 설계를 제공하여야 합니다.

▌연습문제

1) 안전 설계 원리 개념을 적용한 사례를 조사해 봅니다.
2) 인지 특성을 고려한 설계 원칙에 위배되는 일상생활 및 산업현장의 사례를
   찾아보고 이를 인간공학적 원칙을 적용하여 설계해 봅니다.

▌참고문헌

정병용과 이동경. (2016). 현대인간공학(4th edtion). 민영사.

수공구 사용:
인간공학적 수공구 가이드라인

- 산업현장에서 잘못된 수공구 사용으로 인해 발생할 수 있는 질병들에 대해 알아봅니다.
- 손의 해부학적 특성에 대해 이해하고 작업시 발생할 수 있는 다양한 손의 쥐기 자세들에 대해 배웁니다.
- 악력과 지속시간이 어떠한 특성에 영향을 받는지에 대해 알아봅니다.
- 인간공학적 수공구를 디자인해서 효과를 본 사례들에 대해 알아봅니다.
- 올바른 수공구를 선택하기 위한 전반적인 가이드라인에 대해 학습합니다.

수공구 사용의 필요성

수공구는 인류의 원시시대부터 사용되어진 역사가 깊은 인간의 도구라고 할 수 있습니다. 수공구를 사용하는 이유는 인간의 손이 할 수 있는 기능 및 영역을 확장시켜 준다는 것에 있습니다. 예를 들면 수공구를 통해 인간의 손의 가동 범위보다 더 넓은 곳을 도달하여 작업할 수 있고, 재질 혹은 강도를 활용해 인간의 손보다 더 큰 힘을 발휘할 수도 있습니다.

이렇게 수공구를 사용할 때 인간공학적인 설계는 매우 중요합니다.[1] 잘못 설계되어진 수공구의 지나친 사용은 오히려 인체에 해가 될 수 있습니다. 부적절한 수공구 디자인은 부적절한 자세를 유발하고, 손에 압박감을 가하거나, 장시간 사용 후 손에 누적성 근골격계질환을 일으키게 됩니다.

수공구의 잘못된 사용으로 인한 질병들

먼저 부적절하게 설계된 수공구를 사용하게 되면 어떠한 업무상 질병들을 초래하게 되는 것일까요? 지금부터 몇 가지 흔한 질병에 대해 알아보도록 하겠습니다.

수근관/손목터널 증후군

앞서 3장에서 다루었듯이 수근관증후군은 수공구의 사용과 관련하여 빼놓을 수 없는 가장 흔한 질병 중 하나라고 할 수 있습니다. 이러한 수근관증후군은 손목의 부적절한 자세의 반복된 사용 및 과도한 힘을 필요로 할때 발병할 확률이 높습니다. 예를 들면 육가공업 작업자들은 칼을 사용해 닭의 해체 작업을 진행합니다. 이때 고기를 발골하고 해체하는 과정에서 과도한 손목의 굽힘, 틀어짐, 힘의 사용 등이 빈번하게 발생하게 됩니다. 육가공업 작업자들은 대표적인 수근관증후군의 취약 계층이라고 할 수 있습니다.

척골신경 포착증후군

수공구 사용 시 흔히 발생하는 또 다른 질병은 척골신경 포착증후군입니다. 척골 신경은 해부학적으로 팔꿈치 관절 부분을 지나가게 되는데 수공구 사용시 팔꿈치의 압박으로 인해 척골 신경이 눌려서 통증이 생기는 질환입니다. 이러한 질환은 망치질을 자주 하는 건설업 혹은 제조업 등에서 빈번히 일어납니다.

방아쇠 수지 증후군

방아쇠 수지 증후군은 손가락을 굽히는 힘줄에 염증에 생겨 손가락이 잘 안 펴지거나 방아쇠를 당길 때 처럼 순간적으로 손가락이 반동하여 움직이는 증상을 말합니다. 이러한 방아쇠 수지 증후군은 과도한 힘을 손가락에 사용하거나 지나친 손가락 구부림을 보였을 때 힘줄에 손상을 입어서 생기는 질병입니다. 예를 들어 농작업을 하면서 모종을 심거나 뽑고, 결속 작업 등을 수행하면서 무리하게 손가락을 사용하면 이러한 증상에 노출될 위험이 큽니다.

손의 해부학적 이해

 이렇게 수공구를 사용하면서 우리의 손과 손가락에 많은 질병이 발생하는 이유는 무엇일까요? 이는 손의 해부학적 구조를 살펴보면 좀 더 이해가 쉬울 수 있습니다. 다음 그림과 같이 손에는 강한 근력을 낼 수 있는 근육들이 별로 존재하지 않습니다. 대부분의 힘을 낼 수 있는 근육들은 팔에 위치하고 있습니다. 즉 팔의 근육들이 손가락의 힘줄과 연결되어 있는 것입니다.

 손가락을 구부리는 경우 팔 근육들이 힘줄을 잡아당기게 되면서 당기는 힘이 손가락에 전달되게 되는 것입니다. 즉 손의 내부에서는 힘줄의 의존도가 매우 높다고 할 수 있습니다. 이때 손가락의 잦은 구부림과 손목의 굽힘이 발생한다고 가정해 봅시다. 손목의 좁은 통로안에 여러 개의 힘줄들이 모여 있는데 이들 간에 잦은 마찰이 발생하게 될 것입니다. 이러한 마찰이 누적되면 힘줄 및 인대 조직에는 염증이 발생되게 되는 것입니다.

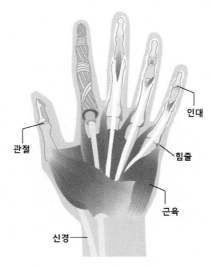

그림 12-1 손의 해부학적 구조

다양한 손의 쥐기 자세들

지금부터는 수공구를 디자인 할 시 이해하면 도움이 될 손의 다양한 쥐기 자세들에 대하여 알아보도록 하겠습니다.

파워 그립(Power grip)

파워 그립의 경우 손의 여러 쥐기 자세 중 가장 큰 힘을 발휘할 수 있는 자세입니다. 톱 썰기 작업 수행 시 취하는 손의 자세가 파워 그립의 좋은 예라고 할 수 있습니다. 모든 손가락을 구부려서 다같이 움켜쥐는 자세로 이를 통해 가장 큰 악력을 발휘할 수 있습니다. 이러한 이유로 톱 썰기나 망치질 같이 큰 힘을 필요로 하는 작업에 이상적이라고 할 수 있습니다.

그림 12-2 파워 그립 예시

정밀 그립(Precision grip)

정밀 그립은 미세한 컨트롤을 필요로 할 때 자주 사용되는 자세입니다. 정밀 그립 내에서도 외부 그립과 내부 그립으로 다시 한번 구분할 수 있습니다. 다음 그림처럼 내부 정밀 그립의 경우 엄지와 다른 손가락들로 칼 손잡이를 손 내부로 감싸쥐고 있는 것을 볼 수 있습니다. 외부 정밀 그립의 경우 연필을 엄지와 다른 손가락들로 쥐고 있는데 연필의 몸체가 손의 외부로 돌출되어 있는 것을 확인할 수 있습니다. 즉 수공구가 손의 내부 혹은 외부에 위치하냐에 따라 정밀 그립을 구분할 수 있는 것입니다. 이러한 그립들은 칼로 과일을 깎거나 연필로 글을 쓰는 등 정교한 작업을 할 때 적절한 자세들입니다.

Internal precision grip
(내부 정밀 쥐기)

External precision grip
(외부 정밀 쥐기)

그림 12-3 정밀 그립의 종류

기타 그립들

이외에도 후크 그립과 핀치 그립과 같은 다양한 그립 자세들이 존재합니다. 후크 그립의 경우 손잡이가 있는 가방을 들고 다니는 경우 사용될 수 있습니다. 핀치 그립의 경우 매우 작은 부품 등을 집어올릴 때 사용될 수 있습니다. 이렇게 각 그립 자세들의 장단점을 이해하고 작업의 특성에 맞는 수공구를 디자인하는 것이 필요할 것입니다.

악력과 지속시간

수공구를 디자인하기에 앞서 손의 물리적 한계에 대해서 이해하는 과정이 필요합니다. 이를 통해 손에 무리가 가지 않는 적절한 수공구를 설계할 수 있습니다. 손의 한계를 이해하기 위한 물리적인 변수로 가장 흔하게 고려되는 것이 악력과 지속시간입니다. 지금부터 각 변수에 대해서 살펴보도록 하겠습니다.

악력

악력은 파워그립 자세로 최대로 움켜쥘 수 있는 힘을 얘기합니다. 다음 그림과 같은 악력계를 사용하여 최대의 힘을 측정하는 것이 일반적입니다.[2]

그림 12-4 악력계 사용 예시

지속시간

지속시간은 악력의 최대치 혹은 75%의 힘과 같은 특정힘을 최대로 유지할 수 있는 시간을 의미합니다. 실시간으로 피실험자가 발휘하는 악력의 값을 모니터링 하면서 지속시간을 측정하게 되는 것입니다.

이러한 악력과 지속시간은 개인별로 차이를 보입니다.[3] 이러한 차이는 곧 근골격계질환의 발생위험과도 연관지을 수 있습니다. 상대적으로 악력이 낮고 지속시간이 짧은 작업자일수록 같은 수작업에도 다른 작업자들보다 더 큰 위험에 노출될 수 있는 것입니다.

그렇다면 어떠한 요소들이 악력과 지속시간에 영향을 미칠까요? 다음과 같은 항목들을 고려해 볼 수 있습니다.

- 그립 직경 및 거리
- 그립 자세들
- 연령
- 성별
- 왼/오른손잡이 여부
- 진동
- 손목 자세
- 장갑
- 수술 경험

이러한 항목들 중 몇가지에 대해 좀 더 자세한 특징을 알아봅시다.

• 손목의 위치와 자세에 따라 악력의 크기는 큰 차이를 보입니다.

중립 자세에 비해 손목이 굽히거나 젖혀있는 경우 중립 자세의 악력보다 60% 밖에 발휘하지 못한다는 연구 결과[4]가 있습니다. 즉, 수공구가 부적절하게 설계되어 사용자 손목의 굽힘 및 젖혀짐을 유도한다면 작업자들은 중립자세의 경우보다 더 적은 힘을 발휘할 수밖에 없고 이는 부상의 위험성과도 연결될 수 있는 것입니다.

- **그립의 적정 직경 내에서 최대의 악력이 발휘될 수 있습니다.**[5]

우리가 수공구를 움켜 쥘때 최대 악력을 발휘할 수 있는 적정 직경이 존재합니다. 여기서 중요한 사실은 그립의 적정 직경을 벗어나게 되면 최대 악력이 급격하게 감소한다는 것입니다. 수공구를 사용할 때 이러한 최대 직경은 7~8cm 구간인 것으로 알려져 있습니다. 이를 고려하지 않고 부적절한 그립의 직경을 가진 수공구를 만들게 되면 작업자들은 주어진 작업을 수행하기 위해 불필요하게 과도한 힘을 사용해야 하는 것입니다.

- **손잡이 모양은 악력에 큰 영향을 미칩니다.**[6]

예를 들면 스크류 드라이버의 손잡이에는 다양한 모양들이 존재합니다. 어떠한 모양이 가장 큰 악력을 발휘하게 해줄까요? 일반적으로 손잡이의 표면적이 손바닥과 손가락에 많이 닿을 수록 더 큰 악력을 낼 수 있는 것으로 알려져 있습니다. 즉, 손잡이 모양 내에 많은 굴곡이 있는 손과 닿을 수 있는 표면적은 줄어들게 되고 최대 악력치는 감소하게 되는 것입니다. 이외에도 부적잘한 모양의 손잡이들은 손목을 비틀게 하거나, 쉽게 손에서 미끄러질 가능성이 존재합니다. 손잡이 모양을 디자인할 시 심미학적인 요소들도 중요하지만 이러한 물리적 요소들도 같이 고려되어야 작업자들의 건강을 보호할 수 있을 것입니다.

- **장갑의 사용은 악력의 감소를 불러일으킬 수 있습니다.**[7]

장갑을 착용하면 맨손으로 작업할 때보다 악력의 감소를 보이는 것으로 알려져 있습니다. 이러한 이유는 마찰력에서 찾아볼 수 있습니다. 장갑으로 인해 손과 공구간의 마찰력이 감소하게 되면서 미끄러짐으로 인해 최대 발휘할 수 있는 힘이 줄어들게 되는 것입니다. 특히 작업자 손에 딱 맞지 않는 장갑의 사용은 더 큰 악력의 감소를 초래할 수 있습니다.

더 나아가 장갑의 재질에 따라 악력은 유의미한 차이를 보이는 것으로 나타났습니다. 예를 들어 면, 가죽, PVC에 이르기까지 장갑은 매우 다양한 종류의 재질들로 구성되어 있습니다. 수술용 장갑의 경우 맨손의 악력과 큰 차이가 없는 것으로 나타났고, 가죽 장갑의 경우 가장 큰 악력의 감소를 보이는 것으로 나타났습니다.

• 장갑의 사용은 생산성의 저하를 불러일으킬 수도 있습니다.[8]

장갑의 사용과 관련된 또 한가지 흥미로운 사실은 맨손 작업에 비해 생산성이 저하될 수도 있다는 것입니다. 기존 연구에서 정비 관련 작업을 다양한 재질의 장갑들을 착용해서 수행해 본 결과 맨손 작업에 비해 PVC 장갑의 경우 최대 70%까지 작업 완수 시간이 증가하는 것으로 나타났습니다. 하지만 이러한 단점에도 불구하고 손의 보호와 안전이 중요시 되는 현장에서는 장갑의 사용을 피할 수 없습니다. 이럴 때 어떤 절충안을 고려해 볼 수 있을까요? 손가락 부분을 감싸지 않고 손바닥만 가리는 장갑을 고려해 볼 수 있습니다. 이와 같은 장갑을 통해 손바닥과 손등 부분의 보호는 유지하면서 정밀 작업과 같은 부분들은 맨손가락이 수행하게 하여 생산성의 감소 문제를 보완할 수 있는 것입니다.

손의 압박

앞서 언급한 악력과 지속시간 외에도 손에 가해지는 직접적인 압박은 수공구를 디자인할 때 고려해야 할 중요한 요소 중 하나입니다. 예를 들어 수공구의 핸들부분이 손바닥에 직접적인 압박을 가하는 경우 손의 혈액 순환을 저해 시키고, 손바닥이나 손가락의 저림과 통증을 유발할 수 있습니다. 이를 방지하기 위해서는 손바닥과의 접촉 부분에 고무 패드 등을 사용하여 압박감을 줄이거나, 손잡이의 핸들부분을 더 길게 설계하여 핸들의 모서리 부분이 손바닥에 직접 닿지 않도록 설계할 수 있습니다.

인간공학적 수공구 디자인 사례

그렇다면 인간공학적으로 설계한 수공구 디자인에는 어떠한 것들이 있는지 사례를 통해 알아보도록 하겠습니다.

구부러진 플라이어

기존의 플라이어를 사용하게 되면 손목의 측면 굽힘이 생기는 것이 일반적입니다. 즉 직선형으로 설계된 플라이어를 사용하기 위해 손목을 굽힐 수밖에 없는 것입니다. 이러한 발상을 뒤집어 설계된 것이 구부러진 플라이어입니다. 플라이어의 핸들이 굽혀지게 설계되어 있어서 작업자의 손은 중립자세를 유지할 수 있게 되는 것입니다. 이러한 인간공학적 플라이어는 실제로 미국 서부의 전기선 작업현장에 도입되었고 연구 결과 손목과 관련된 질병이 60%에서 10%로 대폭 감소함을 보였습니다.

그림 12-5 **구부러진 플라이어**

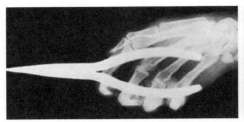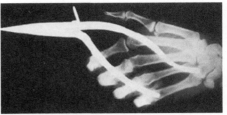

그림 12-6 기존 플라이어와 구부러진 플라이어 사용에 따른 손목 자세 변화

구부러진 나이프 손잡이

앞의 구부러진 플라이어와 비슷한 컨셉을 나이프에도 적용해 볼 수 있습니다. 기존의 직선형 나이프의 핸들은 육가공업 작업자들이 육류 절단 및 해체 작업을 수행할 때 손목의 극단적인 굽힘을 발생시킬 수 있습니다. 이로 인한 육가공 작업자들의 손목 질환은 크게 대두되는 이슈입니다. 다음 그림과 같은 구부러진 나이프의 손잡이를 활용하면 손목이 구부러지지 않고 중립 자세를 유지할 수 있습니다.[9] 즉, 구부러진 손목 자세보다 더 큰 힘을 발휘할 수 있고, 부상의 위험이 더욱 줄어들 수 있는 것입니다.

이러한 그립을 피스톨 그립이라고 하는데 안전상으로도 이점이 있습니다. 육

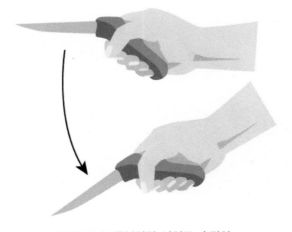

그림 12-7 구부러진 나이프 손잡이

류를 손질하다보면 손의 미끄러짐이 발생할 수가 있는데 이로 인해 칼에 손이 베이거나 절단 되는 등 큰 부상이 발생할 수 있습니다. 구부러진 나이프를 활용한 피스톨 그립은 손의 미끄러짐을 방지하여 안전성 측면에도 이점이 있습니다.

🎙 인간공학 이야기

복강경 수술 도구의 인간공학적 설계

복강경 수술시 사용되는 기구의 손잡이를 인간공학적으로 설계하면 기존에 많은 의사들이 경험하고 있는 손가락, 손, 손목, 팔의 근골격계질환을 감소시킬 수도 있을 것입니다. 한 연구에서 제안한 새로운 기기의 손잡이는 엄지손가락을 사용하여 쉽게 기기의 끝 부분의 개폐 동작을 수행할 수 있도록 디자인했습니다.[10] 이를 통해 외과의가 불편한 자세를 취하지 않고 환자의 장기에 쉽게 접근할 수 있도록 하는 것입니다. 이렇게 새롭게 디자인된 손잡이가 기존의 기기들에 비해 어떠한 장점이 있는지 의사의 근전도, 각도, 주관적 평가를 수집하였습니다. 분석 결과 새롭게 디자인한 손잡이를 사용하면 손목의 구부림과 주관적 통증이 감소하는 것으로 나타났습니다. 실험에 참여한 의사들은 새로운 손잡이를 더 선호하는 것으로 나타났습니다.

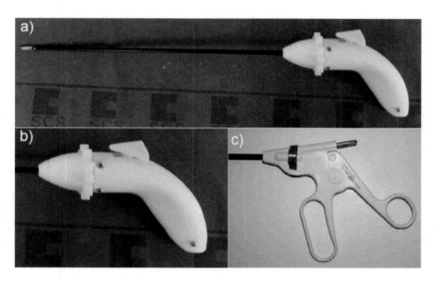

그림 12-8 복강경 수술 도구의 인간공학적 설계 예시

올바른 수공구 고르기 가이드라인

마지막으로 앞서 이야기한 내용들을 토대로 산업현장에서 사용하기 적절한 수공구를 고르는 절차에 대해서 알아보도록 하겠습니다.

Step 1. 수행되고 있는 작업에 대해 이해하기

현재 산업현장에서 수행되고 있는 작업이 파워 그립을 요구하는지 혹은 정밀 그립을 요구하는지에 대한 이해가 먼저 필요합니다. 어떠한 그립이 주로 수행되느냐에 따라 수공구의 적정 반경 및 사이즈가 달라지게 되기 때문입니다.

Step 2. 작업이 수행되는 주변환경에 대해 관찰하기

작업이 수행되는 주변환경이 협소한지 혹은 충분한 여유공간이 있는지 살펴보는 것 또한 중요합니다. 협소한 공간에 맞지 않는 수공구를 사용하게 된다면 작업자는 더욱 움츠리거나 불편한 자세를 도구를 사용하게 될 것이고 이는 작업의 부담을 더욱 증가시킬 수 있습니다. 예를 들어 협소한 공간에서 도구를 통해서 상당 수준의 힘이 요구된다면 파워 그립을 이용한 수공구 사용을 고려해야 할 것입니다.

Step 3. 작업 관련 자세들을 개선하기

　사용되는 수공구에 관계없이 작업자의 안 좋은 자세가 작업의 부하에 악영향을 미칠 수도 있습니다. 때로는 간단한 개선 만으로도 작업자 자세 개선의 큰 효과를 보는 경우가 있습니다. 예를 들면 작업을 수행하는 물체의 위치, 방향 등을 수정하는 것만으로도 작업자의 자세를 편하게 할 수 있으며, 적은 힘을 발휘하게 합니다.

Step 4. 수공구 선택하기

　앞선 단계들이 모두 정리되었으면 마지막으로 적절한 수공구를 선택할 차례입니다. 파워 그립을 활용한 수공구를 선택할 경우 손잡이의 지름이 3~5cm인 공구를 선택하는 것이 좋습니다. 만약 사용중인 공구의 손잡이가 이보다 작은 지름을 보인다면 슬리브 등을 추가로 부착 시켜 지름을 증가시킬 수 있습니다.

　플라이어와 같은 양측의 핸들을 사용하는 수공구를 사용하는 경우 많은 힘이 요구됩니다. 지속적인 악력이 작업에서 요구되는 경우 피로 방지를 위해서 클램프를 사용하거나, 잠금 장치가 내장되어 있는 플라이어 사용을 고려할 수 있습니다.

　핸들과 손의 직접적인 압박을 방지하기 위하여 손잡이에 부드러운 재질의 코팅이 되어있는 도구를 고려할 수 있습니다. 이때 손잡이 부분이 물결 모양으로 구불구불하면 손바닥에 불편함을 줄 수 있으므로 곡선형이고 완만한 모양의 코팅 핸들을 선택하는 것이 좋습니다.

　수공구 손잡이 길이도 수공구를 선택시 고려해야할 중요한 요소입니다. 수공구 사용시 큰 악력이 요구되는 경우 손잡이의 길이 손바닥의 최대 너비보다 긴 제품을 사용하는 것이 좋습니다. 만약 손잡이의 길이가 짧게 되면 손잡이의 끝 모서리가 손바닥을 누르게 되어 통증을 유발할 수 있습니다. 일반적으로 손잡이의 적정 길이는 10~15cm입니다.

　마지막으로 전동 수공구를 사용할 시 실린더 모양 혹은 피스톨 모양의 도구를 사용할지 고민을 하게 되는 경우가 많습니다. 어떠한 그립의 수공구가 더욱 적합한지는 작업 환경에 따라 다르다고 얘기할 수 있습니다.

다음 그림은 실린더 그립과 피스톨 그립의 전동 공구를 사용할 수 있는 상황을 보여주고 있습니다. 첫번째 그림처럼 피스톨 그립을 사용하는 데 수직 방향의 작업을 실시할 경우 손목이 구부러지게 되는 안 좋은 자세를 취하게 됩니다. 이러한 경우 두 번째 그림처럼 실린더 그립을 사용하는 것이 손목의 중립 자세를 유지하는 데에 더욱 효과적일 수 있습니다.

하지만 수평방향의 작업을 수행할 경우 피스톨 그립의 도구가 손목의 중립자세를 유지하는 데 더욱 도움이 됩니다. 즉, 작업하고자 하는 자재의 위치 및 방향에 따라 적절한 도구를 알맞게 선택해야 할 것입니다. 즉 모든 상황을 만족시킬 수 있는 완벽한 도구는 존재하지 않으며 작업의 상황에 따라 인간공학적인 환경을 가변적으로 구성해주는 노력이 필요할 것입니다.

그림 12-9 실린더 그립과 피스톨 그립 사용의 다양한 예

미국의 플로리다 주에서 설립된 회사인 슬라이스[11]에서는 인간공학적인 박스 커터를 디자인한 바 있습니다. 이 박스 커터의 손잡이는 커브형 모양을 하고 있어서 작업자가 커터를 쥐었을 시 손목이 중립 자세를 취하면서도 힘을 효과적으로 발휘하도록 설계되어 있습니다. 또한 안정적인 그립으로 인해 정확하고 일관적으로 절단을 할 수 있도록 도와줍니다. 하루에 많은 양의 절단작업을 해야하는 물류 창고나 마트 노동자에게 손목과 팔의 부담을 줄일 수 있는 효과적인 수공구가 될 수 있는 것입니다. 실제 일반 커터와 비교 결과 슬라이스 회사의 제품은 팔뚝과 아래 팔의 힘을 최대 13.6%까지 감소시키는 것으로 나타났습니다. 사용자에게 직접 제품을 사용하게 해 본 결과 사용되는 힘, 균형감, 커팅의 효율성 등에서 높은 주관적 평가를 받은 바 있습니다.

그림 12-10 슬라이스 회사 박스 커터 제품 예시

▎요약

• 수근관증후군은 손목의 부적절한 자세의 반복된 사용 및 과도한 힘을 필요로 할때 발병할 확률이 높습니다.
• 파워 그립의 경우 손의 여러 쥐기 자세 중 가장 큰 힘을 발휘할 수 있는 자세입니다. 톱 썰기 작업 수행시 취하는 손의 자세가 파워 그립의 좋은 예라고 할 수 있습니다.

- 악력은 파워그립 자세로 최대로 움켜쥘 수 있는 힘을 얘기합니다. 악력계를 사용하여 최대의 힘을 측정하는 것이 일반적입니다.
- 지속시간은 악력의 최대치 혹은 75%의 힘과 같은 특정힘을 최대로 유지할 수 있는 시간을 의미합니다.
- 수공구의 핸들부분이 손바닥에 직접적인 압박을 가하는 경우 손의 혈액 순환을 저해 시키고, 손바닥이나 손가락의 저림과 통증을 유발할 수 있습니다.
- 수직방향의 작업을 실시할 경우 실린더 그립을 사용하는 것이 손목의 중립 자세를 유지하는 데에 더욱 효과적입니다.
- 수평방향의 작업을 수행할 경우 피스톨 그립의 도구가 손목의 중립자세를 유지하는데 더욱 도움이 됩니다.

▌연습문제

1) 모종삽에 대해 평가를 해봅니다. 어떠한 손의 쥐기 자세들을 요하는지 분석해 봅니다. 반복적으로 모종삽을 사용 시 어떠한 질환에 노출될 수 있는지 알아봅니다. 이를 개선하기 위한 인간공학적 모종삽 디자인을 도출해 봅니다.
2) 작업장에서 전동수공구를 사용할 시 어떠한 상황에서 실리던 그립과 피스톨 그립이 각각 효과적인지 정리해 보도록 합니다.
3) 시중에 판매되는 인간공학적 수공구들이 무엇이 있는지 한 품목을 정해서 조사해 보도록 합니다. 기존의 수공구들과 비교해 장단점을 무엇인지 알아보도록 합니다.

▌참고문헌

Cacha, C. A. (1999). *Ergonomics and safety in hand tool design.* CRC Press.

Pryce, J. C. (1980). The wrist position between neutral and ulnar deviation that facilitates the maximum power grip strength. *Journal of biomechanics, 13*(6), 505−511.

Nicolay, C. W., & Walker, A. L. (2005). Grip strength and endurance: Influences of anthropometric variation, hand dominance, and gender. *International journal of industrial ergonomics, 35*(7), 605−618.

Karwowski, W., & Marras, W. S. (Eds.). (1998). *The occupational ergonomics handbook.* Crc Press.

Violante, F., Kilbom, A., & Armstrong, T. J. (Eds.). (2000). *Occupational ergonomics: Work related Musculoskeletal disorders of the upper limb and back.* CRC Press.

Sancibrian, R., Redondo−Figuero, C., Gutierrez−Diez, M. C., Gonzalez−Sarabia, E., & Manuel−Palazuelos, J. C. (2020). Ergonomic evaluation and performance of a new handle for laparoscopic tools in surgery. *Applied Ergonomics, 89,* 103210.

▌관련링크

1. https://www.sliceproducts.com/kr−kr
2. https://www.sliceproducts.com/kr−kr/faq/slice−tools−are−more−ergonomic

수공구 사용: 인간공학적 수공구 가이드라인 /////////////////////////////////

1 Cacha, C. A. (1999). *Ergonomics and safety in hand tool design.* CRC Press.

2 Pryce, J. C. (1980). The wrist position between neutral and ulnar deviation that faci litates the maximum power grip strength. *Journal of biomechanics, 13*(6), 505−511.

3 Nicolay, C. W., & Walker, A. L. (2005). Grip strength and endurance: Influences of anthropometric variation, hand dominance, and gender. *International journal of in dustrial ergonomics, 35*(7), 605−618.

4 Karwowski, W., & Marras, W. S. (Eds.). (1998). *The occupational ergonomics hand book.* Crc Press.

5 Karwowski, W., & Marras, W. S. (Eds.). (1998). *The occupational ergonomics hand book.* Crc Press.

6 Karwowski, W., & Marras, W. S. (Eds.). (1998). *The occupational ergonomics hand book.* Crc Press.

7 Karwowski, W., & Marras, W. S. (Eds.). (1998). *The occupational ergonomics hand book.* Crc Press.

8 Karwowski, W., & Marras, W. S. (Eds.). (1998). *The occupational ergonomics hand book.* Crc Press.

9 Violante, F., Kilbom, A., & Armstrong, T. J. (Eds.). (2000). *Occupational ergonomic s: Work related Musculoskeletal disorders of the upper limb and back.* CRC Press.

10 Sancibrian, R., Redondo−Figuero, C., Gutierrez−Diez, M. C., Gonzalez−Sarabia, E., & Manuel−Palazuelos, J. C. (2020). Ergonomic evaluation and performance of a new handle for laparoscopic tools in surgery. *Applied Ergonomics, 89*, 103210.

11 https://www.sliceproducts.com/kr−krSlice

사무실 인간공학:
인간공학적 사무실 설계하기

늘어나는 사무직 종사자수

현대사회에서 사무직에 근무하는 종사자의 수는 계속해서 늘어나고 있습니다. 통계청 자료에 의하면 사무직 종사자 수는 2004년 이후로 계속해서 증가하였고 2020년 기준으로 사무 종사자에 속하는 임금 근로자는 319만 명인 것으로 나타났습니다.[1] 이러한 흐름은 미국도 크게 다르지 않습니다. 1900년대에는 18% 정도의 작업자가 사무종사자였던 것에 반해 2010년도에는 전체 작업자 수의 60%의 비율을 차지하는 것으로 나타났습니다.

이렇게 사무종사자가 증가하게 되면서 컴퓨터 사용과 연관이 있는 사무직과 관련된 질병들도 자연스럽게 같이 증가하는 경향을 보입니다. 미국에서는 소프트웨어 인간공학에 대한 표준들(ANSI/HFES−100[2])을 2007년에 발표하여 컴퓨터를 주로 사용하는 작업환경에서의 인간공학적 자세와 관련 기기들의 사용 지침에 대해 권고하고 있습니다.

사무직의 위험요소

그렇다면 지금부터는 이러한 사무직 업무에 어떠한 위험요소들이 존재하는지 알아보도록 하겠습니다.

반복적인 자세와 움직임으로 인한 불충분한 휴식

사무직에서 업무를 수행하다보면 반복적으로 키보드 타이핑을 한다던지 쉬지 않고 마우스를 사용하는 일이 빈번하게 발생합니다. 특히 프로그래머나 개발자들의 경우 이러한 작업에 하루 종일 노출되는 경우가 많습니다. 이러한 반복적인 손목과 손가락의 사용은 팔의 근육을 피로하게 하고 손목을 통과하는 힘줄들의 마찰을 증가시켜 손의 저림 및 통증을 유발할 수 있습니다.

상지와 하지의 불편한 자세

사무직 업무를 수행하면서 종사자들은 불편한 책상 및 의자 환경에 노출되어 있는 경우가 많습니다. 이러한 환경은 자연스럽게 사무종사자들의 목, 허리, 팔, 손목 등의 불편한 자세를 유발하게 됩니다. 또는 작업자의 잘못된 업무 습관으로 인해 불편한 자세가 발생할 수도 있습니다. 예를 들어 지나치게 가까운 거리에서 모니터를 보는 경향이 있으면 목과 등이 굽어지고 어깨가 움츠린 상태로 업무를 수행하게 되는 경향이 있습니다.

정적인 근육 부하

사무종사자들은 주로 의자에 오래 앉아 있고 업무 데스크를 떠나지 않고 장시간 일하는 경우가 빈번합니다. 이러한 경우 몸의 별다른 움직임 없이 정적인 자세를 오래 취하게 되는 경우가 많습니다. 정적인 자세를 오래 취하게 되면 근육에게도 정적인 부하가 지속적으로 생기게 되는데 이는 혈액 순환을 저하하고 근육의 피로도를 증가시키게 됩니다. 이러한 이유로 오랜 시간 앉아 있는 것은 건강에 안 좋다는 연구들이 점점 증가하고 있고, 간헐적이고 가벼운 움직임들을 계속 수행할수 있도록 권고하고 있습니다.

시각적/정신적 부담 및 스트레스

컴퓨터를 하루 종일 사용하는 사무종사자들은 지속적으로 모니터를 보게 되고 집중을 해야하는 일이 많습니다. 이러한 상황은 코로나19(COVID-19)로 인해 화상 미팅이 많은 현시국에 더욱 증가했다고 볼 수 있습니다. 이러한 업무 스타일은 눈에 피로감을 주고 정신적인 스트레스를 유발하게 됩니다.

물체와의 접촉으로 인한 압박

사무직의 컴퓨터 데스트탑 세팅에서 업무를 수행하다 보면 다양한 보조 기기들과 신체적 접촉을 하게 됩니다. 예를 들면 책상의 딱딱한 면과 손목이 직접적으로 접촉하게 되면 손목 내의 신경에 압박을 가하게 되고 손의 저림, 통증, 마비를 수반할 수 있습니다. 이외에도 쿠션이 없는 딱딱한 재질의 의자에 오래 앉아 있으면 시트의 가장자리가 허벅지 안쪽을 압박하여 다리의 혈액 순환을 방해하고 장시간 앉아 있으면 불편함, 통증, 저림을 일으킬 수 있습니다.

편한 자세란 무엇일까요?

그렇다면 이러한 사무환경에서 이상적인 편한 자세는 무엇일까요? 무중력 상태에서 우주비행사의 편안한 자세를 생각해 볼 수 있습니다. 이러한 편안한 무중력 자세를 조금 더 수치적으로 설명해 보면 다음 그림과 같습니다. 서 있는 자세와 비교했을 때 허벅지는 앞으로 살짝 구부려져 있고 팔과 팔꿈치도 앞으로 구부러져 있는 것을 볼 수 있습니다. 목의 경우도 앞으로 살짝 굽어지는 경향을 보입니다. 이는 중력을 포함한 외부의 힘이 미약할 경우 근육이 가장 자연스럽고 편하게 있는 상태를 의미합니다.[3]

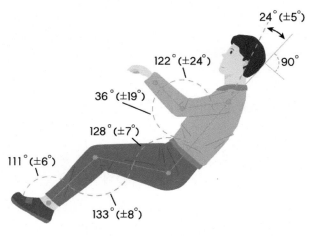

그림 13-1 무중력 자세 각도

이러한 무중력 자세에 영감을 얻어 이를 적용한 제품들이 출시되기도 합니다. 최근에 많은 각광을 받고 있는 안마의자도 이러한 무중력 자세를 비슷하게 구현하는 것을 볼 수 있습니다. 안마의자에 앉아 편한 자세를 수행하면서 마사지를 받게 되면 사용자들은 더 큰 만족도와 편안함을 느끼게 되는 것입니다.

    그렇다면 이러한 무중력 자세를 사무직 환경에도 적용할 수 있을까요? 사무용 무중력 자세 의자가 출시된 적이 있지만, 아무래도 이를 현실업무 환경에 적용하기에는 무리가 있어 보입니다. 현실의 업무 환경에 실용적으로 쓰이기 위해 스툴형 의자와 책상이 출시된 사례도 있습니다. 앉아 있는 자세와 서 있는 자세의 중간쯤 자세를 취하게 하면서 무중력 자세와 비슷한 자세를 구현한 것입니다. 사무종사자들의 편안한 자세를 조성하기 위한 다양한 시도들이 계속해서 이루어지고 있습니다.

그림 13-2 자세 교정을 위한 스툴형 자세 의자

13.4 앉은 자세의 생체역학적 분석

앉은 자세는 생체역학적으로 어떻게 해석할 수 있을까요? 우리가 앉은 자세를 취하게 되면 몸의 하중을 엉덩이 궁둥뼈(ischial tuberosities)와 주변 피부조직들이 주로 지탱하게 됩니다. 즉, 우리가 어떻게 앉는 자세를 취하는지와 어디에 앉는 지에 따라 우리 몸에 전해지는 부하가 달라지게 되는 것입니다.

그렇다면 서 있는 자세에서 앉는 자세로 바뀌게 되면 우리 척추에는 어떠한 변화가 생기게 되는 것일까요? 우선 앉은 자세로 변환하게 되면 골반이 뒤로 돌아가게 됩니다. 이로 인해 척추의 곡선 모양이 서 있는 자세의 전 만곡(lordosis)과 다르게 일자형 혹은 후 만곡(kyphosis)으로 바뀌게 되는 것입니다.

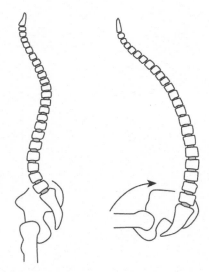

그림 13-3 서 있는 자세와 앉은 자세의 척추 곡선

이렇게 척추의 모양이 바뀌게 되면 우리의 디스크에 어떠한 영향을 주게 될까요? 앉은 자세를 취하게 되면 허리뼈의 후방부 부분이 벌어지게 됩니다. 즉 하중을 지탱해야 하는 디스크의 부담이 커지게 되는 것입니다. 반대로 서 있는 자세의 경우 허리뼈의 후방부 부분이 서로 닿아 있어서 하중을 디스크와 허리뼈가 같이 분산해서 지탱하게 되는 것입니다. 그렇기 때문에 우리가 어떻게 앉는 지에 따라 디스크에 다른 압박을 주게 되는 것입니다.

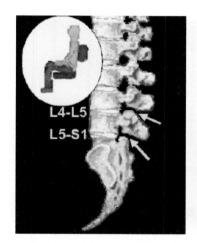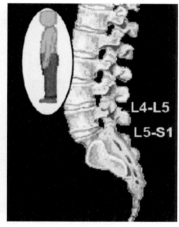

그림 13-4 앉은 자세와 서 있는 자세의 척추 곡선 비교

예를 들면 책상에서 컴퓨터 작업을 할 시 앞으로 기대서 앉는 자세를 취하게 되면 몸의 무게 중심은 궁둥뼈 앞에 위치하게 되고, 다리가 지탱해야 하는 체중의 부담이 더욱 커지게 됩니다. 가만히 기대지 않고 편히 앉아 있는 자세를 취하게 된다면 몸의 무게 중심은 궁둥뼈 주변에 위치하게 됩니다. 반대로 의자의 등받이에 기댄 자세를 취하게 되면 몸의 무게 중심은 궁둥뼈 뒤쪽에 위치하게 되고, 하지가 지탱해야 하는 몸의 하중은 줄어들게 되는 것입니다.

한 연구에서 허리의 디스크에 가해지는 압력을 직접 측정해 본 결과, 가만히 앉은 자세의 경우 서 있는 자세보다 압력이 1.4배 증가하는 것으로 나타났습니다.[4] 앉은 자세에서 앞으로 허리를 기울인 경우 디스크 압력은 1.85배까지 증가했습니다. 최악의 상황으로 앞으로 기울인 앉은 자세에서 무거운 물건까지 들고 있으면 디스크 압력이 최대 2.75배까지 증가했습니다. 우리가 어떻게 앉는지에 따라 디스크 압력이 크게 영향을 받을 수 있다는 것을 객관적으로 보여준 연구라고 할 수 있습니다.

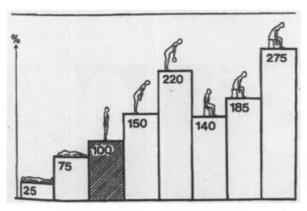

그림 13-5 자세에 따른 디스크 압력 차이

이러한 이유로 우리가 어디에 앉는 지 또한 중요한 관심사라 할 수 있습니다. 의자의 서포트 부분들로 인해 디스크로 가는 하중의 크기를 줄일 수 있기 때문입니다. 그렇다면 우리가 의자에 앉아 있게 되면 우리 몸의 하중이 어디로 전해지게 될까요? 우선 발이 닿고 있는지면으로 체중이 전해질 것이고, 그 외에 의자의 팔걸이, 시트, 등받이 등 몸이 닿고 있는 부분들로 체중이 분산되서 전해지게 될 것입니다. 이러한 이유로 올바른 의자 사용법과 인간공학적 요소를 고려한 의자를 사용하는 것이 허리 디스크의 부담을 줄일 수 있는 중요한 요인이 되는 것입니다.

앉는 자세가 서 있는 자세에 비해 무조건 나쁘기만 한 것은 아닙니다. 그렇다면 앉는 자세의 장점은 무엇일까요? 앉는 자세는 서 있는 자세보다 자세의 안정감을 제공하기 때문에 정교한 작업을 수행할 때 도움이 됩니다. 또한 서 있는 자세에 비해 에너지의 소모량이 적고 다리에 무리가 덜 가기 때문에 장시간 입식 작업이 요구된다면 잠시 앉을 수 있는 의자를 제공하는 것이 좋습니다.

컴퓨터 사용 시 자세 가이드라인

지금부터는 컴퓨터를 주로 사용하는 사무직 환경에서 올바른 자세를 취하기 위한 인간공학적 가이드라인에 대하여 살펴보겠습니다.[5] 다음 그림을 통해 여러 지침들에 대해 정리해 보도록 하겠습니다.

- 눈과 모니터 사이의 거리는 40~75cm로 합니다. 줄자가 없는 경우 앉아 있는 상태에서 팔을 앞으로 뻗었을때 모니터가 살짝 닿을 정도의 위치가 적정 거리라고 보면 됩니다.
- 모니터의 가운데 부분은 눈높이에서 아래로 20도 정도 기울어진 곳에 위치하는 것이 좋습니다.
- 책상의 높이를 조절하여 작업시 팔꿈치의 각도가 90~100도 안에 머물도록 합니다.
- 의자의 높이를 조절하여 허벅지가 지면과 평행하게 놓이도록 합니다.
- 손목과 책상 가장자리의 직접적인 접촉이 있으면 부드러운 패드를 사용하여 접촉을 방지합니다.
- 발판을 제공하여 업무시 발에 집중되는 압력을 분산시키고 피로를 감소시킬 수 있습니다.

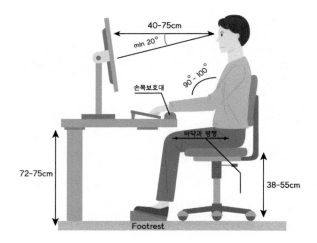

그림 13-6 컴퓨터 관련 업무 시 바른 자세 가이드라인

13.6

올바른 의자 사용 가이드라인

지금부터는 사무직 업무를 수행할 때 좋은 자세를 도모할 수 있는 올바른 의자의 사용법에 대하여 알아보도록 하겠습니다.

- 의자 등받이의 경우 살짝 뒤로 젖혀질 수 있도록 하여 앉아 있는 사람의 허리가 90~105도 내에 위치하도록 합니다. 연구 결과에서 앉아 있을 때 사람의 허리는 직각에서 살짝 뒤로 젖혀진 상태가 가장 편한 것으로 나타났습니다.
- 의자 등받이의 길이가 높을수록 상체의 무게를 더욱 지탱할 수 있기 때문에 효과가 큽니다. 오랜시간동안 게임을 수행하는 프로게이머들의 게이밍 의자를 보면 등받이가 매우 높게 설계되어 있는 것을 볼 수 있습니다.
- 의자에 허리지지대가 내장되어 있으면 허리 디스크의 부담을 줄일 수 있습니다. 허리지지대의 목적은 앉아 있는 상태에서 일직선이 된 척추의 모양을 앞으로 교정시켜 서 있을 때와 비슷한 곡선형의 척추 모양을 만드는 것에 있습니다. 이렇게 서 있을 때와 비슷한 곡선형의 척추 모양을 만들면 디스크로 가는 상반신 체중의 부담을 덜 수 있습니다.
- 의자 시트의 경우 사용자의 엉덩이나 앉은 상태 허벅지 너비보다 최소 2~3cm 넓은 것이 좋습니다. 의자 시트 길이는 허벅지가 지면과 평행을 이루도록 하는 것이 좋습니다. 의자의 시트 길이가 너무 짧으면 허벅지 안쪽이 시트의 가장자리에 눌려 불편함을 초래할 수 있습니다. 의자의 시트 길이가 너무 길면 사용자의 무릎 안쪽이 압박을 받아 불편함을 느끼게 되고 의자 등받이에 몸을 기대기가 어려워집니다. 인간공학적 시트의 경우 시트의 앞부분이 폭포수처럼 내려가 있는 시트들이 있습니다. 이러한 시트들은

허벅지의 압박을 줄이기 위해 고안된 형태라고 할 수 있습니다.

그림 13-7 시트 앞부분의 폭포수형 굴곡

- 의자의 적절한 높이는 양쪽 발이 지면에 안정적으로 지탱되어 있고 무릎의 각도는 직각 근처에 있는 경우를 말합니다. 만약 의자의 높이가 너무 높다면 발이 지면에 닿지 않으므로 허벅지에 더욱 큰 압박이 가해질 수 있습니다. 이때 의자 등받이에 기대지 못하고 앞으로 구부린 자세를 취하게 됩니다. 이러한 경우 의자의 높이를 낮추는 것이 좋고 그럴 수 없다면 발판을 따로 제공하는 방법이 있습니다. 반대로 의자의 높이가 너무 낮다면 무릎이 구부러지게 되고 앞으로 구부정한 자세를 취하게 됩니다. 이때 엉덩이뼈에 가해지는 압력이 더 증가하게 되어 불편함을 느낄 수 있습니다.
- 의자의 팔받침대는 앉아 있을지 체중의 부하를 분산 시킬 수 있는 좋은 구성요소라고 할 수 있습니다. 팔받침대는 앉은 상태에서 일어나거나 일어난 상태에서 앉을 시에도 안정적으로 균형을 잡을 수 있도록 도와주는 역할도 합니다. 이상적인 팔받침대의 위치는 팔꿈치의 각도가 대략 90도가 되게 하는 것입니다. 이때 어깨는 편하게 늘어트린 자세가 될 수 있습니다. 한 가지 주의할 점은 팔받침대가 책상과의 간섭이 생겨서 의자를 책상에 가까

이 위치시키기 힘든 경우가 있습니다. 이러한 경우 책상 혹은 의자/팔걸이의 높이를 조정하여 이러한 문제 해결할 수 있습니다.

- 발받침대를 추가로 제공하여 작업자가 편안하게 발을 올려놓을 수 있게 할 수 있습니다. 의자의 높이가 작업자의 무릎 높이보다 높게 설정된 경우에도 발받침대를 통해 발이 지면에 닿는 효과를 볼 수 있습니다.
- 의자에 바퀴를 부착하여 근거리의 작은 움직임들을 쉽게 도모할 수 있습니다. 바퀴는 바닥면의 재질 및 마찰력에 따라 적절한 재질 및 디자인을 선택할 수 있습니다.

인간공학적 마우스 사용법

시중에는 다양한 모양과 크기의 마우스들이 판매되고 있습니다. 이렇게 다양한 옵션은 마우스를 선택할 때 더욱 의사결정을 어렵게 합니다. 지금부터는 인간공학의 관점으로 어떠한 마우스들을 사용하는 것이 효과적인 지 알아보도록 하겠습니다.

마우스 사용 시 손목이 15도 이상 젖혀지지 않도록 합니다.[6] 사람의 손 크기는 다양하므로 자신의 손 크기에 맞는 마우스를 사용하는 것이 중요합니다. 자신의 손 크기에 맞는 마우스를 사용해야 손목의 젖혀짐을 줄일 수 있고 이는 손목 내의 신경에 대한 압박을 감소시킬 수 있습니다.

그림 13-8 롤러 형태의 마우스 예시

- 수직형 혹은 기울어진 형태의 마우스는 손을 더욱 중립자세에 가깝게 합니다. 이러한 모양의 마우스는 사람이 악수를 할 때의 손의 자세와 비슷하게 중립자세를 유도하도록 고안된 제품들이라 할 수 있습니다. 이러한 마우스들은 손목의 자세를 개선할 수 있지만, 일반적인 마우스보다 작업의 속도가 느려질 수 있는 단점이 있습니다.
- 롤러 형태의 마우스는 키보드 사용 시 간섭이 생길 수 있는 단점이 있습니다. 롤러 형태의 마우스는 기존의 마우스 조작법을 크게 변화시키고 바를 굴리면서 조작을 하는 형태입니다. 이러한 롤러는 키보드 바로 아래에 위치하게 되는데 키보드 업무를 수행하다보면 이러한 롤러 마우스를 터치 하지 않도록 손목과 팔을 인위적으로 들게 될 수 있습니다. 이러한 자세는 어깨와 손목에 추가적인 불편함을 초래할 수 있습니다.

13.8 인간공학적 키보드 사용법

키보드는 사무작업에서 가장 사용 빈도가 높은 기기입니다. 그만큼 인체에 무리가 덜 가고 작업하기 편한 환경에서 키보드를 사용하는 것이 중요하다고 할 수 있습니다. 지금부터는 키보드 사용 시 인간공학적으로 고려하면 좋을 몇가지 사항들에 대하여 알아보도록 하겠습니다.

키보드에서 자판을 두드릴 때 자연스럽게 손목의 젖혀짐과 손목의 측면 구부러짐에 노출될 가능성이 큽니다. 이러한 키보드 사용에서 오는 단점들을 보완하기 위하여 키보드 기울기 조절을 고려해 볼 수 있습니다.[7]

- 키보드 기울기가 몸에서 멀어지는 방향으로 점차 상승하게 되면 자판에 대한 가독성이 좋아지는 장점이 있습니다. 하지만 이러한 기울기로 인해 손목이 더욱 젖혀지는 문제가 발생할 수 있습니다.
- 키보드의 기울기가 몸에서 멀어지는 방향으로 점차 감소하게 되면, 더욱 중립적인 손목 자세를 취할 수 있습니다. 키보드 끝에 위치한 자판들도 앞쪽의 자판들과 더욱 동등한 높이에 위치하게 될 수 있습니다.
- 키보드의 적정 높이는 앉아 있는 상태의 팔꿈치보다 살짝 아래에 위치하는 것이 좋습니다. 이를 통해 손목이 책상이나 키보드 가장자리에 압박이 되는 것을 방지할 수 있습니다.
- 인간공학적 키보드 개선안으로 분리형 키보드가 개발된 사례가 있고 지금도 제품들을 찾아볼 수 있습니다. 일반적인 키보드를 사용하다보면 키보드의 중간 부분에 위치한 키들을 누르게 되면 양쪽 손목이 더 옆으로 젖혀지는 자세가 나오게 됩니다. 이러한 부분을 개선하고자 키보드를 좌판과 우판으로 간격을 두어 구분하게 한 것입니다. 이를 통해 양쪽 손은 더 여유공

간을 가지고 손목의 측면 굽혀짐도 줄일 수 있는 것입니다. 그 외에도 양쪽 자판을 각각 살짝 기울어지게 설정을 하여 손목이 중립자세와 가깝게 살짝 회전할 수 있도록 설계해 놓았습니다. 이러한 분리형 키보드는 처음의 적응 단계를 거치고 나면 기존의 키보드보다 더욱 편하게 사용할 수 있는 장점이 있습니다.

그림 13-9 분리형 키보드의 사용 모습

• 키보드의 조금 더 독특한 사례로 완전한 수직형 키보드가 있습니다. 이러한 제품의 목적은 손목을 악수를 하는 형태와 같은 완전한 중립자세로 놓이게 하는 것에 있습니다. 이러한 키보드를 사용 시 큰 단점은 자판이 눈에서 잘 보이지 않는 것에 있습니다. 양측면에 수직으로 세워진 자판을 눈으로 관찰하기 힘들기 때문에 자판의 위치를 외워야만 자연스러운 타이핑이 가능해집니다. 또 하나의 단점은 타이핑을 하는 동안 손과 손가락을 받쳐줄 수 있는 받침대가 없습니다. 이는 손목과 손가락에 피로감을 쉽게 줄 수 있습니다.

그림 13-10 수직형 키보드 예시

노트북 사용시 고려사항

노트북은 편리한 휴대성을 장점으로 학교나 산업현장에서 널리 사용되고 있습니다. 이러한 노트북의 기능적 편의성에도 불구하고 인간공학적으로 여러 가지 제한점들이 있습니다.

노트북의 가장 큰 특징 중 하나는 화면과 키보드가 합쳐져 있다는 것입니다. 이러한 특징으로 인해 노트북을 사용하다보면 자연스럽게 허리를 구부리고 어깨를 움츠리며 머리를 화면 가까이에 위치시키는 자세가 발생하게 됩니다. 이러한 노트북의 특성을 극복하기 위한 몇가지 방안들에 대해 알아보도록 하겠습니다.

- 노트북 거치대를 활용하여 노트북의 스크린을 눈높이에 맞게 조정할 수 있습니다. 이러한 경우 거치대에 올린 노트북에 타이핑을 하기 힘들기 때문에 추가적으로 외장 키보드와 마우스를 연결시킬 수 있습니다. 이러한 세팅은 기존의 데스크탑 컴퓨터와 비슷하게 바른 자세를 취하면서 업무를 수행할 수 있도록 해줍니다.
- 노트북 거치대가 없다면 외장 모니터를 활용할 수도 있습니다. 외장 모니터는 노트북의 모니터보다 일반적으로 큰 화면을 제공하므로 가시성이 좋고 높이 조절도 용이합니다. 이러한 경우에도 외장 키보드와 마우스를 노트북에 연결시켜서 데스크탑을 사용하는 것과 비슷한 환경을 연출할 수 있습니다.
- 최근에는 태블릿 혹은 태블릿 노트북이 또 다른 휴대용 컴퓨터 기기로 각광을 받고 있습니다. 하지만 이러한 기기는 노트북과 비슷하거나 혹은 노트북보다 안 좋은 자세에 놓이게 될 위험이 있습니다. 터치 제스처를 주로

사용하면서 조작하는 경우가 많고 무릎 위에 태블릿을 놓거나 책상이 없는 공간에서 조작을 하여 목의 안 좋은 자세를 유발하는 경우도 많습니다. 앞서 언급한 것과 비슷한 방식으로 태블로 전용 거치대나 외장 키보드와 마우스를 추가하면 데스크탑과 같은 비슷한 세팅을 연출할 수 있고 더욱 중립적인 자세를 도모할 수 있습니다.

🎙 인간공학 이야기 ┤

태블릿 컴퓨터 사용시 목의 부하

우리가 일상생활에서 흔하게 사용하는 태블릿 컴퓨터가 우리의 머리와 목에 어떠한 영향을 미칠까요? 다양한 태블릿 사용 조건에서 머리와 목에 미치는 생체역학적 부하에 대해 평가한 연구가 있습니다.[8] 연구 결과 앉은 자세에서 태블릿을 사용하는 경우 중립 자세에 비해 목의 부하가 3~5배 증가하는 것으로 나타났습니다. 즉, 태블릿을 사용하면서 사용자는 필연적으로 머리와 목을 구부린 자세를 취하게 되는 것입니다. 이에 대한 개선안으로 태블릿을 지지대를 사용하여 높게 받쳐 놓았을 때 목에 대한 부하를 가장 줄일 수 있는 것으로 나타났습니다.

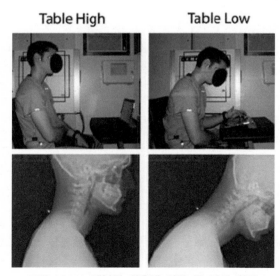

그림 13-11 태블릿 사용에 따른 목 자세 변화

움직이는 사무환경

최근에 큰 관심을 받고 있는 사무실의 환경은 사무종사자의 자연스러운 움직임을 유도하는 환경이라 할 수 있습니다. 정적인 자세를 하루 종일 유지하는 것은 신체 건강에 안 좋은 영향을 줄 수 있습니다. 이를 개선하기 위하여 높이 조절이 가능하여 앉기와 서서 작업을 번갈아서 할 수 있는 책상들이 주목을 받고 있습니다.[9]

그림 13-12 조절식 책상 높이에 따른 자세 변화

이러한 책상들의 주목적은 사무종사자들의 자세의 변화를 줌으로써 다양한 근육들을 사용하게 하고 작업의 능률을 높이는 것입니다.

고가의 제품들은 인공지능 및 스마트 알고리즘을 활용하여 사용자의 업무 패턴을 파악해 언제 가벼운 스트레칭 또는 움직임을 주는 것이 좋은지 알람을 주기도 합니다. 일반적으로 매 20분마다 스크린이 아닌 먼 곳을 1~2분간 바라보는 곳이 눈의 피로도를 줄이는 데 효과적이라고 알려져 있습니다. 그 외에도 매 30분 간격으로 2분 내의 짧은 휴식, 스트레칭, 간단한 걷기를 하는 것 만으로도 피로도를 줄이고 활력을 넣어주는 데 효과적인 것으로 알려져 있습니다.

이러한 높이 조절 책상이 잘못 사용될 우려도 있습니다. 무조건 서서하는 사무작업이 좋은 것이라고 오해하여 하루 종일 서서 일하는 경우가 그렇습니다. 이러한 경우 사용자의 하지에 더욱 큰 부담이 가게 되고 앉아서 작업하는 경우보다 더욱 신체에 무리를 줄 수 있습니다. 간헐적인 움직임이 건강한 사무환경을 만든다는 본래의 취지를 잊지 않는 것이 중요할 것입니다.

내 삶 속의 인간공학 **사물인터넷을 접목한 스마트 의자**

최근 듀오백에서는 사물인터넷(IoT) 기술을 접목한 스마트 의자 '자세알고'를 출시해 고객들에게 큰 관심을 받고 있습니다.[10] 이 의자는 좌판에 압력센서가 장착되어 있어 사용자의 자세와 습관을 분석하게 됩니다. 예를 들면 체압 데이터를 바탕으로 바른 자세, 앞으로 숙임, 앞에 걸터앉음, 뒤로 기댐 등과 같은 총 8가지 다른 자세를 판별할 수 있습니다. 이러한 정량적 데이터를 분석하여 스마트폰 앱을 통해 사용자에게 앉은 시간, 자세에 대핸 피드백을 제공해 주는 것입니다. 사용자는 매일 자기가 얼마나 올바른 자세를 유지하고 있는지 알 수 있고, 스트레칭 및 건강 정보도 앱에서 같이 제공해서 올바른 자세 및 건강습관을 유도하는 것입니다. 이러한 스마트 의자는 사용자에게 별다른 제약 없이 데이터를 자연스럽게 측정하고 사무직업에 방해가 되지 않는 것이 큰 장점으로 볼 수 있습니다.

▌요약

• 현대사회에서 사무직에 근무하는 종사자의 수는 계속해서 늘어나고 있습니다. 이렇게 사무종사자가 증가하게 되면서 컴퓨터 사용과 연관이 있는 사무직과 관련된 질병들도 자연스럽게 같이 증가하는 경향을 보입니다.

• 미국에서는 소프트웨어 인간공학에 대한 표준들(ANSI/HFES-100)을 2007년에 발표하여 컴퓨터를 주로 사용하는 작업환경에서의 인간공학적 자세와 관련 기기들의 사용 지침에 대해 권고하고 있습니다.

- 노트북의 가장 큰 특징 중 하나는 화면과 키보드가 합쳐져 있다는 것입니다. 이러한 특징으로 인해 노트북을 사용하다보면 자연스럽게 허리를 구부리고 어깨를 움츠리며 머리를 화면 가까이에 위치시키는 자세가 발생하게 됩니다.
- 사무종사자들의 자세의 변화를 줌으로써 다양한 근육들을 사용하게 하고 작업의 능률을 높이는 제품들이 소개되고 있습니다.

▌연습문제

1) 자신이 사용하는 컴퓨터 워크 스테이션에 대해 평가해 보도록 합니다. 마우스, 키보드, 모니터, 의자, 책상 등의 요소들에 대하여 인간공학적 평가를 실시합니다. 이를 토대로 어떠한 개선점들을 도출할 수 있는지 알아봅니다.

2) 일반 노트북으로 문서 작업을 할 때와 컴퓨터 데스크탑 세팅으로 문서 작업을 할 시 어떻게 자세가 달라지는지 다양한 각도에서 사진을 찍고 평가해 보도록 합니다. 어떠한 구성 요소들이 다른 자세 혹은 안 좋은 자세를 초래하는지 분석해 보도록 합니다.

3) 일반 마우스와 인간공학적으로 디자인된 기울어진 마우스를 비교 평가해봅니다. 손목의 자세의 변화를 분석하고, 마우스 사용 작업 테스트를 실시해서 작업의 소요시간 및 정확도를 함께 비교해 봅니다. 인간공학적 마우스의 장단점에 대해 기술해 봅니다.

▌참고문헌

Stack, T., Ostrom, L. T., & Wilhelmsen, C. A. (2016). *Occupational ergonomics: A practical approach*. John Wiley & Sons.

Marras, W. S. (2006). *Fundamentals and assessment tools for occupational ergonomics*. Crc Press.

Ailneni, R. C., Syamala, K. R., Kim, I. S., & Hwang, J. (2019). Influence of the wearable posture correction sensor on head and neck posture: Sitting and standing workstations. *Work*, *62*(1), 27－35.

Vasavada, A. N., Nevins, D. D., Monda, S. M., Hughes, E., & Lin, D. C. (2015). Gravitational demand on the neck musculature during tablet computer use. *Ergonomics*, *58*(6), 990－1004.

Nachemson, A. L. (1981). Disc pressure measurements. *Spine*, *6*(1), 93－97.

▌관련링크

1. https://www.yna.co.kr/view/AKR20110816154100002
2. https://webstore.ansi.org/standards/hfes/ansihfes1002007
3. https://www.mk.co.kr/news/business/view/2021/03/267974/
4. https://spinoff.nasa.gov/Spinoff2020/cg_5.html
5. https://www.osha.gov/etools/computer－workstations

1 http://datakorea.datastore.or.kr/profile/job/J3/

2 https://webstore.ansi.org/standards/hfes/ansihfes100200700

3 https://spinoff.nasa.gov/Spinoff2020/cg_5.html

4 Nachemson, A. L. (1981). Disc pressure measurements. *Spine*, *6*(1), 93–97.

5 https://www.osha.gov/etools/computer–workstations

6 Stack, T., Ostrom, L. T., & Wilhelmsen, C. A. (2016). *Occupational ergonomics: A practical approach*. John Wiley & Sons.

7 Marras, W. S. (2006). *Fundamentals and assessment tools for occupational ergonomics*. Crc Press.

8 Vasavada, A. N., Nevins, D. D., Monda, S. M., Hughes, E., & Lin, D. C. (2015). Gravitational demand on the neck musculature during tablet computer use. *Ergonomics*, *58*(6), 990–1004.

9 Ailneni, R. C., Syamala, K. R., Kim, I. S., & Hwang, J. (2019). Influence of the wearable posture correction sensor on head and neck posture: Sitting and standing workstations. *Work*, *62*(1), 27–35.

10 https://www.mk.co.kr/news/business/view/2021/03/267974/

CHAPTER

14

인간공학 프로그램:
인간공학적 개선을 위한 관리적 노력

학·습·목·표

- 위험 관리 계층 구조의 개념 및 각각 계층의 특징에 대해 알아봅니다.
- 직업 순환의 장단점에 대해 배워봅니다.
- 스트레칭 프로그램이 작업자에게 미칠 수 있는 효과들에 대해 알아봅니다.
- 극한 기온에서 작업자들을 보호할 수 있는 관리적 방안들에 대해 알아봅니다.

14.1 관리적 개선의 필요성

다양한 직업 환경에 존재하는 위험을 줄이기 위해서는 위험을 감소하기 위해서는 인간공학적 장비를 사용하거나 보조기구를 설치하는 등의 물리적 개선도 중요하지만 거시적인 관점에서의 관리적 개선도 작업의 환경을 바꾸는 데에 큰 영향을 미칩니다. 정부나 기업 차원에서의 법과 규율은 위험 작업들을 작업자가 수행하지 못하게 통제할 수 있고, 작업의 안전을 고려하여 적절하게 배치할 수도 있습니다. 이러한 관리적 개선은 물리적 개선과 동시에 이루어 질 때 가장 효과적이라고 볼 수 있습니다.[1]

🎙 인간공학 이야기

근골격계질환에 대한 정부 규제가 인간공학 개입 효과에 미친 영향

정부에서는 근골격계질환의 적극적인 예방을 위해 2006년경 법적 규제를 시행하였습니다. 이로부터 10년이 넘게 흐른 지금 이러한 정부 규제가 어떠한 영향을 미쳤는지 조사한 연구가 있습니다.[2] 이 연구는 지난 12년간 작업의 위험성을 평가한 수치들에 대하여 조사했습니다. 분석 결과 4년 연속 위험도에서 유의한 감소를 보이는 것을 발견했습니다. 즉, 정부의 법적 규제는 인간공학적 개입을 정당화시키는데 도움이 되었고 이는 근골격계 위험도의 감소로 이어진 것입니다.

위험 관리 계층 구조

직업의 위험을 관리할 때 위험 관리의 계층 구조에 대하여 생각해 볼 필요가 있습니다. 각 항목을 살펴보면 다음과 같습니다.[3]

그림 14-1 위험 관리 계층 구조

위험 요소 제거

위험 요소의 근원적인 제거는 가장 우선시 되는 관리 방안이라고 할 수 있습니다. 예를 들면 로봇 자동화 공장의 도입은 작업자가 제조업에서 작업을 하면서 겪게 되는 근골격계질환 위험을 근본적으로 제거시키는 사례라고 할 수 있습니다. 이외에도 재난 구조 로봇을 통하여 화재가 나거나 방사능이 노출된 위험한 지역에서의 작업자에 대한 위험을 차단시킬 수도 있습니다.

기존의 위험 요소들을 대체

위험 요소 관리의 두 번째 우선순위로는 기존의 사용되는 위험요소 및 자재들을 더 안전한 요소들로 대체하는 것입니다. 예를 들면 플라스틱이나 고무 제조 공장에서는 미세 성분이 흩날리는 화학재료들이 많이 사용됩니다. 이는 작업자들의 순환계통에 직접적인 악영향을 줄 수 있습니다. 이러한 작업 시 미세성분이 흩날리지 않도록 압축된 형태의 화학재료들로 대체를 하게 되면 작업자들에게 더욱 안전한 환경을 제공할 수 있습니다.

공학적 관리

공학적 관리는 작업 환경의 물리적인 변화를 통해 위험에 노출된 작업자를 보호하는 방법이라고 할 수 있습니다. 예를 들면 작업자가 허리를 깊게 숙이고 팔을 뻗어야 자재를 집을 수 있는 보관함을 회전이 되는 보관함으로 바꿀 수 있습니다. 이를 통해 작업자는 더욱 중립자세를 취하면서 자재를 꺼낼 수 있습니다.

행정적 관리

행정적 관리는 작업자들에게 작업을 수행하는 방법에 대해 제안하면서 위험한 작업 방법의 요소들을 차단하는 것입니다. 예를 들면 미국의 병원들에서는 안전한 환자 운반 관리 프로그램을 운영하여 환자의 상태와 체중에 따라 적합한 환자 이송 장비들을 사용하게 합니다. 또한 간호사들이 개별적이 아닌 조직적으로 환자를 이송하게 하여 근골격계질환의 발생률을 크게 낮춘 바 있습니다.

개인보호장비

마지막으로 가장 낮은 단계의 관리 절차는 작업자에게 개인 보호 장비를 지급하는 것입니다. 이러한 노력이 가장 낮은 우선 순위인 이유는 작업자가 처한 위험 상황을 직접적으로 개선하지 않기 때문입니다. 예를 들면 건설노동자들은 작업을 수행할 시 개인 보호 장비의 착용을 필수로 합니다. 이러한 개인 보호 장비들은 다른 물체와의 충격으로 인한 부상 등을 방지할 수 있지만 건설현장에 도사리고 있는 낙상, 화재의 위험 등과 같은 근원적인 위험들에 대해서 완전한 보호를 수행하는 데는 한계가 있습니다.

14.3 작업순환

작업의 순환은 관리적 개선에서 고려되어야 할 중요한 요소 중 하나입니다. 작업순환의 주목적은 작업자에게 다양한 일을 배치하면서 여러 종류의 근육을 고르게 사용하게 하고 한 가지의 근육이 집중적으로 사용되는 것을 예방하는 것입니다.[4] 예를 들면 앉아서 하는 작업과 서서 하는 작업을 주기적으로 교체해 주기만 해도 하지와 상지의 근육을 더욱 균형있게 사용할 수 있고 원활한 혈액순환을 도모할 수 있습니다. 작업자가 오전 내내 하지와 허리를 사용하는 작업이 많았다면 오후에는 손과 손가락을 주로 사용하고 허리나 하지는 상대적으로 휴식을 취할 수 있는 일들을 배치해 볼 수 있습니다.

이러한 작업순환을 시행할 시 인체에 부담이 되는 작업을 주로 오전에 수행하게 하는 것이 좋습니다. 그 이유는 작업자의 에너지가 덜 손실되고 피로도가 덜한 상태에서 이러한 일들을 수행하는 것이 더욱 안전할 수 있기 때문입니다. 오후에는 서류 작업과 같은 신체 부담이 경미한 작업들을 배치하여 오전에 사용했던 근육들의 휴식을 도모할 수 있습니다. 하지만 이러한 작업순환을 현실적으로 적용할 때 여러 제약들이 발생할 수 있습니다.

• 잦은 작업의 순환은 일시적으로 생산성을 떨어트리고 품질의 감소를 불러일으킬 수 있습니다.

작업자들에게 새로운 작업이 부여되면 그것을 배우고 익숙해지는 학습의 시간이 필요할 것입니다. 담당하는 작업이 자주 교체되면 작업자들의 작업에 대한 전문성과 주인의식이 결여될 가능성이 있고 이는 생산성과 품질에 안 좋은 영향을 미칠 수 있습니다.

- 비교적 편한 작업에 배정된 작업자들은 작업이 순환되는 것을 꺼려할 수 있습니다.

현재 수행하고 있는 작업에 만족도가 높은 작업자들은 다른 직업에 배치되는 것에 대한 거부감이 들 수 있고 잦은 변화로 인한 정신적 스트레스를 경험할 수도 있습니다.

- 관리자와 감독자들은 작업순환을 거부하는 작업자들과의 마찰을 경험할 수 있습니다.

관리자와 감독자의 측면에서는 적절한 작업순환을 위하여 개개인의 작업자들에 대해 더욱 깊은 관심을 기울여야 하며, 작업 변경을 거부하는 작업자들을 설득하기 위해 더 큰 노력과 정신적 스트레스를 경험할 수 있습니다.

- 작업순환에 따른 적절한 보상과 산재 문제가 더욱 복잡해질 수 있습니다.

작업의 잦은 교체가 일어나면서 작업자들의 적절한 보상 및 산업재해 처리에 대한 규정과 절차가 더욱 복잡해질 수 있습니다.

스트레칭 프로그램

신체적으로 많은 노동 강도를 요구하는 직업들에서는 최근 스트레칭 프로그램을 도입하는 사례들이 늘어나고 있습니다. 작업 전 이러한 스트레칭을 통하여 전신의 혈액 순환을 높이고 관절들의 유연성을 기를 수 있기 때문입니다.[5] 이렇게 근육들이 준비 운동을 하면 작업 수행 시 부상을 당할 위험이 감소될 수 있습니다. 이러한 스트레칭 프로그램은 최소 5분 이상을 수행하는 것이 효과를 보는 것으로 알려져 있습니다.

예를 들어 작업 수행시 매 50~55분 작업 후에 5분 정도 스트레칭을 실시하는 일정을 수행한다면 작업자들의 웰빙과 안전 향상에 도움이 될 수 있습니다. 이러한 스트레칭으로 인해 작업자들의 피로와 불편도가 감소하게 되면 이는 작업장의 분위기를 더욱 활기있게 만들고 생산성의 향상까지도 기대해 볼 수 있습니다.

사무직 업무들에서도 이러한 스트레칭 프로그램이 도입될 수 있습니다. 연구에 의하면 2분 가량의 아주 짧은 휴식(마이크로 휴식)과 스트레칭도 하루 종일 정적인 자세를 수행하는 사무종사자들의 피로를 줄일 수 있는 데 도움이 되는 것으로 나타났습니다.

극한의 기온에서의 작업 관리

　너무 춥거나 지나치게 더운 극한의 환경에서 일하는 작업들을 보호하기 위한 관리적 개선 역시 고려될 수 있습니다. 우선적으로 작업자들이 올바른 복장을 전신 및 손과 발에 착용하도록 지침을 만들어 놓는 것이 중요합니다. 매우 더운 환경에서 작업하는 작업자들을 위하여 탈수현상이 발생하지 않도록 규정을 만들어 놓는 것 또한 필요합니다. 예를 들어 미국의 국립산업안전보건연구원 (NIOSH: National Institute for Occupational Safety and Health)에 의하면 매 20분 간격으로 약 250ml 가량의 찬물을 공급하기를 권고하고 있습니다. 그 밖에도 규칙적인 작업 휴식시간을 규율로 정하여 작업자들이 특수한 기온 상태에서 무리한 작업을 연장하는 일이 없도록 보호할 수 있습니다.

인간공학의 투자수익률

인간공학적 개선을 관리자들에게 설득하기 위한 중요한 요소 중 하나는 투자 수익률(ROI: return on investment)이라 할 수 있습니다. 즉, 인간공학적 개선을 위해 투자한 비용 대비 얼마만큼의 가치가 되돌아 오는가를 설득하는 것입니다.

우선 작업자들의 부상 및 질병으로 인해 얼마나 많은 금전적 손실이 발생하는지를 관계자들에게 설명할 필요가 있습니다. 이때 중요한 점은 간접비가 직접비보다 훨씬 크게 작용할 수 있다는 점입니다. Liberty Mutual Group에서 개발한 안전지표(Safety Index)에 의하면 간접비용은 직접비의 대략 4배 정도라고 밝힌 바 있습니다.[6]

그렇다면 산업재해의 어떠한 항목들이 직접비와 연관있을까요? 부상당한 작업자들에 대한 보상과, 의료비, 보험비, 벌금 등이 직접비로 계산될 수 있습니다. 간접비의 경우 더 광범위하다고 볼 수 있습니다. 작업자의 부상으로 연관될 수 있는 모든 것들을 가능한 고려해야 하기 때문입니다. 예를 들면 작업자의 부상으로 인한 동료들의 사기저하, 새로운 사람을 고용하고 교육·훈련시키는 데 드는 비용, 부상당한 작업자들을 대신에 일하는 근무자들의 초과비용, 관리적 비용 등이 있습니다.

투자 수익률은 어떻게 계산할 수 있을까요? 다음 수식과 같이 나타낼 수 있습니다.

$$투자수익률 = \frac{수익}{투자원금} \times 100$$

즉, 투자 대비 수익이 많아질 수록 투자 수익률은 늘어나게 되는 것입니다.

예/제/

건설현장에 1000만원을 들여 물자 운반 기기를 투자하려고 합니다. 이를 통한 생산성의 증가와 작업자들의 부상 감소로 인해 2000만원의 매출을 예상하고 있습니다. 투자 수익률을 계산하면 다음과 같다고 할 수 있습니다.

$$투자수익률 = \frac{2000 - 1000}{1000} \times 100 = 100\%$$

앞선 예제에서는 단기적인 투자 수익률에 대해 계산해 보았습니다. 이외에도 추후 연단위로 투자 수익률을 장기적으로 계산해 볼 수도 있습니다.

예/제/

제조공장에서 500만원을 투자해 인간공학적 적재카트를 지원하려고 합니다. 이를 통한 작업 능력의 향상과 부상의 감소로 매해 300만원의 비용 절감을 예측하고 있습니다. 투자후 2년차와 3년차의 투자 수익률을 계산하면 다음과 같습니다.

$$2년차투자수익률 = \frac{2 \times 300 - 500}{500} \times 100 = 20\%$$

$$3년차투자수익률 = \frac{3 \times 300 - 500}{500} \times 100 = 80\%$$

이러한 투자수익률 외에도 투자 자금의 회수기간(payback period)을 계산해 낼 수 있습니다. 이는 다음 수식과 같이 정리할 수 있습니다.

$$자금회수기간 = \frac{초기투자비용}{수익}$$

농업 작업자를 위한 높이 조절이 가능한 작업대에 500만원을 투자하려 하고 있습니다. 이로 인한 작업 생산성 향상과 농업인들의 부상 감소로 인한 수익이 250만원 정도가 예상됩니다. 본 투자에 대한 자금 회수기간을 계산하면 다음과 같습니다.

$$\text{자금회수기간} = \frac{500}{250} = 2\text{년}$$

즉, 투자한 원금을 회수하기 위해서는 2년 정도의 시간이 걸릴 것으로 예상됩니다.

인간공학적 개선활동은 항상 많은 비용이 드는 것은 아닙니다. 적은 비용의 개선책도 큰 효과를 볼 수가 있습니다. 예를 들면 건설작업자들에게 스트레칭 프로그램을 도입하는 것은 매우 적은 비용이 필요할 것입니다. 그럼에도 불구하고 작업자들의 근육을 이완시켜주고 사기를 증진시켜 작업에 대한 부상과 사고를 효과적으로 줄일 수 있습니다.

요약하면 인간공학 개선안을 통해 얻을 수 있는 경제적 효과는 다음과 같이 매우 많습니다.

- 생산성 향상
- 품질 향상
- 보상비용 감소
- 부상 관리 비용 감소
- 직원 유지(employee retention) 증가
- 고객 만족도 증가
- 결근 감소

중요한 점은 이러한 경제적 효과를 이해관계자들에게 잘 설명하고 설득시켜서 인간공학적인 작업 환경을 실천하도록 하는 것일 겁니다.

내 삶 속의 인간공학   건설현장 시멘트 포대 무게는 40kg

건설현장에서 운반되는 시멘트 한 포대의 무게는 40kg입니다. 이렇게 매우 무거운 시멘트 포대를 맨손으로 옮기다보면 건설노동자들의 근골격계질환을 유발하는 것은 그리 놀라운 일이 아닐 것입니다. 국제노동기구(ILO)에서는 노동자가 들 수 있는 무게를 최대 25kg으로 규정하고 있습니다.즉, 국제적인 중량물 허용 무게보다 무려 15kg이나 무거운 포대를 작업자들이 들고 있는 것입니다.[7] 이러한 상황이 지속되고 있는 이유는 무엇일까요? 사실 2013년에 산업자원부 기술표준원에 의해서 시멘트 한 포대 무게를 40kg 의무화하는 규정이 삭제된 바가 있습니다.[8] 그럼에도 불구하고 현재까지 40kg 포대 무게가 관행처럼 내려오고 있는 것입니다. 이러한 이유는 경제적인 측면에 있습니다. 시멘트 한 포대의 무게를 25kg으로 줄이면, 포대비용이 상승하게 되고, 더 많은 포대를 옮겨야 하므로 작업 속도가 저하될 수가 있습니다. 이는 또한 운반 인건비가 상승하는 결과를 초래할 수도 있는 것입니다. 이러한 이유로 40kg 포대 무게가 관행처럼 이어져 내려온 것입니다. 하지만 현재 건설업에 종사하는 55세 이상 노동자의 비율이 늘어나고 있고, 이는 근골격계질환위 위험을 더욱 가속화 시킬 수 있습니다. 그렇다면 어떠한 관리적 개선방안들이 마련될 수 있을까요?

우선은 정부 차원의 정책적인 노력이 필요할 것입니다. 앞서 소개되었던 상자의 착한 손잡이 사례처럼 노동자의 건강이 비용보다 우선시 되어야 한다는 개념이 뿌리깊게 인식되어야 할 것입니다. 그 외로 포장 단위를 줄이면서 오는 포대비용 상승에 대해 정부차원에서의 지원책이 선행되어야 할 것입니다. 또한 중량물을 직접 들지 않고 보조도구를 사용하도록 지원이 뒷받침 되어야 하며, 직무순환, 스트레칭 및 운동 프로그램 등을 고려해서 작업자들의 신체적 부담을 줄일 수 있도록 해야 할 것입니다.

▌요약

* 위험 관리 계층 구조에는 제거, 대체, 공학적 관리, 행정적 관리, 개인보호장비의 항목들이 포함됩니다.
* 직업 순환의 주목적은 작업자에게 다양한 일을 배치하면서 여러 종류의 근육을 고르게 사용하게 하고 한 가지의 근육이 집중적으로 사용되는 것을 예방하는 것입니다.
* 스트레칭 프로그램은 작업 전 스트레칭을 통하여 전신의 혈액 순환을 높이고 관절들의 유연성을 기를 수 있도록 합니다.

▌연습문제

1) 건설현장에서 사다리에 대한 낙상 사고가 빈번하게 발생합니다. 이를 위험 관리 계층 구조를 바탕으로 어떠한 개선점들을 제안할 수 있는지 알아보도록 합니다.
2) 대형마트에서는 이미 스트레칭 프로그램을 도입한 곳들이 여러 있습니다. 이곳을 방문하여 작업자들의 스트레칭 프로그램 만족도에 대해 조사해 봅니다. 추가적으로 어떠한 한계점 및 개선사항이 존재하고 있는지에 대해서 알아봅니다.
3) 작업순환이 실제로 성공적으로 이루어진 사례가 있는지에 대해 알아봅니다. 작업순환을 도입 시에 어떠한 현실적인 제약이 있는지에 대해 특정 산업을 선택해서 알아보도록 합니다.

▌참고문헌

Bridger, R. (2008). *Introduction to ergonomics*. Crc Press.

이경태. (2018). 근골격계질환에 대한 정부규제 이후 12년간 인간공학적 개입 효과에 대한 사례연구. *Journal of the Ergonomics Society of Korea*, *37*(5).

Marucci—Wellman, H. R., Courtney, T. K., Corns, H. L., Sorock, G. S., Webster, B. S., Wasiak, R., ... & Leamon, T. B. (2015). The direct cost burden of 13 years of disabling workplace injuries in the US (1998-2010): Findings from the Liberty Mutual Workplace Safety Index. *Journal of safety research*, *55*, 53−62.

▌관련링크

1. https://www.anjunj.com/news/articleView.html?idxno=24878
2. https://www.labortoday.co.kr/news/articleView.html?idxno=167701
3. https://www.cdc.gov/niosh/topics/hierarchy/default.html
4. https://www.osha.gov/publications/OSHA3123
5. https://www.ccohs.ca/oshanswers/ergonomics/office/stretching.html

1 Bridger, R. (2008). *Introduction to ergonomics.* Crc Press.

2 이경태. (2018). 근골격계질환에 대한 정부규제 이후 12 년간 인간공학적 개입 효과에 대한 사례연구. *Journal of the Ergonomics Society of Korea, 37*(5).

3 https://www.cdc.gov/niosh/topics/hierarchy/default.html

4 https://www.osha.gov/publications/OSHA3123

5 https://www.ccohs.ca/oshanswers/ergonomics/office/stretching.html

6 Marucci – Wellman, H. R., Courtney, T. K., Corns, H. L., Sorock, G. S., Webster, B. S., Wasiak, R., ... & Leamon, T. B. (2015). The direct cost burden of 13 years of disabling workplace injuries in the US (1998–2010): Findings from the Liberty Mutu al Workplace Safety Index. Journal of safety research, 55, 53 – 62.

7 https://www.anjunj.com/news/articleView.html?idxno = 24878

8 https://www.labortoday.co.kr/news/articleView.html?idxno = 167701

CHAPTER

15

사용성 평가:
보다 편하고 직관적인
삶을 향하다

사용성

사용성이란 제품을 얼마나 사용하기 쉽고 편한지에 대해 평가하는 척도라고 할 수 있습니다[1]. 국제표준화기구(ISO) 9241-11에 의하면 사용성은 사용자가 특정 환경에서 원하는 목적을 달성하기 위해 제품을 사용할 때 느끼는 제품의 효과, 효율, 만족도의 정도로 정의하고 있습니다.[2] 즉, 다음 표와 같이 세부항목별로 정의를 정리할 수 있습니다.

표 15-1 사용성 세부항목 및 정의

항목	정의
효과(effectiveness)	사용자가 제품을 사용하여 의도한 목적을 얼마나 완성도있게 달성하는가를 나타냅니다.
효율(efficiency)	사용자가 목적을 달성하기 위하여 얼마나 효율적으로 시간과 노력을 사용하는지를 나타냅니다.
만족(satisfaction)	사용자가 제품을 사용하면서 느끼는 편안함과 만족감을 나타냅니다.

사용자가 사용하는 가정 진공 청소기를 예로 들어봅시다. 진공 청소기를 통해 얼마나 먼지가 잘 흡수되는 것이 첫 번째 효과 항목의 척도가 될 수 있습니다. 청소기를 사용하면서 집안 청소를 끝마치기 위해 어느정도 노력과 시간이 소요되는 것이 효율의 척도가 될 수 있습니다. 마지막으로 사용자가 청소기를 사용하면서 느끼는 편안함, 안락함과 전체적인 만족도는 만족의 척도가 될 수 있는 것입니다.

이러한 사용성을 평가하는 방법으로 휴리스틱 평가법(Heuristic evaluation)이 있습니다.[3] 이는 발견적 평가방법이라고도 불립니다. 소수의 전문가들이 사용성 평가 기준을 바탕으로 제품의 사용성에 대해 평가하는 방법입니다. 이는 사용자 인터페이스 디자인의 개발 단계에서 주로 이루어지며 이는 문제를 조기에 발견

하고 개선하려는 데 있습니다. 특히 제이콥 닐슨(Jakob Nielsen)이 제시한 다음과
같은 10가지 평가방법론을 참고할 수 있습니다.

표 15-2 제이콥 닐슨의 휴리스틱 평가방법론

1	시스템의 가시성을 유지합니다.
2	실제 세상과 시스템을 일치시킵니다.
3	사용자에게 조종의 자유를 부여합니다.
4	일관성과 표준을 지킵니다.
5	실수를 방지하도록 합니다.
6	기억보다는 인식하게 합니다.
7	유연성을 가지고 사용의 효율성을 가집니다.
8	심미적이고 최소의 디자인을 합니다.
9	실수로부터 회복이 가능하도록 합니다.
10	도움을 줄 수 있는 문서를 제공합니다.

이외에도 제이콥 닐슨은 사용성에 대하여 다섯가지 항목으로 나누어 다음과
같이 정의를 내리고 있습니다.

표 15-3 제이콥 닐슨의 사용성 정의

학습용이성(learnability)	초보자가 제품을 얼마나 쉽게 학습하느냐를 나타냅니다.
효율성(efficiency)	숙련된 사용자가 작업을 얼마나 빠르고 효율적으로 수행하는지를 나타냅니다.
기억용이성(memorability)	기존에 사용 경험이 있는 사용자가 얼마나 쉽게 사용법을 기억하는지를 나타냅니다.
에러 빈도 및 정도 (error frequency and severity)	사용자가 실수를 얼마나 자주 하고 실수의 정도가 어느 정도인지에 대해 나타냅니다.
주관적 만족도 (subjective satisfaction)	사용자가 제품에 대해 얼마나 만족하고 있는지를 나타냅니다.

15.2 사용자 인터페이스

사용자 인터페이스는 사용자가 상호작용 하게 되는 모든 매개체를 포함할 수 있습니다. 예를 들면 디스플레이 화면, 마우스, 키보드, 터치 스크린부터 소프트웨어 프로그램, 웹사이트 디자인, 가전제품, 자동차 등까지 다양한 영역을 내포할 수 있습니다. 사용자 인터페이스를 설계 할 때 세 가지 다른 방법론을 고려할 수 있습니다.

사용자중심 디자인(User-centered design)

제품 디자인의 전 과정에서 사용자의 니즈와 한계, 제약 상황 등을 이해하고 반영하는 것입니다. 사용자의 관점으로 인터페이스를 사고하는 것으로 개발자 중심의 디자인과 대비되는 개념이라고 할 수 있습니다.

사용자경험 디자인(User experience design)

여러 사용자들이 인터페이스를 사용하면서 느낀 다양한 경험들을 이해하고 사용자에게 더 나은 경험을 선사하기 위해 이를 디자인에 반영시키는 것입니다.

유니버설 디자인(Universal design)

보편적 설계라고도 불리우며 사용자의 성별, 연령, 장애, 언어 등으로 인해 제품을 사용하는 데 지장이 없도록 설계하는 것을 말합니다. 즉 모든 사람을 포용할 수 있는 디자인이며 범용 디자인이라고도 불립니다.

그렇다면 효과적인 사용자 인터페이스를 설계하기 위해서는 어떠한 방법이 있을까요? 다음과 같이 네 가지 항목에 대한 기본 원칙을 고려할 수 있습니다.

• 직관성(Intuitiveness)

인터페이스를 사용자가 큰 노력 없이 이해하고 쉽게 사용할 수 있도록 설계해야 합니다. 예를 들면 검색이 쉽고, 사용하기 간편하며, 일관성 있는 인터페이스를 고려할 수 있습니다.

• 유효성(Efficiency)

사용자가 원하는 목적을 정확하고 빠르게 달성할 수 있도록 설계합니다.

• 학습성(Learnability)

초보자가 쉽게 배우고 사용할 수 있도록 합니다. 사용자가 쉽게 접근할 수 있고, 쉽게 기억할 수 있도록 설계하는 것이 중요합니다.

• 유연성(Flexibility)

사용자의 다양한 상호작용을 포용할 수 있고, 실수를 방지할 수 있도록 고려합니다. 예를 들면 오류 예방, 실수 포용, 오류 감지와 같은 기능들을 적용할 수 있습니다.

이외에도 한국HCI(Human Computer Interaction)연구회에서는 다음 표와 같이 사용자인터페이스의 설계지침에 대하여 10가지 원칙을 제시하고 있습니다.[4]

표 15-4 사용자인터페이스 설계 10원칙

가시성의 원칙(Visibility)	인터페이스의 주요기능을 사용자가 쉽게 발견할 수 있게 하여 조작이 쉽도록 구성합니다.
조작결과 예측의 원칙 (Natural mapping)	사용자가 인터페이스 기능 조작했을 때 결과를 쉽게 예측할수 있도록 설계합니다.
일관성의 원칙(Consistency)	인터페이스의 조작방식에 일관성을 부여해서 사용자가 쉽게 기억하고 빠르게 적응할 수 있도록 합니다.

단순성의 원칙(Simplicity)	인터페이스의 기능구조를 단순화시켜 사용자의 불필요한 인지적 부담을 줄여줍니다.
지식배분의 원칙 (Knowledge in world & head)	사용자의 지식과 기억 구조에 적합하게 설계하여 학습과 기억이 용이하게 분배합니다.
조작오류의 원칙(Design for error)	조작 시 발생한 오류를 쉽게 발견할 수 있게 하고 오류의 수정도 신속하게 가능하도록 합니다.
제한사항 선택사용의 원칙 (Constraints)	조작 상의 제한사항을 적용하여 사용자에게 선택의 범위를 줄이고 조작을 명확하게 합니다.
표준화의 원칙(Standardization)	인터페이스의 기능과 디자인을 표준화하여 학습 후에 쉽게 기억하고 사용하도록 합니다.
행동유도성의 원칙(Affordance)	사용자에게 인터페이스 기능을 어떻게 조작하면 좋을지 단서를 제공합니다.
접근성의 원칙(Accessibility)	사용자의 성별, 연령, 인종, 장애 등 다양한 요소를 수용할 수 있도록 합니다.

그렇다면 사용자 인터페이스를 평가할 때 어떠한 항목들을 고려할 수 있을까요? 다음 표와 같이 다섯 가지 항목들에 대해 고려해 볼 수 있습니다.

표 15-5 사용자 인터페이스 평가 항목들

학습시간	사용자가 작업수행에 요구되는 기능 및 명령어를 학습하기 위해 필요한 시간이 어느정도인가를 평가합니다.
작업수행속도	인터페이스를 통해 원하는 작업을 수행하고 달성하기까지의 시간을 평가합니다.
사용자에러율	작업을 수행 시 얼마만큼의 에러를 사용자가 범하게 되는지 평가합니다.
기억력	사용자가 한번 사용한 기능을 얼마나 오랫동안 기억하는지에 대해 평가합니다.
주관적 만족도	인터페이스의 다양한 기능들을 사용하는 것에 대한 사용자의 선호도 및 전체적인 만족도에 대해 평가합니다.

사용성 평가기법

사용성 평가란 완성된 제품을 사용자에게 직접 사용하게 하고 이를 관찰하면서 제품의 사용성에 대해 평가하는 방법을 말합니다. 이를 통해 제품의 설계자 및 개발자는 사용자가 사용자의 관점에서 제품을 어떻게 이해하고 받아들이는지에 대해 생생한 정보를 획득할 수 있습니다. 이때 사용성을 평가하는 다양한 기법들이 존재합니다. 각각의 방법에 대해 좀 더 자세히 알아보기로 합니다.

설문조사법

사용자가 제품을 직접 사용하게 한 후에 설문지를 이용하여 사용자가 느낀 사용경험에 대해 조사하는 방법을 말합니다. 리커트 척도 혹은 VAS(Visual Analogue Scale) 척도를 사용하여 사용자가 느낀 경험에 대해서 수치적인 정보를 얻을 수 있습니다. 또한 서술식 질문 항목을 통해 특별한 형식이나 제약없이 사용자가 느낀 전반적인 경험에 대한 정보를 취득할 수도 있습니다. 설문조사의 단점은 사용자가 제품 사용을 끝난 후에 문항에 답변한다는 것입니다. 경우에 따라서는 사용자가 제품 사용 시 느꼈던 순간적인 경험에 대해 정확하게 기억해 내지 못할 수도 있는 것입니다.

구문기록법

구문기록법은 사용자가 제품을 사용하는 과정에서 머릿속에서 순간적으로 떠오른 생각들을 바로 말하게 하는 것입니다. 이는 사용자의 생생하고 순간적인 느낌에 대한 정보를 얻을 수 있다는 장점이 있습니다. 이러한 구문기록법은 멀티태스킹을 요하기 때문에 사용자가 익숙하지 않을 가능성이 있습니다. 사전에 연습실험을 통해 사용자가 익숙해지는 과정이 필요합니다. 사용자가 제품을 사용시에 평가자가 답변을 유도하도록 질문을 하는 것을 최대한 지양해야 합니다.

실험평가법

실험평가법이란 사전에 어떠한 가설을 세워놓고 이를 검증하기 위한 실험을 진행하는 것입니다. 실험을 통해 측정할 항목들을 사전에 정의해 놓고 제품에 대한 사용성을 통계적 분석방법을 통해 평가하는 방법이라 할 수 있습니다.

• 포커스 그룹 인터뷰

포커스 그룹 인터뷰는 집단심층 면접조사라고도 불리우며 정성적 평가방법의 하나라고 할 수 있습니다. 각 포커스 그룹에는 보통 6~8명의 참가자들이 속하게 되며 진행자가 조사의 목적을 설명하고 전반적인 토론을 이끌어가게 됩니다. 이러한 심층 토론을 통해 제품에 대한 의견이나 문제점 등에 대한 정보를 끄집어 낼 수 있습니다.

🎙 인간공학 이야기

인공지능 스피커의 사용성 평가

알렉사를 비롯한 인공지능 스피커는 최근에 일상생활에서 널리 보급되어 사용되고 있습니다. 이러한 감정적 표현을 할 수 있는 인공지능 스피커에 초점에 맞추어 사용성을 평가한 연구가 있습니다.[5] 연구결과 개인의 정서별로 인공지능 스피커의 감정표현에 대한 다른 선호도를 보이는 것을 알아냈습니다. 이는 개인의 정서를 고려한 맞춤화된 감정 표현이 더욱 필요하다는 것을 의미합니다. 이러한 맞춤형 감정 표현은 인공지능 스피커가 사용자와 더욱 친밀한 관계로 발전할 수 있는 계기가 될 수 있는 것입니다. 언제가 영화 Her처럼 인간이 인공지능과 진정한 교감을 하는 날이 올 지도 모르겠습니다.

스마트폰의 사용자 인터페이스 디자인

우리가 일상생활에서 이제는 빼놓을 수 없는 스마트폰은 사용자 인터페이스의 집약체라고 할 수 있습니다. 즉, 스마트폰의 인터페이스가 어떻게 설계되어야 사용자가 더욱 직관적으로 느끼고 편하게 사용할 수 있는지를 연구하는 것입니다. 삼성전자의 갤럭시 스마트폰의 경우 One UI를 통해 사용자들이 단 1,2초라도 시간을 줄이고 쉽고 편리하게 스마트폰을 사용하도록 꾸준한 연구를 하고 있습니다.[6]

예를 들면 다음과 같은 4가지의 원칙을 고수하고 있습니다: 1) 눈앞의 일에 집중하게 하자, 2) 매끄러운 흐름으로 자연스러운 사용성을 유도하자, 3) 시각적으로 편안하게 하자, 4) 사용자 패턴과 디바이스를 고려해 능동적 반응을 이끌어 내자. 여기에 더 나아가 최근에는 태블릿, 폴더블폰, 스마트폰 등 다양한 기기의 종류에 따라 최적의 레이아웃 및 사용성이 구성되도록 힘을 쏟고 있습니다. 예를 들면 디스플레이가 작은 스마트폰에서는 내비게이션 메뉴 버튼을 눌러야 앱 메뉴로 진행되지만, 디스플레이가 큰 갤럭시 Z 폴드나 탭 시리즈에서는 내비게이션 메뉴를 누르지 않아도 앱 매뉴가 디스플레이 좌측에 위치되게 디자인 한 것입니다. 이외에도 삼성 기기 사이에 앱의 작업이 자연스럽게 연동되게 한 '다른 기기에서 앱 이어서 사용' 기능도 사용자의 편리함을 강조한 배려라고 할 수 있습니다.

▎요약

- 국제표준화기구(ISO) 9241 – 11에 의하면 사용성은 사용자가 특정 환경에서 원하는 목적을 달성하기 위해 제품을 사용할 때 느끼는 제품의 효과, 효율, 만족도의 정도로 정의하고 있습니다.
- 사용성을 평가하는 방법으로 휴리스틱 평가법(Heuristic evaluation)이 있습니다. 이는 발견적 평가방법이라고도 불리며 소수의 전문가들이 사용성 평가 기준을 바탕으로 함께 제품의 사용성에 대해 평가하는 방법입니다.
- 사용자 인터페이스는 사용자가 상호작용 하게 되는 모든 매개체를 포함할 수 있습니다. 사용자 인터페이스를 설계 할 때 사용자 중심 디자인, 사용자 경험 디자인, 유니버셜 디자인 방법론을 고려할 수 있습니다.

- 사용성 평가란 완성된 제품을 사용자가 직접 사용하게 하고 이를 관찰하면서 제품의 사용성에 대해 평가하는 방법을 말합니다.
- 구문기록법은 사용자가 제품을 사용하는 과정에서 머릿속에서 순간적으로 떠오른 생각들을 바로 말하게 하는 것입니다.
- 포커스 그룹 인터뷰는 집단심층 면접조사라고도 불리우며 심층 토론을 통해 제품에 대한 의견이나 문제점 등에 대한 정보를 끄집어 낼 수 있습니다.

▌연습문제

1) 현재 자신이 사용하고 있는 스마트폰 인터페이스 대한 사용성 평가를 진행해 봅시다. 장단점에 대해서 기술하고 인터페이스 개선방안에 대해서 제안해 봅시다.

2) 자신이 사용하고 있는 가전제품 하나를 선정하여 사용성 평가를 진행해 봅시다. 효과, 효율, 만족의 측면에서 각각 사용성을 평가해 봅시다. 사용성 추가 개선점에 대해 제안해 보도록 합니다.

3) 유니버셜 디자인이 적용되어 있는 우리 주변의 사례에 대해 찾아 보도록 합니다. 어떠한 항목들이 고려되어 있는지 조사해 보도록 합니다. 추가적으로 개선할 수 있는 사항들에 대해서 탐구해 봅니다.

▌참고문헌

Jordan, P. W. (2020). *An introduction to usability*. CRC Press.

Nielsen, J., & Molich, R. (1990, March). Heuristic evaluation of user interfaces. In *Proceedings of the SIGCHI conference on Human factors in computing systems* (pp. 249−256).

John, B. E., & Kieras, D. E. (1996). The GOMS family of user interface analysis techniques: Comparison and contrast. *ACM Transactions on Computer−Human Interaction (TOCHI)*, *3*(4), 320−351.

장지혜, & 주다영. (2019). 인공지능 스피커의 정서별 감정발화에 따른 사용성 평가. 한국 *HCI* 학회 학술대회, 705−712.

▌관련링크

1. https://www.iso.org/obp/ui/#iso:std:iso:9241:−11:ed−2:v1:en
2. https://bit.ly/3sogxiS
3. http://hcikorea.org/

1 ordan, P. W. (2020). An introduction to usability. CRC Press.

2 https://www.iso.org/obp/ui/#iso:std:iso:9241:-11:ed-2:v1:en

3 Nielsen, J., & Molich, R. (1990, March). Heuristic evaluation of user interfaces. In P roceedings of the SIGCHI conference on Human factors in computing systems (pp. 249-256).

4 http://hcikorea.org/

5 장지혜, & 주다영. (2019). 인공지능 스피커의 정서별 감정발화에 따른 사용성 평가. 한국 *HCI* 학회 학술대회, 705-712.

6 https://bit.ly/3sogxiS

▮부록 1

Contents

Table 1F

Female Population Percentages for Lifting Tasks Ending Below Knuckle Height (< 28")

Object Weight (pounds)	Lifting Distance (inches)	7 inches 15s	30s	1m	5m	8h	10 inches 15s	30s	1m	5m	8h	15 inches 15s	30s	1m	5m	8h
59	30	–	–	–	–	–	–	–	–	–	–	–	–	–	–	–
59	20	–	–	–	–	–	–	–	–	–	–	–	–	–	–	–
59	10	–	–	–	–	–	–	–	–	–	–	–	–	–	–	–
56	30	–	–	–	–	–	–	–	–	–	–	–	–	–	–	–
56	20	–	–	–	–	–	–	–	–	–	–	–	–	–	–	–
56	10	–	–	–	–	15	–	–	–	–	–	–	–	–	–	–
53	30	–	–	–	–	–	–	–	–	–	–	–	–	–	–	–
53	20	–	–	–	–	11	–	–	–	–	–	–	–	–	–	–
53	10	–	–	–	–	21	–	–	–	–	–	–	–	–	–	–
50	30	–	–	–	–	–	–	–	–	–	–	–	–	–	–	–
50	20	–	–	–	–	17	–	–	–	–	–	–	–	–	–	–
50	10	–	–	–	–	29	–	–	–	–	14	–	–	–	–	–
47	30	–	–	–	–	12	–	–	–	–	–	–	–	–	–	–
47	20	–	–	–	–	24	–	–	–	–	11	–	–	–	–	–
47	10	–	–	–	–	38	–	–	–	–	21	–	–	–	–	–
44	30	–	–	–	–	19	–	–	–	–	–	–	–	–	–	–
44	20	–	–	–	–	34	–	–	–	–	17	–	–	–	–	–
44	10	–	–	–	15	48	–	–	–	–	30	–	–	–	–	–
41	30	–	–	–	–	29	–	–	–	–	14	–	–	–	–	–
41	20	–	–	–	12	44	–	–	–	–	26	–	–	–	–	–
41	10	–	–	14	23	58	–	–	–	–	41	–	–	–	–	–
38	30	–	–	–	–	40	–	–	–	–	22	–	–	–	–	–
38	20	–	–	12	21	56	–	–	–	–	38	–	–	–	–	–
38	10	–	–	23	34	68	–	–	–	18	52	–	–	–	–	17
35	30	–	–	–	18	52	–	–	–	–	34	–	–	–	–	–
35	20	–	14	22	32	66	–	–	–	16	50	–	–	–	–	16
35	10	11	18	35	47	76	–	–	18	29	63	–	–	–	–	28
32	30	–	–	20	30	64	–	–	–	15	48	–	–	–	–	14
32	20	20	25	34	46	76	–	11	18	28	62	–	–	–	–	28
32	10	20	30	49	60	83	–	14	31	42	73	–	–	–	11	42
29	30	12	18	33	45	75	–	–	17	27	61	–	–	–	–	27
29	20	34	39	49	60	83	18	22	31	43	74	–	–	–	11	42
29	10	34	45	62	71	89	18	27	45	56	82	–	–	13	22	56
26	30	25	33	50	60	84	11	17	32	43	74	–	–	–	11	43
26	20	50	55	64	73	89	32	38	47	58	83	–	–	14	23	58
26	10	50	60	75	81	+	33	43	61	70	88	–	12	26	37	70
23	30	43	52	66	74	+	25	34	50	61	84	–	–	16	26	60
23	20	66	70	77	83	+	51	56	64	73	89	17	21	30	41	73
23	10	67	74	84	88	+	51	61	75	81	+	18	26	44	55	81
20	30	62	70	80	85	+	46	54	68	76	+	14	20	35	46	76
20	20	80	83	87	+	+	69	73	79	84	+	37	41	51	61	84
20	10	80	85	+	+	+	69	76	85	89	+	37	47	64	72	89
17	30	79	84	+	+	+	68	74	83	88	+	35	44	59	68	87
17	20	+	+	+	+	+	83	86	89	+	+	60	64	71	79	+
17	10	+	+	+	+	+	84	88	+	+	+	61	69	80	85	+
14	30	+	+	+	+	+	85	88	+	+	+	63	70	80	85	+
14	20	+	+	+	+	+	+	+	+	+	+	80	83	87	+	+
14	10	+	+	+	+	+	+	+	+	+	+	81	85	+	+	+
11	30	+	+	+	+	+	+	+	+	+	+	85	88	+	+	+
11	20	+	+	+	+	+	+	+	+	+	+	+	+	+	+	+
11	10	+	+	+	+	+	+	+	+	+	+	+	+	+	+	+
8	30	+	+	+	+	+	+	+	+	+	+	+	+	+	+	+
8	20	+	+	+	+	+	+	+	+	+	+	+	+	+	+	+
8	10	+	+	+	+	+	+	+	+	+	+	+	+	+	+	+

+ = Greater than 90%
– = Less than 10%

Male Population Percentages for Lifting Tasks Ending Below Knuckle Height (< *31"*)

Object Weight (pounds)	Lifting Distance (inches)	Hand Distance → 7 inches					10 inches					15 inches				
	Frequency: One Lift Every →	15s	30s	1m	5m	8h	15s	30s	1m	5m	8h	15s	30s	1m	5m	8h
96	30	–	–	–	30	49	–	–	–	16	35	–	–	–	–	–
	20	–	–	13	34	54	–	–	–	20	39	–	–	–	–	12
	10	–	11	25	48	65	–	–	13	33	53	–	–	–	–	23
92	30	–	–	14	34	54	–	–	–	20	40	–	–	–	–	12
	20	–	–	17	39	58	–	–	–	24	44	–	–	–	–	16
	10	–	15	30	52	69	–	–	16	38	57	–	–	–	11	28
88	30	–	–	17	39	58	–	–	–	25	45	–	–	–	–	16
	20	–	–	21	44	62	–	–	–	29	49	–	–	–	–	20
	10	11	19	34	57	72	–	–	20	43	61	–	–	–	15	33
84	30	–	–	22	45	63	–	–	–	30	50	–	–	–	–	20
	20	–	11	26	49	66	–	–	14	34	54	–	–	–	–	25
	10	15	23	40	61	75	–	11	25	48	65	–	–	–	19	38
80	30	–	–	27	50	67	–	–	14	35	55	–	–	–	–	25
	20	–	14	31	54	70	–	–	18	40	59	–	–	–	13	30
	10	20	28	45	65	78	–	15	30	53	69	–	–	–	24	43
76	30	–	14	33	55	71	–	–	19	41	60	–	–	–	13	31
	20	11	19	37	59	73	–	–	23	46	63	–	–	–	17	36
	10	25	34	51	69	80	12	19	36	58	73	–	–	–	29	49
72	30	–	19	39	60	74	–	–	24	47	64	–	–	–	18	37
	20	15	24	43	64	77	–	12	29	51	68	–	–	–	22	42
	10	31	40	56	73	83	16	25	42	63	76	–	–	14	35	55
68	30	15	25	45	65	78	–	12	30	53	69	–	–	–	24	43
	20	20	31	50	69	80	–	16	35	57	72	–	–	–	28	48
	10	37	46	62	77	85	21	31	48	68	79	–	–	19	42	60
64	30	20	31	52	70	81	–	17	37	59	73	–	–	11	30	50
	20	26	37	56	73	83	13	22	42	63	76	–	–	14	35	54
	10	44	53	67	80	87	28	38	55	72	82	–	–	25	48	66
60	30	27	39	58	75	84	13	23	44	65	77	–	–	16	37	57
	20	34	45	62	77	85	18	29	49	68	80	–	–	20	42	60
	10	51	59	72	83	89	35	45	61	76	85	–	14	33	55	71
56	30	35	46	64	79	86	19	31	52	70	81	–	–	22	45	63
	20	41	52	68	81	88	25	37	56	73	83	–	–	27	50	66
	10	58	65	76	86	+	42	52	67	80	87	12	21	40	62	75
52	30	43	54	70	82	89	27	39	59	75	84	–	11	30	53	69
	20	49	59	73	84	+	33	45	63	78	86	–	14	35	57	72
	10	65	71	80	88	+	51	60	72	84	89	18	28	48	68	79
48	30	52	62	76	85	+	36	48	66	80	87	–	17	39	61	75
	20	58	66	78	87	+	42	53	69	82	88	11	22	44	64	77
	10	71	76	84	+	+	59	66	77	87	+	26	37	57	74	83
44	30	60	69	80	88	+	45	57	73	84	89	14	26	49	68	80
	20	65	73	82	89	+	52	62	75	85	+	19	31	53	71	82
	10	76	81	87	+	+	66	73	82	89	+	35	47	65	79	86
40	30	68	76	85	+	+	56	66	78	87	+	23	37	59	75	84
	20	73	79	86	+	+	61	70	81	88	+	29	42	62	77	85
	10	81	85	+	+	+	73	79	86	+	+	46	57	72	83	89
36	30	76	81	88	+	+	65	73	83	+	+	35	48	68	81	88
	20	79	84	89	+	+	70	77	85	+	+	40	53	71	83	89
	10	86	88	+	+	+	80	84	89	+	+	57	66	78	87	+
32	30	82	86	+	+	+	74	80	88	+	+	48	60	76	86	+
	20	84	88	+	+	+	77	83	89	+	+	53	64	78	87	+
	10	89	+	+	+	+	85	88	+	+	+	67	75	84	+	+
28	30	87	+	+	+	+	81	86	+	+	+	61	71	83	+	+
	20	89	+	+	+	+	84	87	+	+	+	66	74	84	+	+
	10	+	+	+	+	+	89	+	+	+	+	77	82	88	+	+

+ = Greater than 90%
– = Less than 10%

Table 2F

Female Population Percentages for Lifting Tasks Ending Between Knuckle and Shoulder Height *(≥ 28" & ≤ 53")*

Object Weight (pounds)	Lifting Distance (inches)	7 inches					10 inches					15 inches				
	Frequency: One Lift Every	15s	30s	1m	5m	8h	15s	30s	1m	5m	8h	15s	30s	1m	5m	8h
59	30	–	–	–	–	–	–	–	–	–	–	–	–	–	–	–
59	20	–	–	–	–	–	–	–	–	–	–	–	–	–	–	–
59	10	–	–	–	–	–	–	–	–	–	–	–	–	–	–	–
56	30	–	–	–	–	–	–	–	–	–	–	–	–	–	–	–
56	20	–	–	–	–	–	–	–	–	–	–	–	–	–	–	–
56	10	–	–	–	–	15	–	–	–	–	–	–	–	–	–	–
53	30	–	–	–	–	–	–	–	–	–	–	–	–	–	–	–
53	20	–	–	–	–	11	–	–	–	–	–	–	–	–	–	–
53	10	–	–	–	–	21	–	–	–	–	–	–	–	–	–	–
50	30	–	–	–	–	–	–	–	–	–	–	–	–	–	–	–
50	20	–	–	–	–	17	–	–	–	–	–	–	–	–	–	–
50	10	–	–	–	–	29	–	–	–	–	14	–	–	–	–	–
47	30	–	–	–	–	12	–	–	–	–	–	–	–	–	–	–
47	20	–	–	–	–	24	–	–	–	–	11	–	–	–	–	–
47	10	–	–	–	–	38	–	–	–	–	21	–	–	–	–	–
44	30	–	–	–	–	19	–	–	–	–	–	–	–	–	–	–
44	20	–	–	–	–	34	–	–	–	–	17	–	–	–	–	–
44	10	–	–	–	15	48	–	–	–	–	30	–	–	–	–	–
41	30	–	–	–	–	29	–	–	–	–	14	–	–	–	–	–
41	20	–	–	–	12	44	–	–	–	–	26	–	–	–	–	–
41	10	–	–	14	23	58	–	–	–	–	41	–	–	–	–	–
38	30	–	–	–	–	40	–	–	–	–	22	–	–	–	–	–
38	20	–	–	12	21	56	–	–	–	–	38	–	–	–	–	–
38	10	–	–	23	34	68	–	–	–	18	52	–	–	–	–	17
35	30	–	–	–	18	52	–	–	–	–	34	–	–	–	–	–
35	20	–	14	22	32	66	–	–	–	16	50	–	–	–	–	16
35	10	11	18	35	47	76	–	–	18	29	63	–	–	–	–	28
32	30	–	–	20	30	64	–	–	–	15	48	–	–	–	–	14
32	20	20	25	34	46	76	–	11	18	28	62	–	–	–	–	28
32	10	20	30	49	60	83	–	14	31	42	73	–	–	–	11	42
29	30	12	18	33	45	75	–	–	17	27	61	–	–	–	–	27
29	20	34	39	49	60	83	18	22	31	43	74	–	–	–	11	42
29	10	34	45	62	71	89	18	27	45	56	82	–	–	13	22	56
26	30	25	33	50	60	84	11	17	32	43	74	–	–	–	11	43
26	20	50	55	64	73	89	32	38	47	58	83	–	–	14	23	58
26	10	50	60	75	81	+	33	43	61	70	88	–	12	26	37	70
23	30	43	52	66	74	+	25	34	50	61	84	–	–	16	26	60
23	20	66	70	77	83	+	51	56	64	73	89	17	21	30	41	73
23	10	67	74	84	88	+	51	61	75	81	+	18	26	44	55	81
20	30	62	70	80	85	+	46	54	68	76	+	14	20	35	46	76
20	20	80	83	87	+	+	69	73	79	84	+	37	41	51	61	84
20	10	80	85	+	+	+	69	76	85	89	+	37	47	64	72	89
17	30	79	84	+	+	+	68	74	83	88	+	35	44	59	68	87
17	20	+	+	+	+	+	83	86	89	+	+	60	64	71	79	+
17	10	+	+	+	+	+	84	88	+	+	+	61	69	80	85	+
14	30	+	+	+	+	+	85	88	+	+	+	63	70	80	85	+
14	20	+	+	+	+	+	+	+	+	+	+	80	83	87	+	+
14	10	+	+	+	+	+	+	+	+	+	+	81	85	+	+	+
11	30	+	+	+	+	+	+	+	+	+	+	85	88	+	+	+
11	20	+	+	+	+	+	+	+	+	+	+	+	+	+	+	+
11	10	+	+	+	+	+	+	+	+	+	+	+	+	+	+	+
8	30	+	+	+	+	+	+	+	+	+	+	+	+	+	+	+
8	20	+	+	+	+	+	+	+	+	+	+	+	+	+	+	+
8	10	+	+	+	+	+	+	+	+	+	+	+	+	+	+	+

Hand Distance

+ = Greater than 90%
– = Less than 10%

Table 2M

Male Population Percentages for Lifting Tasks Ending Between Knuckle and Shoulder Height (≥ 31″ & ≤ 57″)

Object Weight (pounds)	Lifting Distance (inches)	7 inches					10 inches					15 inches				
	Frequency: One Lift Every	15s	30s	1m	5m	8h	15s	30s	1m	5m	8h	15s	30s	1m	5m	8h
96	30	–	–	–	–	12	–	–	–	–	–	–	–	–	–	–
	20	–	–	–	–	25	–	–	–	–	12	–	–	–	–	–
	10	–	–	16	21	46	–	–	–	–	30	–	–	–	–	–
92	30	–	–	–	–	16	–	–	–	–	–	–	–	–	–	–
	20	–	–	–	–	30	–	–	–	–	16	–	–	–	–	–
	10	–	–	20	26	52	–	–	–	13	36	–	–	–	–	–
88	30	–	–	–	–	21	–	–	–	–	–	–	–	–	–	–
	20	–	–	–	13	36	–	–	–	–	21	–	–	–	–	–
	10	–	11	25	32	57	–	–	12	17	42	–	–	–	–	13
84	30	–	–	–	–	27	–	–	–	–	13	–	–	–	–	–
	20	–	–	12	17	42	–	–	–	–	26	–	–	–	–	–
	10	–	15	31	38	63	–	–	17	22	48	–	–	–	–	17
80	30	–	–	–	11	33	–	–	–	–	18	–	–	–	–	–
	20	–	–	17	23	49	–	–	–	11	32	–	–	–	–	–
	10	12	20	38	44	68	–	–	22	28	54	–	–	–	–	23
76	30	–	–	11	16	40	–	–	–	–	24	–	–	–	–	–
	20	–	–	23	29	55	–	–	11	15	39	–	–	–	–	11
	10	17	26	45	51	72	–	13	29	35	60	–	–	–	–	29
72	30	–	–	16	21	47	–	–	–	–	31	–	–	–	–	–
	20	–	14	30	36	61	–	–	16	21	47	–	–	–	–	16
	10	23	33	52	58	77	11	19	36	42	66	–	–	–	13	36
68	30	–	11	22	28	54	–	–	–	15	39	–	–	–	–	11
	20	12	20	37	44	67	–	–	22	28	54	–	–	–	–	23
	10	30	41	59	64	81	16	25	43	50	72	–	–	–	14	19	44
64	30	12	17	30	36	61	–	–	16	21	47	–	–	–	–	16
	20	18	27	45	52	73	–	14	29	36	61	–	–	–	–	30
	10	38	49	65	70	84	23	33	51	57	77	–	–	20	26	52
60	30	18	25	38	45	68	–	12	23	29	55	–	–	–	–	24
	20	25	35	54	60	78	13	20	38	44	68	–	–	–	15	39
	10	47	57	72	76	87	31	42	59	64	81	–	13	28	34	60
56	30	26	33	48	54	74	13	19	32	38	63	–	–	–	–	32
	20	34	45	62	67	83	20	29	47	53	74	–	–	17	22	48
	10	56	65	77	81	+	41	51	67	71	85	13	20	37	44	67
52	30	36	43	57	63	80	21	28	41	48	70	–	–	13	17	42
	20	44	54	69	74	86	28	39	56	62	80	–	11	25	31	57
	10	64	72	82	85	+	50	60	73	77	88	20	29	47	53	74
48	30	46	54	66	71	85	31	38	52	58	77	–	11	21	27	53
	20	54	63	76	80	+	39	49	65	70	84	12	19	36	42	66
	10	72	78	86	88	+	60	68	80	83	+	30	40	57	63	80
44	30	57	64	74	78	88	42	50	62	67	83	14	19	32	38	63
	20	64	72	82	85	+	51	60	74	77	88	20	29	47	53	74
	10	79	84	+	+	+	69	76	85	87	+	42	51	67	71	85
40	30	68	73	81	84	+	55	61	72	76	87	24	31	44	51	72
	20	73	79	87	89	+	62	70	81	84	+	32	42	59	64	81
	10	85	88	+	+	+	77	82	89	+	+	54	63	75	79	89
36	30	77	81	87	89	+	66	72	80	83	+	38	45	58	63	80
	20	81	85	+	+	+	72	78	86	88	+	46	56	70	74	87
	10	89	+	+	+	+	84	88	+	+	+	66	73	82	85	+
32	30	84	87	+	+	+	77	81	86	88	+	53	60	70	74	87
	20	87	+	+	+	+	81	85	+	+	+	61	69	79	83	+
	10	+	+	+	+	+	89	+	+	+	+	76	82	88	+	+
28	30	+	+	+	+	+	85	88	+	+	+	68	73	81	84	+
	20	+	+	+	+	+	88	+	+	+	+	74	79	87	89	+
	10	+	+	+	+	+	+	+	+	+	+	85	88	+	+	+

+ = Greater than 90%
– = Less than 10%

Table 3F
Female Population Percentages for Lifting Tasks Ending Above Shoulder Height *(> 53")*

Object Weight (pounds)	Lifting Distance (inches)	7 inches					10 inches					15 inches				
	Frequency: One Lift Every	15s	30s	1m	5m	8h	15s	30s	1m	5m	8h	15s	30s	1m	5m	8h
40	30	–	–	–	–	13	–	–	–	–	–	–	–	–	–	–
	20	–	–	–	–	26	–	–	–	–	12	–	–	–	–	–
	10	–	–	–	–	40	–	–	–	–	22	–	–	–	–	–
38	30	–	–	–	–	19	–	–	–	–	–	–	–	–	–	–
	20	–	–	–	–	33	–	–	–	–	17	–	–	–	–	–
	10	–	–	–	15	48	–	–	–	–	30	–	–	–	–	–
36	30	–	–	–	–	26	–	–	–	–	12	–	–	–	–	–
	20	–	–	–	11	41	–	–	–	–	24	–	–	–	–	–
	10	–	–	12	21	55	–	–	–	–	38	–	–	–	–	–
34	30	–	–	–	–	34	–	–	–	–	18	–	–	–	–	–
	20	–	–	–	18	50	–	–	–	–	32	–	–	–	–	–
	10	–	–	18	29	63	–	–	–	14	46	–	–	–	–	13
32	30	–	–	–	12	43	–	–	–	–	26	–	–	–	–	–
	20	–	–	15	24	59	–	–	–	–	41	–	–	–	–	–
	10	–	11	26	38	70	–	–	12	21	55	–	–	–	–	20
30	30	–	–	11	19	53	–	–	–	–	35	–	–	–	–	–
	20	11	14	22	33	67	–	–	–	17	51	–	–	–	–	17
	10	11	18	36	47	77	–	–	19	29	64	–	–	–	–	29
28	30	–	–	18	28	62	–	–	–	13	45	–	–	–	–	13
	20	18	22	32	44	74	–	–	16	26	60	–	–	–	–	25
	10	18	27	46	57	82	–	13	28	40	72	–	–	–	–	39
26	30	–	14	27	39	71	–	–	13	21	56	–	–	–	–	21
	20	28	33	43	54	81	13	17	25	37	69	–	–	–	–	36
	10	28	38	57	67	87	13	21	39	51	79	–	–	–	17	50
24	30	16	23	39	51	79	–	–	22	33	66	–	–	–	–	32
	20	40	45	55	65	86	23	27	37	49	77	–	–	–	15	48
	10	40	50	67	75	+	23	33	51	62	84	–	–	17	27	61
22	30	27	36	52	63	85	13	19	34	46	76	–	–	–	13	45
	20	53	58	66	74	+	35	40	50	61	84	–	–	16	26	60
	10	53	62	76	82	+	35	46	63	72	89	–	13	28	40	72
20	30	41	50	65	73	+	24	32	49	59	83	–	–	15	24	59
	20	65	69	76	82	+	49	54	63	72	89	16	20	28	40	72
	10	66	73	84	88	+	50	59	74	81	+	16	25	43	54	80
18	30	57	64	76	82	+	39	48	63	72	89	–	15	28	40	72
	20	76	79	84	88	+	64	68	75	81	+	30	35	44	55	81
	10	77	82	89	+	+	64	72	83	87	+	30	40	58	68	87
16	30	71	77	85	89	+	57	64	76	82	+	22	30	46	57	82
	20	85	87	+	+	+	76	79	84	88	+	48	52	61	70	88
	10	85	89	+	+	+	77	82	89	+	+	48	57	72	79	+
14	30	83	86	+	+	+	73	78	86	+	+	42	50	64	73	+
	20	+	+	+	+	+	86	88	+	+	+	66	70	76	82	+
	10	+	+	+	+	+	86	+	+	+	+	66	73	83	88	+
12	30	+	+	+	+	+	85	88	+	+	+	64	70	80	85	+
	20	+	+	+	+	+	+	+	+	+	+	81	83	87	+	+
	10	+	+	+	+	+	+	+	+	+	+	81	85	+	+	+
10	30	+	+	+	+	+	+	+	+	+	+	82	85	+	+	+
	20	+	+	+	+	+	+	+	+	+	+	+	+	+	+	+
	10	+	+	+	+	+	+	+	+	+	+	+	+	+	+	+
8	30	+	+	+	+	+	+	+	+	+	+	+	+	+	+	+
	20	+	+	+	+	+	+	+	+	+	+	+	+	+	+	+
	10	+	+	+	+	+	+	+	+	+	+	+	+	+	+	+
6	30	+	+	+	+	+	+	+	+	+	+	+	+	+	+	+
	20	+	+	+	+	+	+	+	+	+	+	+	+	+	+	+
	10	+	+	+	+	+	+	+	+	+	+	+	+	+	+	+

+ = Greater than 90%
– = Less than 10%

Table 3M
Male Population Percentages for Lifting Tasks Ending Above Shoulder Height (> 57")

Object Weight (pounds)	Lifting Distance (inches)	Frequency: One Lift Every	7 inches					10 inches					15 inches				
			15s	30s	1m	5m	8h	15s	30s	1m	5m	8h	15s	30s	1m	5m	8h
77		30	–	–	–	–	28	–	–	–	–	14	–	–	–	–	–
		20	–	–	14	18	44	–	–	–	–	28	–	–	–	–	–
		10	–	16	33	39	64	–	–	18	24	49	–	–	–	–	19
74		30	–	–	–	11	33	–	–	–	–	18	–	–	–	–	–
		20	–	–	17	23	49	–	–	–	11	33	–	–	–	–	–
		10	12	20	38	45	68	–	–	22	29	54	–	–	–	–	23
71		30	–	–	–	15	39	–	–	–	–	23	–	–	–	–	–
		20	–	–	22	28	54	–	–	–	14	38	–	–	–	–	11
		10	16	25	44	50	72	–	12	28	34	59	–	–	–	–	28
68		30	–	–	14	19	45	–	–	–	–	29	–	–	–	–	–
		20	–	12	27	34	59	–	–	14	19	44	–	–	–	–	14
		10	21	31	49	55	75	–	17	33	40	64	–	–	–	11	34
65		30	–	–	19	25	50	–	–	–	12	35	–	–	–	–	–
		20	–	16	33	40	64	–	–	18	24	50	–	–	–	–	19
		10	27	37	55	61	79	13	22	39	46	69	–	–	11	16	40
62		30	–	13	24	31	56	–	–	12	16	41	–	–	–	–	12
		20	13	22	40	46	69	–	–	24	30	56	–	–	–	–	25
		10	33	43	60	66	82	18	27	46	52	73	–	–	16	21	46
59		30	12	18	31	37	62	–	–	16	22	47	–	–	–	–	17
		20	18	28	46	52	73	–	14	30	37	62	–	–	–	–	31
		10	39	50	66	71	85	24	34	52	58	77	–	–	21	27	53
56		30	17	24	38	44	68	–	11	22	28	54	–	–	–	–	23
		20	24	34	53	59	78	12	20	37	44	67	–	–	–	14	38
		10	46	56	71	75	87	30	41	58	64	81	–	12	27	33	59
53		30	23	31	45	51	73	11	17	29	35	61	–	–	–	–	30
		20	31	42	59	65	81	17	26	44	51	72	–	–	15	20	45
		10	53	62	76	79	89	38	48	64	69	84	11	18	34	41	65
50		30	31	38	52	58	77	17	23	37	43	67	–	–	–	14	37
		20	39	50	66	77	85	24	34	52	58	77	–	–	21	27	53
		10	60	68	80	83	+	46	55	70	74	87	16	25	42	49	71
47		30	39	47	60	65	82	24	31	45	51	73	–	–	15	20	46
		20	47	57	72	76	87	32	42	59	65	81	–	13	28	35	60
		10	67	74	84	86	+	54	63	76	79	89	23	33	50	56	76
44		30	48	55	67	72	85	32	40	53	59	78	–	12	22	28	54
		20	56	65	77	81	+	41	51	67	71	85	13	20	37	44	67
		10	73	79	87	89	+	61	69	80	83	+	31	41	58	64	81
41		30	57	63	74	77	88	42	49	62	67	82	13	19	31	37	62
		20	64	72	82	85	+	50	59	73	77	88	20	29	46	53	74
		10	79	83	+	+	+	69	75	84	87	+	41	51	66	71	85
38		30	65	71	79	82	+	51	58	70	74	86	21	28	41	48	70
		20	71	78	86	88	+	59	67	79	82	+	29	39	56	62	79
		10	83	87	+	+	+	75	81	88	+	+	51	60	73	77	88
35		30	73	78	84	87	+	61	67	77	80	+	31	39	52	58	77
		20	78	83	89	+	+	68	75	84	86	+	40	50	65	70	84
		10	87	+	+	+	+	81	85	+	+	+	61	69	79	83	+
32		30	80	83	88	+	+	70	75	83	85	+	43	50	62	68	83
		20	84	87	+	+	+	76	81	88	+	+	52	61	74	78	88
		10	+	+	+	+	+	86	89	+	+	+	70	76	85	87	+
29		30	85	88	+	+	+	78	82	87	89	+	56	62	72	76	88
		20	88	+	+	+	+	83	86	+	+	+	63	71	81	84	+
		10	+	+	+	+	+	+	+	+	+	+	78	83	89	+	+
26		30	+	+	+	+	+	85	88	+	+	+	68	73	81	83	+
		20	+	+	+	+	+	88	+	+	+	+	74	79	87	89	+
		10	+	+	+	+	+	+	+	+	+	+	85	88	+	+	+

+ = Greater than 90%
– = Less than 10%

Table 4F
Female Population Percentages for Lowering Tasks Beginning Below Knuckle Height (< 28")

Object Weight (pounds)	Lowering Distance (inches)	7 inches					10 inches					15 inches				
		15s	30s	1m	5m	8h	15s	30s	1m	5m	8h	15s	30s	1m	5m	8h
51	30	−	−	−	−	47	−	−	−	−	26	−	−	−	−	−
	20	−	−	−	17	69	−	−	−	−	50	−	−	−	−	12
	10	−	−	−	22	73	−	−	−	−	56	−	−	−	−	16
48	30	−	−	−	−	56	−	−	−	−	36	−	−	−	−	−
	20	−	−	−	25	75	−	−	−	−	59	−	−	−	−	18
	10	−	−	11	31	79	−	−	−	14	64	−	−	−	−	24
45	30	−	−	−	14	65	−	−	−	−	46	−	−	−	−	−
	20	−	−	14	35	81	−	−	−	16	68	−	−	−	−	27
	10	−	12	18	41	84	−	−	−	21	72	−	−	−	−	33
43	30	−	−	−	20	71	−	−	−	−	53	−	−	−	−	14
	20	−	−	19	42	84	−	−	−	22	73	−	−	−	−	34
	10	14	17	24	49	87	−	−	−	28	77	−	−	−	−	41
41	30	−	−	−	26	76	−	−	−	−	60	−	−	−	−	19
	20	−	12	25	50	87	−	−	−	29	78	−	−	−	−	42
	10	20	24	31	56	89	−	−	14	35	81	−	−	−	−	48
39	30	−	−	13	34	80	−	−	−	15	67	−	−	−	−	26
	20	12	18	33	58	+	−	−	15	37	82	−	−	−	−	50
	10	27	31	39	63	+	−	12	20	43	85	−	−	−	−	56
37	30	−	12	19	42	84	−	−	−	22	73	−	−	−	−	34
	20	18	25	41	65	+	−	21	45	86		−	−	−	−	58
	10	35	39	48	70	+	15	18	27	52	88	−	−	−	13	63
35	30	15	19	26	51	88	−	−	−	30	78	−	−	−	−	43
	20	25	34	50	72	+	−	14	29	54	89	−	−	−	14	66
	10	44	48	56	76	+	22	26	35	60	+	−	−	−	19	70
33	30	23	27	36	60	+	−	−	17	40	83	−	−	−	−	52
	20	34	43	59	78	+	14	22	39	63	+	−	−	−	22	73
	10	53	57	64	81	+	30	35	45	68	+	−	−	−	27	77
31	30	32	37	46	68	+	13	16	25	50	87	−	−	−	11	62
	20	44	53	67	83	+	22	31	49	70	+	−	−	11	31	79
	10	62	66	72	86	+	40	45	55	75	+	−	−	15	37	82
29	30	43	47	56	76	+	21	25	35	60	+	−	−	−	19	70
	20	55	63	75	87	+	32	41	59	77	+	−	−	18	41	84
	10	71	74	79	89	+	51	55	64	81	+	−	13	23	48	87
27	30	54	58	66	82	+	31	36	47	69	+	−	−	−	29	78
	20	65	72	81	+	+	43	53	68	83	+	−	11	28	53	88
	10	78	80	84	+	+	61	65	73	86	+	16	22	34	59	+
25	30	65	69	75	87	+	43	49	58	77	+	−	−	18	41	84
	20	74	79	87	+	+	55	64	77	88	+	11	20	40	64	+
	10	84	86	89	+	+	71	74	80	+	+	26	33	46	69	+
23	30	75	78	82	+	+	56	61	69	84	+	12	17	29	54	89
	20	81	85	+	+	+	67	74	84	+	+	21	32	53	74	+
	10	89	+	+	+	+	79	82	86	+	+	39	46	59	78	+
21	30	83	85	88	+	+	69	72	79	89	+	23	30	44	67	+
	20	88	+	+	+	+	77	82	89	+	+	34	46	66	82	+
	10	+	+	+	+	+	86	88	+	+	+	53	60	71	85	+
18	30	+	+	+	+	+	83	86	89	+	+	47	54	66	82	+
	20	+	+	+	+	+	88	+	+	+	+	59	68	82	+	+
	10	+	+	+	+	+	+	+	+	+	+	74	78	85	+	+
15	30	+	+	+	+	+	+	+	+	+	+	72	77	84	+	+
	20	+	+	+	+	+	+	+	+	+	+	80	85	+	+	+
	10	+	+	+	+	+	+	+	+	+	+	88	+	+	+	+
12	30	+	+	+	+	+	+	+	+	+	+	89	+	+	+	+
	20	+	+	+	+	+	+	+	+	+	+	+	+	+	+	+
	10	+	+	+	+	+	+	+	+	+	+	+	+	+	+	+

Hand Distance
Frequency: One Lift Every

+ = Greater than 90%
− = Less than 10%

Male Population Percentages for Lowering Tasks Beginning Below Knuckle Height *(< 31")*

Object Weight (pounds)	Lowering Distance (inches)	7 inches					10 inches					15 inches				
		15s	30s	1m	5m	8h	15s	30s	1m	5m	8h	15s	30s	1m	5m	8h
87	30	–	–	23	47	73	–	–	11	31	62	–	–	–	–	33
	20	–	14	28	51	76	–	–	14	36	66	–	–	–	–	38
	10	21	28	42	64	83	–	14	26	50	75	–	–	–	20	52
84	30	–	13	27	51	75	–	–	14	35	65	–	–	–	–	37
	20	–	17	32	55	78	–	–	17	40	69	–	–	–	12	42
	10	24	32	46	67	84	11	17	30	54	77	–	–	–	24	55
81	30	–	16	31	55	78	–	–	17	40	69	–	–	–	12	41
	20	13	20	36	59	80	–	–	21	44	72	–	–	–	15	46
	10	29	36	50	70	86	14	20	35	58	80	–	–	–	28	59
78	30	13	20	35	58	80	–	–	21	44	71	–	–	–	15	46
	20	16	24	40	62	82	–	11	25	49	74	–	–	–	19	50
	10	33	40	54	72	87	17	24	39	61	81	–	–	11	32	63
75	30	16	24	40	62	82	–	11	25	49	74	–	–	–	19	50
	20	20	28	45	66	84	–	14	29	53	77	–	–	–	23	54
	10	37	45	58	75	88	21	29	44	65	83	–	–	15	36	66
72	30	20	28	45	66	84	–	14	29	53	77	–	–	–	23	54
	20	24	33	49	69	85	11	18	34	57	79	–	–	–	27	59
	10	42	50	62	78	89	25	33	48	68	85	–	–	18	41	70
69	30	24	33	50	69	85	11	18	34	57	79	–	–	–	27	59
	20	29	38	54	72	87	14	22	39	61	81	–	–	11	32	63
	10	47	54	66	80	+	30	38	53	72	87	–	–	23	46	73
66	30	29	38	54	73	87	15	23	39	62	82	–	–	12	32	63
	20	34	43	59	76	88	18	27	44	66	84	–	–	15	37	67
	10	52	59	69	82	+	35	44	58	75	88	–	13	27	51	76
63	30	35	44	59	76	89	19	28	45	66	84	–	–	15	38	67
	20	40	49	63	78	+	23	32	49	69	85	–	–	19	43	70
	10	57	63	73	84	+	41	49	62	78	89	–	17	33	56	79
60	30	40	49	64	79	+	24	33	50	70	86	–	–	20	43	71
	20	45	54	67	81	+	28	38	55	73	87	–	–	24	48	74
	10	62	67	76	86	+	46	54	66	80	+	14	21	38	61	81
57	30	46	55	68	82	+	29	39	56	74	88	–	–	26	49	75
	20	51	59	71	83	+	34	44	60	76	89	–	13	30	54	77
	10	66	72	79	88	+	52	59	71	83	+	18	27	44	66	84
54	30	52	60	72	84	+	36	45	61	77	89	–	14	32	55	78
	20	57	64	75	86	+	40	50	65	80	+	–	18	36	59	80
	10	71	75	82	+	+	58	64	74	85	+	24	33	50	70	86
51	30	58	66	76	86	+	42	52	66	80	+	11	19	38	61	81
	20	62	69	79	88	+	47	56	70	82	+	14	23	43	65	83
	10	75	79	85	+	+	63	69	78	87	+	30	40	56	74	88
48	30	64	71	80	88	+	49	58	71	83	+	16	26	45	66	84
	20	68	74	82	89	+	54	62	74	85	+	20	30	50	70	86
	10	78	82	87	+	+	68	74	81	89	+	37	47	62	78	+
45	30	70	75	83	+	+	56	64	76	86	+	22	33	52	71	86
	20	73	78	85	+	+	60	68	78	87	+	26	38	57	74	88
	10	82	85	89	+	+	73	78	84	+	+	44	54	68	81	+
42	30	75	79	86	+	+	63	70	80	88	+	30	41	60	76	89
	20	77	81	87	+	+	67	73	82	89	+	34	46	63	79	+
	10	85	87	+	+	+	78	82	87	+	+	52	61	73	85	+
39	30	79	83	88	+	+	69	75	83	+	+	38	49	66	80	+
	20	81	85	89	+	+	72	78	85	+	+	43	54	70	82	+
	10	88	+	+	+	+	82	85	89	+	+	60	67	78	87	+
36	30	83	+	+	+	+	75	80	87	+	+	47	58	73	84	+
	20	85	+	+	+	+	78	82	88	+	+	52	62	75	86	+
	10	+	+	+	+	+	85	88	+	+	+	67	74	82	+	+

Hand Distance / Frequency: One Lift Every

+ = Greater than 90%
– = Less than 10%

Table 5F

Female Population Percentages for Lowering Tasks Beginning Between Knuckle and Shoulder Heights (≥ 28" & ≤ 53")

Object Weight (pounds)	Lowering Distance (inches)	7 inches					10 inches					15 inches				
Frequency: One Lift Every		15s	30s	1m	5m	8h	15s	30s	1m	5m	8h	15s	30s	1m	5m	8h
51	30	–	–	–	–	25	–	–	–	–	–	–	–	–	–	–
	20	–	–	–	–	43	–	–	–	–	23	–	–	–	–	–
	10	–	–	–	21	58	–	–	–	–	38	–	–	–	–	–
48	30	–	–	–	–	35	–	–	–	–	17	–	–	–	–	–
	20	–	–	–	17	53	–	–	–	–	33	–	–	–	–	–
	10	–	–	–	30	67	–	–	–	14	49	–	–	–	–	12
45	30	–	–	–	12	46	–	–	–	–	26	–	–	–	–	–
	20	–	–	–	26	63	–	–	–	–	44	–	–	–	–	–
	10	–	–	11	41	75	–	–	–	22	59	–	–	–	–	20
43	30	–	–	–	17	54	–	–	–	–	33	–	–	–	–	–
	20	–	–	–	33	69	–	–	–	15	51	–	–	–	–	14
	10	–	–	15	49	79	–	–	–	29	65	–	–	–	–	27
41	30	–	–	–	24	61	–	–	–	–	41	–	–	–	–	–
	20	–	–	–	41	75	–	–	–	22	59	–	–	–	–	20
	10	–	–	22	57	83	–	–	–	37	72	–	–	–	–	35
39	30	–	–	–	32	68	–	–	–	14	50	–	–	–	–	13
	20	–	11	16	49	80	–	–	–	29	66	–	–	–	–	27
	10	–	14	29	64	87	–	–	13	45	77	–	–	–	–	43
37	30	–	–	–	40	74	–	–	–	21	58	–	–	–	–	20
	20	14	16	23	58	84	–	–	–	38	72	–	–	–	–	36
	10	14	21	38	71	+	–	–	19	54	82	–	–	–	16	52
35	30	–	–	16	50	80	–	–	–	30	66	–	–	–	–	28
	20	21	24	31	66	88	–	–	14	47	78	–	–	–	11	45
	10	21	30	47	77	+	–	13	27	62	86	–	–	–	23	61
33	30	–	13	24	59	85	–	–	–	39	74	–	–	–	–	37
	20	29	33	41	73	+	13	16	22	57	83	–	–	–	18	55
	10	30	39	57	82	+	13	21	37	70	89	–	–	–	33	69
31	30	14	20	34	68	89	–	–	16	50	80	–	–	–	13	48
	20	40	44	52	80	+	21	24	31	66	88	–	–	–	27	64
	10	40	50	66	87	+	21	30	47	77	+	–	–	12	43	76
29	30	23	30	45	76	+	–	14	25	60	85	–	–	–	22	59
	20	51	55	62	85	+	31	35	43	74	+	–	–	–	38	73
	10	51	60	74	+	+	32	41	58	83	+	–	–	20	54	82
27	30	34	42	57	82	+	16	23	37	70	89	–	–	–	33	69
	20	62	65	71	89	+	43	47	54	81	+	–	12	16	50	80
	10	62	70	81	+	+	44	53	68	88	+	–	16	30	65	87
25	30	47	55	68	88	+	27	35	50	79	+	–	–	13	46	77
	20	72	75	80	+	+	56	59	66	87	+	18	21	27	62	86
	10	72	79	87	+	+	56	65	77	+	+	19	27	43	74	+
23	30	60	67	77	+	+	41	49	63	85	+	–	13	24	59	85
	20	81	83	86	+	+	68	71	76	+	+	31	34	41	73	+
	10	81	85	+	+	+	68	75	84	+	+	31	40	57	82	+
21	30	72	78	85	+	+	56	63	74	+	+	19	25	39	71	+
	20	87	89	+	+	+	78	80	84	+	+	46	50	56	82	+
	10	88	+	+	+	+	78	83	+	+	+	46	55	70	89	+
18	30	86	89	+	+	+	76	81	87	+	+	43	50	63	86	+
	20	+	+	+	+	+	89	+	+	+	+	69	72	76	+	+
	10	+	+	+	+	+	89	+	+	+	+	70	76	85	+	+
15	30	+	+	+	+	+	+	+	+	+	+	70	76	83	+	+
	20	+	+	+	+	+	+	+	+	+	+	86	88	+	+	+
	10	+	+	+	+	+	+	+	+	+	+	87	+	+	+	+
12	30	+	+	+	+	+	+	+	+	+	+	89	+	+	+	+
	20	+	+	+	+	+	+	+	+	+	+	+	+	+	+	+
	10	+	+	+	+	+	+	+	+	+	+	+	+	+	+	+

+ = Greater than 90%
– = Less than 10%

Table 7

Population Percentages for Pushing Tasks Initial Forces

Initial Pushing Force (pounds)	Hand Height (inches) — Males	Male 30s	1m	5m	30m	8h	Hand Height (inches) — Females	Female 30s	1m	5m	30m	8h
130	57	–	–	–	–	25	53	–	–	–	–	–
	37	–	–	13	14	36	35	–	–	–	–	–
	25	–	–	–	–	22	22	–	–	–	–	–
127	57	–	–	–	–	28	53	–	–	–	–	–
	37	–	–	15	16	39	35	–	–	–	–	–
	25	–	–	–	–	25	22	–	–	–	–	–
124	57	–	–	–	11	31	53	–	–	–	–	–
	37	–	12	18	19	42	35	–	–	–	–	–
	25	–	–	–	–	29	22	–	–	–	–	–
121	57	–	–	12	13	35	53	–	–	–	–	–
	37	–	14	20	21	46	35	–	–	–	–	–
	25	–	–	–	11	32	22	–	–	–	–	–
118	57	–	–	15	16	38	53	–	–	–	–	–
	37	–	17	23	25	49	35	–	–	–	–	–
	25	–	–	13	13	35	25	–	–	–	–	–
115	57	–	12	17	18	42	53	–	–	–	–	–
	37	11	19	27	28	52	35	–	–	–	–	–
	25	–	–	15	16	39	22	–	–	–	–	–
112	57	–	14	20	21	46	53	–	–	–	–	–
	37	13	23	30	31	56	35	–	–	–	–	–
	25	–	12	18	19	43	22	–	–	–	–	–
109	57	–	17	24	25	49	53	–	–	–	–	–
	37	16	26	34	35	59	35	–	–	–	–	–
	25	–	15	21	22	46	22	–	–	–	–	–
106	57	12	20	27	28	53	53	–	–	–	–	–
	37	19	30	38	39	63	35	–	–	–	–	–
	25	–	18	24	26	50	22	–	–	–	–	–
103	57	14	23	31	32	57	53	–	–	–	–	–
	37	23	34	42	43	66	35	–	–	–	–	–
	25	12	21	28	29	54	22	–	–	–	–	–
100	57	17	27	35	36	60	53	–	–	–	–	–
	37	26	38	46	47	69	35	–	–	–	–	–
	25	14	24	32	33	58	22	–	–	–	–	–
97	57	21	31	39	41	64	53	–	–	–	–	–
	37	30	42	50	51	72	35	–	–	–	–	–
	25	17	28	36	38	61	22	–	–	–	–	–
94	57	25	36	44	45	67	53	–	–	–	–	–
	37	35	46	54	55	75	35	–	–	–	–	–
	25	21	33	41	42	65	22	–	–	–	–	–
91	57	29	40	48	49	71	53	–	–	–	–	–
	37	39	51	58	59	77	35	–	–	–	–	–
	25	25	37	45	46	68	22	–	–	–	–	–
88	57	33	45	53	54	74	53	–	–	–	–	13
	37	44	55	62	63	80	35	–	–	–	–	13
	25	29	42	50	51	72	22	–	–	–	–	–
85	57	38	50	57	58	77	53	–	–	–	11	17
	37	49	59	66	67	82	35	–	–	–	11	17
	25	34	47	54	56	75	22	–	–	–	–	–
82	57	43	54	62	63	79	53	–	–	–	14	22
	37	53	64	70	71	84	35	–	–	–	15	22
	25	39	51	59	60	78	22	–	–	–	–	–
79	57	48	59	66	67	82	53	–	–	14	19	27
	37	58	68	73	74	86	35	–	–	14	20	28
	25	44	56	63	64	80	22	–	–	–	–	–

Frequency: One Push Every

+ = Greater than 90%
– = Less than 10%

Table 7 (continued)
Population Percentages for Pushing Tasks Initial Forces

Initial Pushing Force (pounds) / Hand Height (inches) — Males / Hand Height (inches) — Females

+ = Greater than 90%
– = Less than 10%

Force		Male Freq	30s	1m	5m	30m	8h	Female Freq	30s	1m	5m	30m	8h
76		57	53	64	70	71	84	53	–	–	19	25	34
		37	63	72	77	77	88	35	–	–	19	25	34
		25	50	61	68	68	83	22	–	–	–	–	–
73		57	59	68	74	74	86	53	–	–	24	31	40
		37	67	75	80	80	+	35	–	–	25	31	41
		25	55	66	72	72	85	22	–	–	–	–	11
70		57	63	72	77	78	88	53	–	12	31	38	47
		37	71	78	82	83	+	35	–	12	31	38	48
		25	60	70	75	76	87	22	–	–	–	–	15
67		57	68	76	80	81	+	53	–	17	38	45	54
		37	75	82	85	85	+	35	–	17	39	46	55
		25	65	74	79	79	89	22	–	–	–	14	21
64		57	73	79	83	84	+	53	14	23	46	53	61
		37	79	84	87	88	+	35	13	24	46	53	62
		25	70	78	82	82	+	25	–	–	14	19	27
61		57	77	83	86	86	+	53	20	30	54	60	68
		37	82	87	89	+	+	35	19	31	54	61	68
		25	74	81	85	85	+	22	–	–	20	26	35
58		57	80	85	88	89	+	53	27	39	61	67	74
		37	85	89	+	+	+	35	26	39	62	68	74
		25	78	84	87	88	+	22	–	–	27	34	44
55		57	84	88	+	+	+	53	36	48	69	74	80
		37	88	+	+	+	+	35	34	48	69	74	80
		25	82	87	89	+	+	22	–	15	36	43	52
52		57	87	+	+	+	+	53	45	57	75	79	84
		37	+	+	+	+	+	35	44	57	76	80	84
		25	85	89	+	+	+	22	12	23	45	52	61
49		57	89	+	+	+	+	53	55	65	81	84	88
		37	+	+	+	+	+	35	54	66	81	85	88
		25	88	+	+	+	+	22	19	32	55	61	69
46		57	+	+	+	+	+	53	64	73	86	88	+
		37	+	+	+	+	+	35	63	74	86	89	+
		25	+	+	+	+	+	22	28	42	64	70	76
43		57	+	+	+	+	+	53	73	80	+	+	+
		37	+	+	+	+	+	35	72	80	+	+	+
		25	+	+	+	+	+	22	39	54	73	78	83
40		57	+	+	+	+	+	53	80	86	+	+	+
		37	+	+	+	+	+	35	79	86	+	+	+
		25	+	+	+	+	+	22	51	64	80	84	88
37		57	+	+	+	+	+	53	86	+	+	+	+
		37	+	+	+	+	+	35	86	+	+	+	+
		25	+	+	+	+	+	22	63	74	86	89	+
34		57	+	+	+	+	+	53	+	+	+	+	+
		37	+	+	+	+	+	35	+	+	+	+	+
		25	+	+	+	+	+	22	74	82	+	+	+
31		57	+	+	+	+	+	53	+	+	+	+	+
		37	+	+	+	+	+	35	+	+	+	+	+
		25	+	+	+	+	+	22	83	88	+	+	+
28		57	+	+	+	+	+	53	+	+	+	+	+
		37	+	+	+	+	+	35	+	+	+	+	+
		25	+	+	+	+	+	22	89	+	+	+	+
25		57	+	+	+	+	+	53	+	+	+	+	+
		37	+	+	+	+	+	35	+	+	+	+	+
		25	+	+	+	+	+	22	+	+	+	+	+

Table 8F

Female Population Percentages for Pushing Tasks Sustained Force

Sustained Pushing Force (pounds) / Hand Height (inches)

+ = Greater than 90%
– = Less than 10%

Force	Height	7 Feet 30s	1m	5m	30m	8h	25 Feet 30s	1m	5m	30m	8h	50 Feet 30s	1m	5m	30m	8h
80	53	–	–	–	–	23	–	–	–	–	–	–	–	–	–	–
	35	–	–	–	–	16	–	–	–	–	–	–	–	–	–	–
	22	–	–	–	–	–	–	–	–	–	–	–	–	–	–	–
76	53	–	–	–	–	28	–	–	–	–	–	–	–	–	–	–
	35	–	–	–	–	21	–	–	–	–	–	–	–	–	–	–
	22	–	–	–	–	–	–	–	–	–	–	–	–	–	–	–
72	53	–	–	–	14	34	–	–	–	–	–	–	–	–	–	–
	35	–	–	–	–	26	–	–	–	–	12	–	–	–	–	–
	22	–	–	–	–	13	–	–	–	–	–	–	–	–	–	–
68	53	–	–	13	19	40	–	–	–	–	12	–	–	–	–	–
	35	–	–	–	12	32	–	–	–	–	16	–	–	–	–	–
	22	–	–	–	–	18	–	–	–	–	11	–	–	–	–	–
64	53	–	–	18	25	47	–	–	–	–	17	–	–	–	–	–
	35	–	–	12	17	39	–	–	–	–	22	–	–	–	–	–
	25	–	–	–	–	24	–	–	–	–	15	–	–	–	–	–
60	53	–	13	24	31	54	–	–	–	–	23	–	–	–	–	–
	35	–	–	17	23	46	–	–	–	–	29	–	–	–	–	12
	22	–	–	–	11	30	–	–	–	–	21	–	–	–	–	–
56	53	–	19	31	39	60	–	–	–	11	30	–	–	–	–	14
	35	–	13	23	30	53	–	–	–	15	36	–	–	–	–	18
	22	–	–	11	17	38	–	–	–	–	28	–	–	–	–	12
52	53	16	26	40	47	66	–	–	12	17	39	–	–	–	–	20
	35	–	19	31	39	60	–	–	16	22	44	–	–	–	–	25
	22	–	–	17	24	46	–	–	–	15	36	–	–	–	–	18
48	53	23	35	48	55	72	–	–	18	25	47	–	–	–	–	28
	35	16	27	40	47	67	–	12	23	30	53	–	–	–	14	34
	22	–	14	25	32	54	–	–	16	23	45	–	–	–	–	26
44	53	32	44	57	63	77	13	15	27	34	56	–	–	11	17	38
	35	24	36	49	56	73	12	20	32	40	61	–	–	15	21	43
	22	12	21	34	42	62	–	13	25	32	54	–	–	–	15	35
40	53	43	54	65	70	82	21	24	37	44	65	–	–	19	26	48
	35	34	46	59	65	78	20	29	43	50	69	–	13	24	31	53
	22	20	31	45	52	70	18	22	35	42	63	–	–	17	23	46
36	53	54	64	73	77	86	32	35	48	55	72	–	17	30	37	58
	35	46	57	67	72	83	31	41	54	60	75	–	22	35	43	63
	22	30	43	55	62	77	28	33	46	53	71	–	16	27	35	57
32	53	64	73	80	83	89	45	48	60	66	79	16	29	42	50	68
	35	57	67	75	79	87	44	53	64	70	82	14	35	48	55	72
	22	43	55	66	71	82	41	46	58	64	78	13	27	40	47	67
28	53	74	80	85	87	+	58	61	71	75	85	29	44	56	62	77
	35	69	76	82	85	+	57	65	74	78	86	26	49	61	67	80
	22	57	67	75	79	87	55	59	69	74	84	25	41	54	60	76
24	53	82	86	89	+	+	71	73	80	83	89	46	59	69	74	84
	35	78	83	87	89	+	70	76	82	85	+	43	64	73	77	86
	22	70	77	83	85	+	68	71	79	82	89	42	57	68	72	83
20	53	88	+	+	+	+	81	82	87	89	+	64	73	80	83	89
	35	86	89	+	+	+	81	84	88	+	+	61	76	82	85	+
	22	80	85	89	+	+	79	81	86	88	+	60	72	79	82	89
16	53	+	+	+	+	+	89	89	+	+	+	79	84	88	+	+
	35	+	+	+	+	+	88	+	+	+	+	77	86	89	+	+
	22	88	+	+	+	+	88	89	+	+	+	76	83	88	89	+
12	53	+	+	+	+	+	+	+	+	+	+	89	+	+	+	+
	35	+	+	+	+	+	+	+	+	+	+	88	+	+	+	+
	22	+	+	+	+	+	+	+	+	+	+	88	+	+	+	+

Frequency: One Push Every — 30s, 1m, 5m, 30m, 8h

Table 8M
Male Population Percentages for Pushing Tasks Sustained Force

Sustained Pushing Force *(pounds)* / Hand Height *(inches)*

Pushing Distance		7 Feet					25 Feet					50 Feet				
Frequency: One Push Every		30s	1m	5m	30m	8h	30s	1m	5m	30m	8h	30s	1m	5m	30m	8h
105	57	–	–	–	–	23	–	–	–	–	–	–	–	–	–	–
	37	–	–	–	11	28	–	–	–	–	–	–	–	–	–	–
	25	–	–	–	–	27	–	–	–	–	–	–	–	–	–	–
100	57	–	–	–	12	29	–	–	–	–	11	–	–	–	–	–
	37	–	–	12	15	34	–	–	–	–	–	–	–	–	–	–
	25	–	–	11	14	32	–	–	–	–	–	–	–	–	–	–
95	57	–	–	13	16	35	–	–	–	–	16	–	–	–	–	–
	37	–	–	17	20	40	–	–	–	–	14	–	–	–	–	–
	25	–	–	16	19	39	–	–	–	–	11	–	–	–	–	–
90	57	–	–	18	22	42	–	–	–	–	21	–	–	–	–	–
	37	–	–	22	26	47	–	–	–	–	20	–	–	–	–	–
	25	–	–	21	25	45	–	–	–	–	16	–	–	–	–	–
85	57	–	–	24	28	49	–	–	–	11	27	–	–	–	–	–
	37	–	13	29	33	53	–	–	–	–	26	–	–	–	–	–
	25	–	12	28	32	52	–	–	–	–	22	–	–	–	–	–
80	57	–	14	31	36	56	–	–	13	16	35	–	–	–	–	13
	37	–	18	36	41	60	–	–	12	15	33	–	–	–	–	12
	25	–	17	35	39	59	–	–	–	12	29	–	–	–	–	–
75	57	–	21	39	44	63	–	–	19	23	43	–	–	–	–	19
	37	13	25	44	49	67	–	–	18	21	41	–	–	–	–	18
	25	12	24	43	47	66	–	–	14	17	37	–	–	–	–	14
70	57	16	29	48	52	69	–	11	27	31	51	–	–	12	15	26
	37	20	33	53	57	72	–	–	25	29	50	–	–	12	14	24
	25	19	32	52	55	72	–	–	21	25	45	–	–	–	11	20
65	57	23	38	57	60	75	–	18	36	40	60	–	–	19	23	34
	37	28	43	61	64	78	–	16	34	38	58	–	–	18	22	33
	25	27	42	60	63	77	–	13	29	34	54	–	–	14	18	28
60	57	33	48	65	68	80	–	26	46	50	67	–	12	28	33	43
	37	38	52	69	71	82	–	25	44	48	66	–	11	27	31	42
	25	37	51	68	71	82	–	21	39	44	63	–	–	23	26	37
55	57	44	58	72	75	85	11	37	56	60	75	–	20	39	43	53
	37	49	62	76	78	86	14	36	55	58	74	–	19	38	42	52
	25	47	61	75	77	86	13	31	50	54	71	–	15	33	37	47
50	57	55	67	79	81	88	20	49	66	69	81	–	32	51	55	62
	37	59	71	82	83	+	23	47	65	68	80	–	30	50	53	61
	25	58	70	81	83	89	23	43	61	64	78	–	25	45	49	57
45	57	66	76	85	86	+	32	61	75	77	86	15	45	62	66	71
	37	70	78	86	88	+	36	59	74	76	85	19	43	61	65	70
	25	69	78	86	87	+	35	55	71	73	84	20	38	57	61	67
40	57	76	83	89	+	+	47	72	82	84	+	28	58	73	76	79
	37	78	85	+	+	+	50	71	81	83	+	33	57	72	75	78
	25	78	84	+	+	+	50	67	79	81	88	34	53	69	72	75
35	57	84	88	+	+	+	62	81	88	89	+	44	71	82	83	85
	37	85	+	+	+	+	65	80	87	89	+	49	70	81	83	85
	25	85	89	+	+	+	65	78	86	87	+	50	67	79	81	83
30	57	+	+	+	+	+	75	88	+	+	+	62	82	88	89	+
	37	+	+	+	+	+	77	87	+	+	+	66	81	88	89	+
	25	+	+	+	+	+	77	86	+	+	+	67	79	87	88	88
25	57	+	+	+	+	+	86	+	+	+	+	77	89	+	+	+
	37	+	+	+	+	+	87	+	+	+	+	80	89	+	+	+
	25	+	+	+	+	+	87	+	+	+	+	80	88	+	+	+
20	57	+	+	+	+	+	+	+	+	+	+	88	+	+	+	+
	37	+	+	+	+	+	+	+	+	+	+	+	+	+	+	+
	25	+	+	+	+	+	+	+	+	+	+	+	+	+	+	+

+ = Greater than 90%
– = Less than 10%

Table 9
Population Percentages for Pulling Tasks Initial Forces

Initial Pulling Force (pounds)	Male Hand Height (inches)	Male 30s	Male 1m	Male 5m	Male 30m	Male 8h	Female Hand Height (inches)	Female 30s	Female 1m	Female 5m	Female 3m	Female 8h
130	57	–	–	–	–	–	53	–	–	–	–	–
	37	–	–	–	–	13	35	–	–	–	–	–
	25	–	–	–	–	29	22	–	–	–	–	–
127	57	–	–	–	–	–	53	–	–	–	–	–
	37	–	–	–	–	16	35	–	–	–	–	–
	25	–	–	–	–	33	22	–	–	–	–	–
124	57	–	–	–	–	–	53	–	–	–	–	–
	37	–	–	–	–	19	35	–	–	–	–	–
	25	–	–	–	11	37	22	–	–	–	–	–
121	57	–	–	–	–	–	53	–	–	–	–	–
	37	–	–	–	–	22	35	–	–	–	–	–
	25	–	–	13	14	41	22	–	–	–	–	–
118	57	–	–	–	–	–	53	–	–	–	–	–
	37	–	–	–	–	26	35	–	–	–	–	–
	25	–	–	16	17	45	25	–	–	–	–	–
115	57	–	–	–	–	–	53	–	–	–	–	–
	37	–	–	–	–	30	35	–	–	–	–	–
	25	–	12	19	20	49	22	–	–	–	–	–
112	57	–	–	–	–	–	53	–	–	–	–	–
	37	–	–	–	–	34	35	–	–	–	–	–
	25	–	15	23	24	53	22	–	–	–	–	–
109	57	–	–	–	–	–	53	–	–	–	–	–
	37	–	–	12	13	39	35	–	–	–	–	–
	25	–	18	27	28	58	22	–	–	–	–	–
106	57	–	–	–	–	–	53	–	–	–	–	–
	37	–	–	15	16	43	35	–	–	–	–	–
	25	11	22	31	33	62	22	–	–	–	–	–
103	57	–	–	–	–	–	53	–	–	–	–	–
	37	–	11	18	19	48	35	–	–	–	–	–
	25	14	27	36	38	66	22	–	–	–	–	–
100	57	–	–	–	–	–	53	–	–	–	–	–
	37	–	15	22	24	53	35	–	–	–	–	–
	25	17	31	41	43	70	22	–	–	–	–	–
97	57	–	–	–	–	–	53	–	–	–	–	–
	37	–	18	27	28	58	35	–	–	–	–	–
	25	21	36	46	48	73	22	–	–	–	–	–
94	57	–	–	–	–	12	53	–	–	–	–	–
	37	11	23	32	33	62	35	–	–	–	–	–
	25	26	42	51	53	77	22	–	–	–	–	–
91	57	–	–	–	–	16	53	–	–	–	–	–
	37	14	28	37	39	67	35	–	–	–	–	–
	25	31	47	56	58	80	22	–	–	–	–	13
88	57	–	–	–	–	20	53	–	–	–	–	–
	37	19	33	43	44	71	35	–	–	–	–	11
	25	37	53	61	63	83	22	–	–	–	–	17
85	57	–	–	–	–	25	53	–	–	–	–	–
	37	23	39	49	50	75	35	–	–	–	–	15
	25	42	58	66	68	85	22	–	–	–	14	22
82	57	–	–	–	–	30	53	–	–	–	–	14
	37	29	45	54	56	79	35	–	–	–	12	20
	25	48	63	71	72	88	22	–	–	13	19	28
79	57	–	–	–	11	37	53	–	–	–	12	19
	37	35	51	60	62	82	35	–	–	12	17	26
	25	54	68	75	76	+	22	–	–	18	24	34

+ = Greater than 90%
– = Less than 10%

Table 9 *(Continued)*
Population Percentages for Pulling Tasks Initial Forces

Initial Pulling Force (pounds)	Hand Height (inches) — Males	Male 30s	1m	5m	30m	8h	Hand Height (inches) — Females	Female 30s	1m	5m	30m	8h
76	57	–	–	15	16	43	53	–	–	12	17	25
	37	42	57	66	67	85	35	–	–	17	23	32
	25	60	73	79	80	+	22	–	–	24	31	41
73	57	–	13	20	21	50	53	–	–	17	23	32
	37	48	63	71	72	88	35	–	–	22	30	40
	25	66	77	83	83	+	22	–	11	31	38	49
70	57	–	17	26	27	56	53	–	–	23	30	40
	37	55	69	76	77	+	35	–	–	29	37	47
	25	71	81	86	86	+	22	–	15	38	46	56
67	57	12	24	33	34	63	53	–	–	30	38	48
	37	62	74	80	81	+	35	–	15	37	45	55
	25	76	85	88	89	+	22	13	22	46	54	63
64	57	17	31	40	42	69	53	–	15	38	46	56
	37	68	79	84	84	+	35	13	21	46	53	63
	25	81	88	+	+	+	22	19	29	54	62	70
61	57	23	39	48	50	75	53	14	22	47	55	64
	37	74	83	87	88	+	35	19	29	54	62	70
	25	84	+	+	+	+	22	27	38	63	69	76
58	57	31	47	56	58	80	53	21	31	56	63	71
	37	79	86	+	+	+	35	27	38	63	69	76
	25	88	+	+	+	+	22	36	47	70	76	82
55	57	40	56	64	66	84	53	29	40	65	71	78
	37	83	89	+	+	+	35	37	48	71	76	82
	25	+	+	+	+	+	22	46	57	77	81	86
52	57	49	64	72	73	88	53	40	51	73	78	83
	37	87	+	+	+	+	35	47	58	78	82	87
	25	+	+	+	+	+	22	56	66	82	86	+
49	57	59	72	78	79	+	53	50	61	80	84	88
	37	+	+	+	+	+	35	58	67	83	87	+
	25	+	+	+	+	+	22	65	74	87	+	+
46	57	68	78	83	84	+	53	61	70	85	88	+
	37	+	+	+	+	+	35	68	76	88	+	+
	25	+	+	+	+	+	22	74	81	+	+	+
43	57	76	84	88	88	+	53	71	79	+	+	+
	37	+	+	+	+	+	35	76	83	+	+	+
	25	+	+	+	+	+	22	82	87	+	+	+
40	57	82	89	+	+	+	53	80	85	+	+	+
	37	+	+	+	+	+	35	84	88	+	+	+
	25	+	+	+	+	+	22	87	+	+	+	+
37	57	88	+	+	+	+	53	87	+	+	+	+
	37	+	+	+	+	+	35	89	+	+	+	+
	25	+	+	+	+	+	22	+	+	+	+	+
34	57	+	+	+	+	+	53	+	+	+	+	+
	37	+	+	+	+	+	35	+	+	+	+	+
	25	+	+	+	+	+	22	+	+	+	+	+
31	57	+	+	+	+	+	53	+	+	+	+	+
	37	+	+	+	+	+	35	+	+	+	+	+
	25	+	+	+	+	+	22	+	+	+	+	+
28	57	+	+	+	+	+	53	+	+	+	+	+
	37	+	+	+	+	+	35	+	+	+	+	+
	25	+	+	+	+	+	22	+	+	+	+	+
25	57	+	+	+	+	+	53	+	+	+	+	+
	37	+	+	+	+	+	35	+	+	+	+	+
	25	+	+	+	+	+	22	+	+	+	+	+

+ = Greater than 90%
– = Less than 10%

Table 10F

Female Population Percentages for Pulling Tasks Sustained Force

Sustained Pushing Force (pounds)	Hand Height (inches)	7 Feet					25 Feet					50 Feet				
Pulling Distance / Frequency: One Pull Every		30s	1m	5m	30m	8h	30s	1m	5m	30m	8h	30s	1m	5m	30m	8h
76	53	–	–	–	–	13	–	–	–	–	–	–	–	–	–	–
	35	–	–	–	–	11	–	–	–	–	–	–	–	–	–	–
	22	–	–	–	–	–	–	–	–	–	–	–	–	–	–	–
72	53	–	–	–	–	19	–	–	–	–	–	–	–	–	–	–
	35	–	–	–	–	16	–	–	–	–	–	–	–	–	–	–
	22	–	–	–	–	–	–	–	–	–	–	–	–	–	–	–
68	53	–	–	–	–	25	–	–	–	–	13	–	–	–	–	–
	35	–	–	–	–	21	–	–	–	–	–	–	–	–	–	–
	22	–	–	–	–	13	–	–	–	–	–	–	–	–	–	–
64	53	–	–	–	–	32	–	–	–	–	19	–	–	–	–	–
	35	–	–	–	–	29	–	–	–	–	16	–	–	–	–	–
	22	–	–	–	–	19	–	–	–	–	–	–	–	–	–	–
60	53	–	–	–	16	41	–	–	–	–	26	–	–	–	–	–
	35	–	–	–	13	37	–	–	–	–	22	–	–	–	–	–
	25	–	–	–	–	26	–	–	–	–	14	–	–	–	–	–
56	53	–	–	16	23	49	–	–	–	12	34	–	–	–	–	15
	35	–	–	13	20	46	–	–	–	–	31	–	–	–	–	12
	22	–	–	–	12	35	–	–	–	–	21	–	–	–	–	–
52	53	–	12	24	32	58	–	–	12	19	44	–	–	–	–	22
	35	–	–	21	29	55	–	–	–	16	40	–	–	–	–	19
	22	–	–	12	19	44	–	–	–	–	30	–	–	–	–	11
48	53	14	19	34	42	66	–	–	20	28	54	–	–	–	–	32
	35	12	16	30	39	63	–	–	17	24	50	–	–	–	–	28
	22	–	–	20	28	54	–	–	–	15	40	–	–	–	–	19
44	53	23	29	45	53	74	–	16	30	39	63	–	–	12	18	43
	35	20	26	41	50	72	–	13	26	35	60	–	–	–	15	39
	22	12	17	30	39	64	–	–	17	25	51	–	–	–	–	29
40	53	35	41	56	64	80	17	27	42	51	72	–	–	21	29	55
	35	31	38	53	61	79	14	23	38	47	70	–	–	18	25	51
	22	21	27	43	51	73	–	15	28	36	62	–	–	–	16	41
36	53	48	54	67	73	86	28	40	55	63	80	–	19	33	42	66
	35	45	51	65	71	85	25	36	52	59	78	–	16	30	38	63
	22	34	40	55	63	80	16	26	41	50	72	–	–	20	28	54
32	53	62	67	77	81	+	43	55	67	73	86	–	33	48	56	74
	35	59	64	75	80	89	40	51	65	71	85	–	29	45	53	74
	22	49	55	68	74	86	29	41	56	63	80	–	19	34	43	66
28	53	74	78	85	88	+	59	69	78	82	+	23	50	64	70	84
	35	72	76	83	86	+	56	66	76	81	+	20	46	60	67	83
	22	64	69	78	82	+	46	57	69	75	87	12	35	51	59	77
24	53	84	86	+	+	+	74	80	86	89	+	43	67	77	81	+
	35	82	85	+	+	+	71	78	85	88	+	39	64	75	79	89
	22	77	80	87	89	+	64	72	81	84	+	28	55	68	73	86
20	53	+	+	+	+	+	85	89	+	+	+	64	81	87	89	+
	35	+	+	+	+	+	84	88	+	+	+	61	79	85	88	+
	22	87	89	+	+	+	79	84	89	+	+	51	73	81	85	+
16	53	+	+	+	+	+	+	+	+	+	+	81	+	+	+	+
	35	+	+	+	+	+	+	+	+	+	+	80	89	+	+	+
	22	+	+	+	+	+	89	+	+	+	+	74	86	+	+	+
12	53	+	+	+	+	+	+	+	+	+	+	+	+	+	+	+
	35	+	+	+	+	+	+	+	+	+	+	+	+	+	+	+
	22	+	+	+	+	+	+	+	+	+	+	89	+	+	+	+
8	53	+	+	+	+	+	+	+	+	+	+	+	+	+	+	+
	35	+	+	+	+	+	+	+	+	+	+	+	+	+	+	+
	22	+	+	+	+	+	+	+	+	+	+	+	+	+	+	+

\+ = Greater than 90%
– = Less than 10%

Table 10M

Male Population Percentages for Pulling Tasks Sustained Force

Sustained Pushing Force (pounds)	Hand Height (inches)	7 Feet 30s	1m	5m	30m	8h	25 Feet 30s	1m	5m	30m	8h	50 Feet 30s	1m	5m	30m	8h
105	57	–	–	–	–	–	–	–	–	–	–	–	–	–	–	–
	37	–	–	–	–	18	–	–	–	–	–	–	–	–	–	–
	25	–	–	–	+	25	–	–	–	–	–	–	–	–	–	–
100	57	–	–	–	–	–	–	–	–	–	–	–	–	–	–	–
	37	–	–	–	–	24	–	–	–	–	–	–	–	–	–	–
	25	–	–	–	+	31	–	–	–	–	–	–	–	–	–	–
95	57	–	–	–	–	–	–	–	–	–	–	–	–	–	–	–
	37	–	–	–	–	31	–	–	–	–	–	–	–	–	–	–
	25	–	–	–	13	38	–	–	–	–	13	–	–	–	–	–
90	57	–	–	–	–	–	–	–	–	–	–	–	–	–	–	–
	37	–	–	–	13	38	–	–	–	–	13	–	–	–	–	–
	25	–	–	–	19	46	–	–	–	–	19	–	–	–	–	–
85	57	–	–	–	–	11	–	–	–	–	–	–	–	–	–	–
	37	–	–	–	19	46	–	–	–	–	19	–	–	–	–	–
	25	–	–	–	26	54	–	–	–	–	26	–	–	–	–	11
80	57	–	–	–	–	17	–	–	–	–	–	–	–	–	–	–
	37	–	–	–	27	54	–	–	–	–	27	–	–	–	–	11
	25	–	–	15	34	61	–	–	–	11	35	–	–	–	–	17
75	57	–	–	–	–	25	–	–	–	–	–	–	–	–	–	–
	37	–	–	16	35	62	–	–	–	12	36	–	–	–	–	18
	25	–	–	22	43	69	–	–	–	17	44	–	–	–	–	24
70	57	–	–	–	11	34	–	–	–	–	11	–	–	–	–	–
	37	–	11	24	45	70	–	–	–	19	46	–	–	–	–	26
	25	–	16	31	53	75	–	–	–	25	53	–	–	–	–	34
65	57	–	–	–	18	45	–	–	–	–	18	–	–	–	–	–
	37	–	18	34	55	77	–	–	–	28	56	–	–	–	12	36
	25	16	25	41	62	81	–	–	16	36	63	–	–	–	18	44
60	57	–	–	11	28	56	–	–	–	–	28	–	–	–	–	12
	37	18	28	45	65	83	–	–	18	39	65	–	–	–	20	48
	25	25	36	53	71	86	–	–	25	47	71	–	–	14	27	55
55	57	–	–	19	40	66	–	–	–	15	41	–	–	–	–	22
	37	29	40	57	74	87	–	–	29	51	74	–	13	17	32	59
	25	37	48	63	78	+	–	12	37	58	79	–	19	23	40	66
50	57	–	17	32	53	76	–	–	–	26	54	–	–	–	11	34
	37	43	53	68	81	+	–	16	42	63	81	–	23	29	45	70
	25	50	61	73	85	+	–	23	50	69	85	–	31	36	53	75
45	57	20	30	46	66	83	–	–	20	41	67	–	–	–	22	49
	37	57	66	78	87	+	–	29	56	74	87	12	38	43	59	79
	25	64	72	82	+	+	14	37	64	79	+	18	46	51	66	83
40	57	35	46	62	77	89	–	11	35	57	78	–	17	22	37	64
	37	70	77	85	+	+	21	46	70	83	+	26	54	59	72	86
	25	76	81	88	+	+	29	53	76	86	+	33	61	66	77	89
35	57	54	63	75	86	+	–	26	54	72	86	–	34	40	56	77
	37	81	86	+	+	+	39	63	81	89	+	44	70	74	83	+
	25	85	89	+	+	+	47	69	85	+	+	52	75	78	86	+
30	57	71	78	86	+	+	23	47	71	84	+	27	56	61	73	87
	37	89	+	+	+	+	60	78	89	+	+	64	82	85	+	+
	25	+	+	+	+	+	67	82	+	+	+	70	86	88	+	+
25	57	85	89	+	+	+	48	70	85	+	+	53	75	79	86	+
	37	+	+	+	+	+	78	89	+	+	+	81	+	+	+	+
	25	+	+	+	+	+	82	+	+	+	+	84	+	+	+	+
20	57	+	+	+	+	+	74	86	+	+	+	77	89	+	+	+
	37	+	+	+	+	+	+	+	+	+	+	+	+	+	+	+
	25	+	+	+	+	+	+	+	+	+	+	+	+	+	+	+

Table 11F

Female Population Percentages for Carrying Tasks

Object Weight (pounds) / Hand Height (inches)

Weight	Hand Height	7 Feet 15s	30s	1m	5m	8h	14 Feet 15s	30s	1m	5m	8h	28 Feet 15s	30s	1m	5m	8h
73	40	–	–	–	–	–	–	–	–	–	–	–	–	–	–	–
73	31	–	–	–	–	21	–	–	–	–	–	–	–	–	–	–
70	40	–	–	–	–	–	–	–	–	–	–	–	–	–	–	–
70	31	–	–	–	–	28	–	–	–	–	70	–	–	–	–	12
67	40	–	–	–	–	15	–	–	–	–	13	–	–	–	–	–
67	31	–	–	–	–	36	–	–	–	–	21	–	–	–	–	18
64	40	–	–	–	–	22	–	–	–	–	19	–	–	–	–	–
64	31	–	–	–	–	45	–	–	–	–	29	–	–	–	–	25
61	40	–	–	–	–	30	–	–	–	–	27	–	–	–	–	13
61	31	–	–	–	–	54	–	–	–	–	38	–	–	–	–	34
58	40	–	–	–	–	40	–	–	–	–	36	–	–	–	–	20
58	31	–	–	–	11	63	–	–	–	–	47	–	–	–	–	43
55	40	–	–	–	–	50	–	–	–	–	46	–	–	–	–	29
55	31	–	–	14	18	71	–	–	–	–	57	–	–	–	–	54
52	40	–	–	–	–	60	–	–	–	–	57	–	–	–	–	39
52	31	–	14	22	27	79	–	–	11	14	67	–	–	–	12	63
49	40	–	–	13	17	70	–	–	11	14	67	–	–	–	–	51
49	31	18	22	33	39	85	–	–	18	23	75	–	15	15	20	73
46	40	–	13	22	27	78	–	–	19	24	76	–	–	–	11	62
46	31	28	34	45	51	89	–	–	29	34	82	12	25	25	30	80
43	40	17	23	34	40	85	–	–	31	36	83	–	15	15	20	73
43	31	41	47	58	63	+	–	13	42	47	88	22	37	37	43	86
40	40	29	36	48	54	+	–	15	44	50	89	18	27	27	32	81
40	31	55	60	70	74	+	–	23	55	61	+	35	51	51	57	+
37	40	44	51	62	67	+	11	27	59	64	+	31	41	41	47	88
37	31	68	72	80	83	+	19	38	69	73	+	50	65	65	70	+
34	40	60	66	75	79	+	23	43	72	76	+	47	57	57	63	+
34	31	79	82	87	89	+	34	54	80	83	+	65	77	77	81	+
31	40	74	79	85	87	+	40	60	83	86	+	64	72	72	76	+
31	31	88	+	+	+	+	51	70	88	+	+	78	86	86	88	+
28	40	85	88	+	+	+	59	76	+	+	+	78	84	84	86	+
28	31	+	+	+	+	+	69	82	+	+	+	87	+	+	+	+
25	40	+	+	+	+	+	77	87	+	+	+	88	+	+	+	+
25	31	+	+	+	+	+	83	+	+	+	+	+	+	+	+	+

Frequency: One Lower Every — 15s, 30s, 1m, 5m, 8h

+ = Greater than 90%
– = Less than 10%

Table 11M
Male Population Percentages for Carrying Tasks

Object Weight (pounds)	Hand Height (inches)	7 Feet					14 Feet					28 Feet				
Carrying Distance / Frequency: One Lower Every		15s	30s	1m	5m	8h	15s	30s	1m	5m	8h	15s	30s	1m	5m	8h
99	43	–	–	–	18	50	–	–	–	–	36	–	–	–	–	22
	33	–	11	22	36	67	–	–	11	21	54	–	–	–	15	47
94	43	–	–	12	23	56	–	–	–	12	42	–	–	–	–	28
	33	–	15	28	42	71	–	–	15	27	60	–	–	11	20	53
89	43	–	–	17	29	62	–	–	–	17	49	–	–	–	–	34
	33	14	20	35	49	75	–	–	21	34	65	–	15	16	26	59
85	43	–	–	22	35	66	–	–	11	21	54	–	–	–	–	40
	33	18	25	40	54	78	–	–	26	39	70	–	19	20	32	64
81	43	–	14	27	41	70	–	–	15	27	60	–	–	–	14	46
	33	23	31	46	59	81	–	13	31	45	73	11	24	25	38	68
77	43	13	19	33	47	74	–	–	20	33	65	–	–	–	19	52
	33	29	37	52	64	84	–	17	38	51	77	15	30	31	44	73
73	43	18	25	40	53	78	–	–	26	39	69	–	13	14	25	58
	33	35	44	58	69	86	11	23	44	57	80	21	37	38	50	76
69	43	24	32	46	59	81	–	13	32	46	74	–	18	19	31	63
	33	42	50	64	74	88	16	29	51	63	83	27	44	45	57	80
65	43	31	39	53	65	84	–	19	40	53	78	–	25	26	38	69
	33	49	57	69	78	+	22	37	58	69	86	34	51	52	63	83
61	43	39	47	60	71	87	13	26	47	60	82	16	32	34	46	74
	33	57	64	74	82	+	29	44	64	74	88	42	58	59	69	86
57	43	47	55	67	76	89	19	34	55	67	85	23	41	42	54	79
	33	64	70	79	85	+	37	52	70	78	+	50	65	66	74	88
53	43	56	62	73	80	+	27	43	63	73	88	31	50	51	62	83
	33	70	75	83	88	+	46	60	76	83	+	58	71	72	79	+
49	43	64	70	78	84	+	37	52	70	78	+	41	58	59	69	86
	33	76	80	86	+	+	55	68	81	86	+	66	77	78	83	+
45	43	71	76	83	88	+	47	61	76	83	+	51	67	68	76	89
	33	81	85	89	+	+	64	75	85	89	+	73	82	82	87	+
41	43	78	82	87	+	+	58	70	82	87	+	61	74	75	82	+
	33	86	88	+	+	+	72	81	88	+	+	80	86	87	+	+
36	43	85	87	+	+	+	70	79	88	+	+	73	82	83	87	+
	33	+	+	+	+	+	81	87	+	+	+	86	+	+	+	+
31	43	+	+	+	+	+	81	87	+	+	+	82	89	89	+	+
	33	+	+	+	+	+	88	+	+	+	+	+	+	+	+	+

+ = Greater than 90%
– = Less than 10%

저자 소개

황재진

현재 미국 노던일리노이대학 산업공학과 조교수로 일하고 있습니다. 학사부터 박사까지 산업공학을 공부했습니다. 학부 2학년 시절 연구실 인턴을 하면서 인간공학 분야에 첫발을 내디딘 후 현재까지 인간공학을 꾸준히 연구해오고 있습니다. 주요 저서로는 [가볍게 떠먹는 데이터 분석 프로젝트], [쉽게 배우는 4차 산업혁명 시대의 최신 기술 트렌드], [Data Analytics and Visualization in Quality Analysis Using Tableau] 등이 있습니다.

이경선

현재 강원대학교 문화예술공과대학 산업공학전공 조교수로 재직하고 있습니다. 산업공학(인간공학전공) 박사학위 취득 후, 정부출연 연구기관에서 근무하였고 이후 대학에서 연구와 강의를 하고있습니다. 주요연구분야는 인간공학적 제품 설계 및 평가, 인간의 신체 및 정신적 특성 평가, 휴먼에러, 산업현장에서의 인적요소 관련 안전보건 관리, 시스템안전관리 등입니다.

내 삶 속의 인간공학

초판발행   2022년 3월 7일

지은이   황재진·이경선
펴낸이   안종만·안상준

편 집   김윤정
기획/마케팅   손준호
표지디자인   이소연
제 작   고철민·조영환

펴낸곳   (주)**박영사**
                서울특별시 금천구 가산디지털2로 53, 210호(가산동, 한라시그마밸리)
                등록   1959. 3. 11. 제300-1959-1호(倫)
전 화   02)733-6771
f a x   02)736-4818
e-mail   pys@pybook.co.kr
homepage   www.pybook.co.kr
ISBN   979-11-303-1496-9   93530

정 가   32,000원